科学史研究论丛

李振声院士题写书名

科学之道贯古今跨越发展在创新

李振声

中国科学院原副院长、2006 年国家最高科学技术奖获得者
李振声院士为《科学史研究论丛》题词

科学史研究论丛

——| 第 3 辑 |——

吕变庭 ◎ 主编

科 学 出 版 社

北 京

内 容 简 介

本辑收入的 15 篇论文，主要涉及数学史、医学史、手工艺史、建筑史等几个领域，可以说都是作者们经过长期思考的厚积薄发之作，其中既有科学史界老前辈奉献的研究精品，又有青年才俊经过他们多年努力收获的学术成果。每篇论文都不乏新见和创见，如郭书春《宋元数学与道家和道教》对李冶与"环堵"之关系的论辩，韩毅对《太平圣惠方》版本流传的考证，以及钱时惕《托马斯的自然神学对近现代科学产生与发展的意义》，无不呈现给读者以耳目一新的观察视点与问题维度。

本书适合科学史领域的学者、研究生，以及历史学爱好者阅读。

图书在版编目（CIP）数据

科学史研究论丛. 第 3 辑 / 吕变庭主编. —北京：科学出版社，2017.10
ISBN 978-7-03-055065-1

Ⅰ. ①科⋯　Ⅱ. ①吕⋯　Ⅲ. ①科学史－文集　Ⅳ. ①G3-53

中国版本图书馆 CIP 数据核字（2017）第 267156 号

责任编辑：陈　亮　任晓刚　穆　俊 / 责任校对：郑金红
责任印制：张克忠 / 封面设计：黄华斌
联系电话：010-64011837
电子邮箱：yangjing@mail.sciencep.com

科学出版社 出版
北京东黄城根北街 16 号
邮政编码：100717
http://www.sciencep.com

三河市骏杰印刷有限公司 印刷
科学出版社发行　各地新华书店经销

*

2017 年 10 月第　一　版　　开本：720×1000　1/16
2017 年 10 月第一次印刷　　印张：13 1/2
字数：225 000
定价：78.00 元
（如有印装质量问题，我社负责调换）

前　言

　　2012 年 6 月，北京大学科学史与科学哲学研究中心主任、中国科学技术史学会副理事长的吴国盛教授到河北大学新闻学院学术考察，听闻河北大学宋史研究中心设立了科学技术史研究所。这使他感到既惊喜又好奇，毕竟在文科院系成立科技史研究所并不多见。于是，他又跟时任河北大学宋史研究中心主任、历史学院院长姜锡东教授和宋史研究中心科技研究所所长厚宇德教授、文献研究所所长吕变庭教授谈起成立河北省科学技术史学会的事情。我们知道，河北省科技从萌芽到成长和发展，如果从泥河湾出现人类活动的足迹算起，迄今已有近 200 万年的历史了，在这漫长的历史进程中，聪明、智慧的燕赵儿女，涌现出了扁鹊、祖冲之、郦道元等一大批杰出的科学家和发明家。我们仰望夜空，他们如同天上最亮的星辰，璀璨夺目；他们的科学思想和科学精神已经变成了激励我们不断拼搏、勇于创新的动力源泉。正如有学者所言，在古代科学技术的发展中虽然不能找到现成的科学，却能找到科学研究的灵感、思路和途径。正是从这个意义上讲，成立河北科学技术史学会很有必要。

　　河北大学宋史研究中心在保持传统优势的基础上，逐渐拓宽至中国科技史、外国科技史和地方科技史（主要是河北科技史）等领域，现有专职研究人员 10 人、兼职人员 10 人。专职人员中，有教授 4 人、副教授 3 人、讲师 3 人。所有人员几乎全部具有博士学位（其中 1 人博士在读）。已经形成一支年龄结构合理、研究专长互补、学缘结构均衡的具有活力的研究队伍。近几年，宋史研究中心暨历史学院的科技史研究成果丰硕，先后获得 5 项国家社科基金、1 项国家自然科学基金面上项目、3 项教育部人文社会科学基金；出版学术著作 8 部，发表核心以上学术论文近百篇。人才培养方面，在历史学方向招收科技史专业的博士和硕士研究生。目前，已培养科技史专业的博士 6 名、硕士 10 余名。中心为了加强科技史研究力量，2012 年成立了科技史研究所。目前主要在科技思想史、农史、医药史、矿冶业史、物理学史、建筑史、科学社团史等几个领域展开研究。

经过近两年时间的积极筹备，在河北省科学技术协会和河北大学宋史研究中心的大力支持下，河北省科学技术史学会于 2014 年 5 月 11 日在河北大学正式成立，中心教授、博士生导师吕变庭教授当选为河北省科技史学会会长，李涛博士当选为河北省科技史学会秘书长。

依照学会章程，创办《科学史研究论丛》作为学会刊物。为此，我们特请中国科学院原副院长、中国科学院院士，2006 年国家最高科学技术奖获得者李振声先生为会刊题写刊名，并为之题词："科学之道贯古今，跨越发展在创新。"学会成立以后，河北大学和河北大学宋史研究中心的领导非常重视学会的各项工作，并为学会的发展创造良好条件，在活动经费、学会建设等方面都给予大力支持。

科技史是一门新学科，为了让更多的青年学子热爱科技史，不断强化对科技史这门学科的知识传播，《科学史研究论丛》通过开设不同类型的学术专题、研究综述、名家访谈等栏目，尽力为同仁提供一个相互学习、增进友谊、切磋学术和分享快乐的交流平台，不断提升人们的研究境界。《科学史研究论丛》创办的宗旨，不仅要把"科学之道"发扬光大，而且还要高举"创新"的旗帜，办出特色，逐渐提高其在学界的认可度和影响力。

河北大学宋史研究中心

河北省科学技术史学会

2014 年 12 月 18 日

目　　录

特约稿

专题研究

研究生论坛

特　约　稿

宋元数学与道家和道教

郭书春*

（中国科学院自然科学史研究所　北京 100190）

提　要　宋元数学是中国传统数学继战国—西汉、魏晋南北朝两个高潮之后的第三个高潮，在高次方程数值解法、多元高次方程组解法、勾股测圆、一次同余方程组解法、垛积招差，以及改进筹算乘除捷算法和珠算的诞生等方面取得了杰出的成就。尤其是高次方程数值解法、天元术、二元术、三元术、四元术和勾股容圆等，与道教和道教思想尤其是全真道有着密切的关系。

关键词　宋元时期　数学　道家　道教

道家和道教与科学和数学的关系，一直是人们关注的问题。本文试图就宋元数学与道家和道教的关系谈一些粗浅的看法，以期抛砖引玉。

一、宋元数学概况

宋元数学是中国传统数学继战国—西汉、魏晋南北朝两个高潮之后的第三个高潮。它的主要成就有：高次方程数值解法，包括贾宪三角、增乘开方法和天元术，多元高次方程组解法即四元术（含二元术、三元术），勾股测圆，一次同余方程组解法，垛积招差，以及改进筹算乘除捷算法和珠算的诞生，等等。其中，大部分成就超前其他文化传统几个世纪。尤其是 13 世纪 40 年代末至 14 世纪初这段时间内，宋元数学写下了世界中世纪数学史上最为灿烂的篇章。其前期出现了两个数学中心：一是南方长江下游以秦九韶

---

* 郭书春，中国科学院自然科学史研究所研究员、博士生导师，主要研究方向为数学史。

（约 1202—1261 年）、杨辉为代表，秦九韶著有《数书九章》（1247 年），杨辉著有《详解九章算法》（1261 年）、《日用算法》（1262 年，已佚）、《杨辉算法》（1274—1275 年）；一是北方太行山两侧以李冶（1192—1279 年）为代表，著有《测圆海镜》（1248 年）、《益古演段》（1259 年）。元统一中国之后，以朱世杰为代表，先后出版了《算学启蒙》（1299 年）和《四元玉鉴》（1303 年），使两个中心的长处得到综合发展，从而达到了中国筹算数学的最高峰。

自《九章算术》起，一元方程①数值解法就是中国传统数学的重要分支，在宋元时期更成为最发达的领域。11 世纪上半叶北宋贾宪总结刘徽、《孙子算经》等对《九章算术》开方术的改进，提出"立成释锁法"，并创造"开方作法本源"即贾宪三角②，作为该法的"立成"③。贾宪三角是将整次幂二项式 $(a+b)^n$ （$n=0,1,2,3\cdots$）的展开式的系数自上而下摆成的等腰三角形。贾宪还创造一种新的开方方法——增乘开方法，以随乘随加代替一次使用贾宪三角中的系数，将中国的开方技术发展到一个新的阶段。目前，中学数学教科书中的综合除法的程序与此相同。贾宪对宋元数学的发展影响极大，是宋元数学高潮的主要推动者。宋元数学的主要成就，除了一次同余方程组解法外，现存的《黄帝九章算经细草》中都有其滥觞。④祖冲之《缀术》失传后，600 年间，中国数学家们仍只解正系数方程。祖冲之之后，最先突破这个限制的是 12 世纪初的刘益，他引入了负系数方程，杨辉说他"引用带纵开方正负损益之法，前古所未闻也"⑤。1247 年，南宋秦九韶在《数书九章》中提出正负开方术，将以增乘开方法为主导的求高次方程正根的方法发展到十分完备的程度。金元数学家李冶、朱世杰等也使用增乘开方法。刘益、秦九韶、李冶、朱世杰等都能解 4 次及其以上次数的方程，秦九韶书中有 10 次方程，朱世杰《四元玉鉴》中有 14 次方程，他们对开方过程中出现

① 现今求一元方程的正根，中国古代称为开方术，而古代的"方程"，则是现今的线性方程组。

② 华罗庚先生写过一部科普读物《杨辉三角》，将贾宪三角误为"杨辉三角"。此后在中学数学教科书和许多科普读物中遂以讹传讹。杨辉在《详解九章算法》少广章中抄录了此术，并云"出释锁算书，贾宪用此术"。见《永乐大典》卷 16344。

③ "立成"是唐宋历算学家将一些常数列成的算表。因此，立成释锁法就是借助某个算表进行开方的方法。这个算表就是贾宪三角。

④ 贾宪所著《黄帝九章算经细草》，今存约三分之二。杨辉《详解九章算法》实际上是对北宋贾宪《黄帝九章算经细草》的详解，含有《九章算术》本文、魏刘徽注、唐李淳风等注释、北宋贾宪细草及杨辉的详解 5 种内容，见郭书春：《贾宪〈黄帝九章算经细草〉初探——〈详解九章算法〉结构试析》，《自然科学史研究》1998 年第 7 卷第 4 期，第 328—334 页。贾宪还著有一部《算法斅古集》，已佚。二十余年来，人们津津乐道数学上的"宋元四大家"，指的是秦九韶、李冶、杨辉、朱世杰，这是不公正的。这四位称为十三世纪数学"四大家"，没有什么不可。但是，若非要说"宋元四大家"，则不能没有贾宪。

⑤ （宋）杨辉：《杨辉算法·田亩比类乘除捷法序》，郭书春主编：《中国科学技术典籍通汇·数学卷》第 1 册，郑州：河南教育出版社，1993 年版，第 1073 页。

的特殊情况提出了处理方法，这在下面还要谈到。

天元术是设未知数为"天元一"而列方程的方法。宋金元时期已能解高次方程，但如何从实际问题列出方程，即使列二次、三次方程，也一直难为着数学家。天元术的创立，使列方程的工作程序化、机械化了。天元术的早期发展情况不十分清楚。元人祖颐说："平阳蒋周撰《益古》，博陆李文一撰《照胆》，鹿泉石信道撰《钤经》，平水刘汝谐撰《如积释锁》，绛人元裕细草之，后人始知有天元也。"[①]这些著作全部失传，虽然这里没有提到李冶，但李冶对天元术的完善是做出了贡献的。[②]后来数学家们又发展到含有天、地二元的二元术即二元高次方程组解法，含有天、地、人三元的三元术即三元高次方程组解法，朱世杰对天元术、二元术、三元术都有深入研究，进而创立含有天、地、人、物四元的四元术即四元高次方程组解法。这些成就明朝数学家看不懂，直到清中叶传统数学复兴，才被中国数学家重新关注。

勾股测圆以洞渊九容为主，讨论了圆与勾股形的 9 种相容关系。它源于《九章算术》勾股章中一个已知勾股形的勾、股，求其内切圆的直径的问题。[③]勾股容圆术给出的圆径公式是 $d=\dfrac{2ab}{a+b+c}$。宋元时代，勾股容圆成为重要的研究专题，人们考虑了勾股形的各种容圆情况，称为洞渊九容。李冶在此基础上撰《测圆海镜》，讨论了勾股形与圆的 10 种关系。除上述外还有：圆心在勾上，而圆切于股、弦，称为勾上容圆，圆径 $d=\dfrac{2ab}{b+c}$；同样，股上容圆 $d=\dfrac{2ab}{a+c}$，弦上容圆 $d=\dfrac{2ab}{a+b}$；圆心在勾股交点（垂足）而圆切于弦，称为勾股上容圆，$d=\dfrac{2ab}{c}$；圆切于勾及股、弦的延长线，称为勾外容圆，$d=\dfrac{2ab}{b+c-a}$；同样，股外容圆 $d=\dfrac{2ab}{a+c-b}$，弦外容圆 $d=\dfrac{2ab}{a+b-c}$；圆心在股的延长线上而圆切于勾、弦的延长线，称为勾外容圆半，$d=\dfrac{2ab}{c-a}$；同样，股外容圆半 $d=\dfrac{2ab}{c-a}$。以上 10 种容圆关系中，哪 9 种是"洞渊九

① （元）祖颐：《〈四元玉鉴〉后序》，郭书春主编：《中国科学技术典籍通汇·数学卷》第 1 册，郑州：河南教育出版社，1993 年版，第 1206 页。

② 梅荣照：《李冶及其数学著作》，钱宝琮主编：《宋元数学史论文集》，北京：科学出版社，1966 年版，第 104—148 页。

③ （汉）张苍、耿寿昌编：《九章算术》，郭书春汇校：《汇校〈九章算术〉增补版》，沈阳：辽宁教育出版社、台北：台湾九章出版社，2004 年版，第 417 页。

容"的内容，哪一种是李冶的补充，自清末以来，学术界有不同意见。无论如何，洞渊九容是金元数学关于勾股容圆这一专题研究的核心。这些成就在明朝虽未失传，然而在清末李善兰的《九容图表》①补充了另外 3 种容圆的情况之前，约 600 年间关于这一课题的研究没有突破性的进展。

垛积术是高阶等差级数求和问题。北宋沈括开其先河，南宋杨辉发展之，但都未超过两阶。元朱世杰解决了三角垛、四角垛、岚峰形垛、三角台垛、四角台垛等各种系列的高阶等差级数求和问题，并使之系统化。比如对三角垛系列，尽管朱世杰只用到 1—5 阶等差级数的求和公式，但由它们的名称以及前一个的前 n 项和恰恰是后一个的第 n 项，也就是后一个的通项公式来看，朱世杰实际上可以写出任意高阶的三角垛的求和公式。招差术是以高阶等差级数求和研究为基础的高次插值法，郭守敬、王恂在制定《授时历》时使用了 3 次招差公式，朱世杰则使用了 4 次招差法。而且，由朱世杰的公式中每次差的系数都是相应的三角垛系列的高阶等差级数之和，因此，朱世杰实际上掌握了任意次的招差公式，从而使其达到从未有的高度，超前欧洲同类成就 300 多年。②

同余问题是现代数论的重要课题。大衍总数术是秦九韶提出的解决一次同余方程组的普遍方法。比利时学者 U. Libbrecht（李倍始）将一次同余方程组的解法分解成 10 个要素，进而比较了从中国的《孙子算经》（公元 400 年前后）到 18、19 世纪的欧拉（L. Euler）、高斯（C. F. Gaoss）、斯提尔吉斯（T. J. Stieltjes）等近代数学大师共 15 位学者关于解决该问题的成果，斯提尔吉斯为第一，欧拉和高斯并列第二，秦九韶名列第三。实际上，有的要素，秦九韶没有解决，而欧拉和高斯解决了，但也有的要素，秦九韶解决了而欧拉和高斯没有解决。③由此可见，秦九韶这一工作在世界数学史上的崇高地位。

改进筹算乘除法，创造各种捷算法是唐中叶后适应商业发展的民间活动，它在宋元时期得到大发展和完善，导致珠算盘和珠算术最晚在南宋时期产生④，并最终在明中叶取代了算筹和筹算。杨辉、朱世杰等大数学家也关心这一课题。朱世杰的许多口诀与当今珠算中的口诀毫无二致。

---

① （清）李善兰：《九容图表》，《古今算学丛书》第 48 册，上海：上海算学书局，1898 年版，第 1—7 页。

② 杜石然：《朱世杰研究》，钱宝琮等：《宋元数学史论文集》，北京：科学出版社，1966 年版，第 166—209 页。

③ U. Libbrecht. *Chinese Mathematics in the Thirteenth Century*：*The Shu-shu Chiu-chang of Ch'in Chiu-shao*，Massachusetts：The MIT Press，1973.

④ 珠算是什么时候产生的，也是中国数学史界和珠算史界长期争论的问题。南宋刘胜年绘的《茗园赌市图》绘有珠算盘，算珠、档都清晰可见。可知珠算盘最晚在南宋时期已经在民间普遍使用。

有一个事实值得注意，尽管我们现在所知道的我国明末以前的古代大数学家以宋元为最多，重要数学著作亦以宋元为最多，但看不出这些数学家有什么交往。最能说明问题的是 13 世纪下半叶，我们在上面提到的这 4 位数学家，秦九韶和李冶是同时代的人，他们的《数书九章》和《测圆海镜》的著作年代只差一年。他们也都研究高次方程的解法，也都不同程度地研究勾股容圆问题，秦九韶与杨辉同在长江下游，李冶与朱世杰都生活在太行山两侧；但是，既没有发现他们的著作互相引用，也没有他们交往的任何蛛丝马迹。李冶精通天元术，上述祖颐谈天元术起源的话肯定得到朱世杰的首肯，却没有提到李冶。因此，宋元与古代其他时代一样，不管是数学家还是数学著作，抑或是数学成就，流传到今天的，只是几个片段。可以肯定地说，上述这些虽不可能是挂一漏万，但也并不是宋元数学的全部成就。

二、数学家与道家

上述这些成就，尤其是高次方程数值解法、天元术、二元术、三元术和四元术和勾股容圆等方向都与道教和道教思想，尤其是与全真道有着密切的关系。全真道是金元时期且是元初相当盛行的道教教派，它在金末元初的乱世对人们起到政治庇护与宗教慰藉的作用，也为知识分子特别是数学家提供了相对稳定的学术环境。自然，全真道的教义必然影响到他们。而上述数学成就的创造者、发展者秦九韶、李冶、朱世杰、赵友钦等或与道家思想相通，或受道教思想，尤其是全真道的影响极大，或者就是全真道教徒。活动于南宋末年又入元的赵友钦是师承确凿的全真道士，此不赘述。这里主要讨论秦九韶、李冶、朱世杰与道家、道教的关系。

（一）秦九韶与道家思想

我们没有秦九韶与道教发生直接关系的任何资料。但是，从秦九韶关于数学认识的论述中还是能找到他与道家思想关系的某些信息。秦九韶在《数书九章序》中首先说：

> 周教六艺，数实成之，学士大夫，所从来尚矣。其用本太虚生一，而周流无穷：大则可以通神明，顺性命；小则可以经世务，类万物，讵容以浅近窥哉？[1]

---

[1] （宋）秦九韶：《数书九章序》，郭书春主编：《中国科学技术史·数学卷》第 1 册，郑州：河南教育出版社，1993 年版，第 439 页。

"太虚"是道家学派首先提出的重要哲学范畴，既指广大无边的空间，又指产生天地万物的始基和根源。《庄子·知北游》云："若是者外观乎宇宙，内不知乎大初，是以不过乎昆仑，不游乎太虚。"[①]《淮南子·天文训》云："道始于虚霩，虚霩生宇宙，宇宙生气。"[②]虚霩即是太虚。

秦九韶又说：

> 昆仑旁礴，道本虚一。圣有大衍，微寓于《易》。

"昆仑旁礴"是广大无垠的意思。道也是道家首先引入的重要哲学范畴，用以说明世界的本原、本体、规律或原理。老子说："有物混成，先天地生。寂兮寥兮，独立不改。周行而不殆，可以为天下母。吾不知其名，字之曰道。"[③]而道生成天地万物的过程是"道生一，一生二，二生三，三生万物"[④]。这是老子的宇宙生成说，古代数学家又将其看成数的产生过程。秦九韶综合了《老子》、《庄子》与《淮南子》的论述，提出"太虚生一"和"道本虚一"的思想，进而论述数学的作用，提出"数与道非二本"的论断。

"道本虚一"是在大衍类的系文中提出的，而大衍类全部是秦九韶解决一次同余方程组的普遍方法的大衍总数术及其例题。不言而喻，秦九韶的这一突出贡献有着道家思想的背景。

两宋以儒为主，融合道、释，形成了社会上特别是知识界的主导思想。秦九韶与理学、道家的关系，值得进一步研究。但是，无论如何，秦九韶的思想与道家是相通的。

（二）李冶与道教

乱世堵塞了知识分子读经入仕的道路，儒家经典从个人走上仕途的敲门砖变成了一种知识；同样，乱世本身和个人的遭遇也会使读书人反思过去的信仰，所走过的道路和作为。李冶身处金元交替的乱世，金亡后过了一段颠沛流离，粥饘不继，人所不堪的生活，以后又长期过着恬淡的"木石与居，麋鹿与游"的隐居生活，使他的思想与老庄和道教发生了共鸣。这类思想的阐发在他的《敬斋古今黈》[⑤]中占有相当大的比重。李冶熟悉全真道等内丹派的气功、胎息等养生内容，并身体力行。笔者曾经指出，他与元好问的诗

---

① （战国）庄周：《庄子·知北游》，《二十二子》，上海：上海古籍出版社，1986年版，第62页。

② （汉）刘安：《淮南子·天文训》，《二十二子》，上海：上海古籍出版社，1986年版，第1215页。

③ （春秋）老聃：《老子·第二十五章》，《二十二子》，上海：上海古籍出版社，1986年版，第3页。

④ （春秋）老聃：《老子·第四十二章》，《二十二子》，上海：上海古籍出版社，1986年版，第5页。

⑤ （元）李冶撰，刘德权点校：《敬斋古今黈》，北京：中华书局，1995年版，第1—168页。

作唱和"无异于谈论玄机的道人"。①洪万生先生指出："无论李冶与全真道士的交往是否密切，他的'天元术'研究以及其支撑的社会条件，离不开全真教所参与、经营的学术环境。"②2004 年，笔者撰《李冶的数学造诣与道家思想》一文，从李冶对道家的胎息法、摄养之道的实践，对"三一说"等的理解，对技与道的关系的论述，"推自然之理，以明自然之数"的数学研究方法的主张，以及从洞渊处接受勾股容圆的知识等方面，得出"李冶深受道家思想的熏陶，或者说李冶是一位有深刻道家思想的大儒"的看法。

　　在本文写作时，笔者进一步提出："他流落忻、崞间十几年，很可能寓居于全真道观，与全真道士的来往应该十分密切。"李冶"隐于崞山之桐川，聚书环堵中，闭关却扫"③，但笔者对"环堵"二字一直不甚了了。近读盖建民先生的《道教科学思想发凡》，其中关于"环堵"的解释，使笔者豁然开朗。盖先生说：

　　　　这"环堵"是何场所？现今一般不为人所知晓，其实乃是古代道门中人修炼隐居之所，是道教静室的一种。南北朝时期陶弘景所编撰的道教上清派经典《真诰》卷十八云："所谓静室者，一曰茅屋，二曰方溜室，三曰环堵。"环堵是道人闭关修行的场所。中起一屋，筑围墙闭之，别开小以通饮食，便人送也。居于这种环堵之中，可以和外界隔绝，专意修行。《庄子·庚桑楚》有一段话谈及"环堵之室"，"庚桑子曰：'弟子何异于予？夫春气发而百草生，正得秋而万宝成。夫春与秋，岂无得而然哉？天道已行矣。吾闻至人，尸居环堵之室，而百姓猖狂不知所如往。'"疏云：四面环各一堵，谓之环堵也，所谓方丈室也。如死尸之寂泊，故言尸居。金元全真道士热衷坐环，将住环者称为坐环先生。《盘山栖云王真人语录》记载了全真道士王志谨论道言论，其中多处讨论了坐环修行问题。"师云：古人学道，心若未通，不远千里求师参问。倘若针芥相投，心地明白，更无疑虑，然后或居环堵，或寄林泉，或乞市中，或立宫观，安心守道，更无变，此修真之上士也。"坐环者长期居于环中，空对四壁，需要有极强的毅力和恒心，所以"人所

　　① 郭书春：《李冶》，卢嘉锡总主编，金秋鹏主编：《中国科学技术史·人物卷》，北京：科学出版社，1998 年版，第 426—440 页。

　　② 洪万生：《全真教与金元数学——以李冶（1192—1279）为例》，王秋桂编：《金庸小说国际学术研讨会论文集》，台北：远流出版事业股份有限公司，1999 年版，第 67—83 页。

　　③ （元）苏天爵辑撰，姚景安点校：《元朝名臣事略》卷 13《内翰李文正公冶》，北京：中华书局，1996 年版，第 260 页。

不堪",然而"冶处之如裕也"。由此可以窥见李冶聚书环堵安心学问的境界。①

可见,"环堵"是道士修行的方丈。当时北方更流行全真道,那么,李冶与全真道道士有着密切的交往,并且就在全真道观中的"环堵"中聚书苦读,是确凿无疑的。他"老大以来得'洞渊九容'之说",亦当在某个全真道观中。

李冶晚年在自述自己一生的思想历程时说:

> 李子年二十以来,知作为文章之可乐,以为外是无乐也。三十以来,知搴取声华之可乐,以为外是无乐也。四十以来,知究竟名理之可乐,以为外是无乐也。今五十矣,覆取二十以前所读《论》、《孟》、《六经》等书读之,乃知曩诸所乐,曾夏虫之不若焉……②

李冶 40 岁时是 1232 年,蒙古破钧州,他微服北渡,流落到忻、崞间。这之前二年,他考中了词赋科进士,在钧州(治今河南禹县)代理知事;之后二年,蒙古灭金。可见,从幼年到 40 余岁,李冶研读《论语》、《孟子》和"六经",作文章,究名理,成长为"经为通儒,文为名家"的大学者,并从中得到乐趣。到他 50 岁的时候,已经度过了约十年的艰苦生活,其思想和人生观发生了重大变化,认为以往那些读经的乐趣,还不如夏天的虫子。这种变化一方面源于颠沛流离生活的切身体验,另一方面也是身居道观中,受道教思想耳濡目染的结果。当然,李冶没有皈依道教,也没有这方面的任何资料,但是他的思想受到道家和道教的极大影响,则是无疑的。因此,在他生活安定之后,甚至受到元主忽必烈多次召见,并在 1261 年被任命为翰林学士,修国史,但只做了一年,便重新归隐山林。

李冶自幼喜爱数学,但前半生热衷于为文、声华、名理,他关注数学,但未见有什么作为。在李冶人生历程、思想发生这个大转变之后,也就是他 40—50 岁之间,所谓"老大以来"之时,他又在道观中发现了洞渊九容,遂致力于数学研究,在勾股容圆和天元术的研究中,做出重大贡献,先后著《测圆海镜》(1248 年)、《益古演段》(1259 年),成为现存最早的以天元术为主要方法的数学著作。③

---

① 盖建民:《道教科学思想发凡》,北京:社会科学文献出版社,2005 年版,第 124—125 页。

② (元)苏天爵辑撰,姚景安点校:《元朝名臣事略》卷 13《内翰李文正公冶》引《泛说》,北京:中华书局,1996 年版,第 263 页。

③ 许多著述认为《测圆海镜》《益古演段》是"对天元术进行系统叙述"的著作,此说似是而非。这是把今天的片面认识强加于李冶。李冶在两书的自序中没有一个字提到天元术,两书中也未"对天元术进行系统叙述"。实际上,前者是为了解决勾股测圆问题,后者是为了解决田积问题,天元术只是其中的工具和方法。

（三）朱世杰和道家

朱世杰，燕人（今北京市或其附近），生平不详。他在元统一中国之后，以数学名家周游湖海二十余年，是中国古代少见的职业数学家和数学教育家。他集 13 世纪南北两个数学中心之大成，系统解决了高阶等差级数求和问题和高次招差法，是宋元数学高潮的最后一位大数学家，也是中国古代水平最高的数学家。

朱世杰的朋友祖颐在解释《四元玉鉴》（1303 年）的书名时说："玉者，比汉卿之德术：动则其声清越以长，静则孚尹旁达而不有隐翳。鉴者，照四元之形象：收则其缊昭彻而明，开则纵横发挥而曲尽妙理矣。"[①]祖颐以"玉"比拟朱世杰的德术：动则其声音清越而悠长，静则晶莹剔透而没有阴霾；鉴者，照耀四元之形象，收则其渊奥透彻而明亮，开则纵横捭阖尽情发挥而曲尽妙理。显然，这不是儒者的形象，而是道家的风采。在下面将看到，四元术的某些术语源于道教典籍。他在全国游历，教授数学，应该以道观为各地的寓所。

三、数学成就与道教思想

宋元数学的许多创造性工作，比如以增乘开方法为主导的高次方程数值解法，以洞渊九容为核心的勾股测圆和天元术、二元术、三元术、四元术，等等，与道教和道家思想都有密切的关系。

（一）高次方程数值解法中的"投胎"和"换骨"

前已指出，秦九韶将以贾宪的增乘开方法为主导的求高次方程的正根的方法发展到十分完备的境界。他的方程的系数在有理数范围内没有任何限制，但规定"实常为负"，亦即：

$$a_1 x^n + a_2 x^{n-1} + \cdots + a_n x - A = 0$$

其中 $A > 0$，而 $a_1, a_2, \cdots a_n$ 可以是整数，也可以是分数或小数。在开方过程中，一般说来，其常数项的绝对值越来越小，甚或变成 0。但是，有时会出现两种特殊情形：

一是在开方过程中常数项由负变正，秦九韶称为"换骨"。《数书九章》

---

① （元）祖颐：《〈四元玉鉴〉后序》，郭书春主编：《中国科学技术史·数学卷》第 1 册，郑州：河南教育出版社，1993 年版，第 1206 页。

田域类"尖田求积"问要求解四次方程：

$$-x^4 + 763200x^2 - 40642560000 = 0$$

在求出根的第一位得数 800 之后，其减根方程变成：

$$-x^4 - 3200x^3 - 3076800x^2 - 826880000x + 38205440000 = 0$$

常数项就由-40642560000 变成 38205440000。秦九韶说："以负实消正积，其积乃有余，为正实，谓之'换骨'。"[1]"换骨"秦九韶又称为"翻法"。李冶也有所谓"翻法"，但不一定是常数项变号，也包含一次项系数变号的情形。

二是在开方过程中，常数项的符号不变，仍然为负，但是有时其绝对值变得更大。秦九韶称之为"投胎"。例如测望类卷八"古池推元"问[2]，依题意列出的方程是：

$$0.5x^2 - 152x - 11552 = 0，$$

求出根的第一位得数 300 之后，其减根方程为：

$$0.5x_1^2 + 148x_1 - 12152 = 0。$$

-12152 的绝对值比-11552 大。秦九韶称这种开方为"开投胎平方"。

钱宝琮指出：

"投胎"、"换骨"本来是神仙家的术语。秦九韶指出在某些条件下，减根后的方程必须"投胎"；在某些条件下，减根后的方程必须"换骨"，然后求出所求的根数，目的在指导开方的人放心开下去，不要因为"实"数有不寻常的转变而缩手缩脚，不敢继续开方。[3]

钱宝琮的话是有道理的。道家认为学仙者必服金丹，换去凡骨为仙骨，才能成仙，谓之"换骨"。唐李商隐《药转》诗云："郁金堂北画楼东，换骨神方上药通。"[4]南唐沈汾《续神仙传·王可交》云：侍者泻酒，樽中之酒再三不出，道士曰："酒是灵物，必得入口，当换其骨。"[5]笔者孤陋寡闻，尚未查到道家关于"投胎"的论述。

---

① （宋）秦九韶：《数书九章》卷 5，郭书春主编：《中国科学技术史·数学卷》第 1 册，郑州：河南教育出版社，1993 年版，第 495 页。

② （宋）秦九韶：《数书九章》卷 5，郭书春主编：《中国科学技术史·数学卷》第 1 册，郑州：河南教育出版社，1993 年版，第 532 页。

③ 钱宝琮：《增乘开方法的历史发展》，钱宝琮等：《宋元数学史论文集》，北京：科学出版社，1966 年版，第 52—54 页。又见郭书春，刘钝主编：《李俨钱宝琮科学史全集》第 9 卷，沈阳：辽宁教育出版社，1999 年版，第 499—501 页。

④ （唐）李商隐著，（清）朱鹤龄笺注，田松青点校：《李商隐诗集》卷 1 上《药转》，上海：上海古籍出版社，2015 年版，第 57 页。

⑤ （宋）李昉等编：《太平广记》卷 20《王可交》，北京：中华书局，1961 年版，第 139 页。

（二）洞渊九容

"洞渊"的含义，一直困惑着中国数学史界："'洞渊'是人名或书名都已不可考"。[①]洞渊实际上指洞天水府。据唐代道教学者杜光庭序称，晋代金坛马迹山道士王纂撰《太上洞渊神咒经》。入唐以后，以洞渊经系为传法系统形成洞渊一派，颇有声势，出现了韦善俊、叶法善等知名高道。[②]洞渊派道教在宋元更加发展。历史上题目中有"洞渊"二字的道教经典很多。北宋虔州（今赣州）大中祥符宫道士李思聪有《洞渊集》5 卷，金元全真道士长筌子所著《洞渊集》五卷，还有《太上洞神洞渊神咒治病口章》《太上北帝天蓬护命消灾神咒妙经》《太上洞渊三昧神咒斋忏谢仪》《太上洞渊三昧神咒斋清旦行道仪》《太上洞渊三昧神咒十方忏仪》《太上洞渊三昧帝心光明正印太极紫微伏魔制鬼拯救恶道集福吉祥神咒》等。[③]值得注意的是《冲妙先生李思聪集》中的《洞渊集》，其卷一有 1050 年撰写的《三界咏序》曰：

> 夫三界者，应三才也。列八十一章者，应九九之数。玉清咏赞，三清旋象之神化；洞天咏著，五岳洞天之胜概；海山咏述，蓬壶阆苑之仙景。三才备矣，九数生焉。[④]

九九常常被作为数学的代称，九数是以《九章算术》为代表的数学的九个分支。可见李思聪是一位精通数学的道士。洞渊九容很可能是李思聪或其所在的洞渊派道教总结出来的，以后在道观中流传。因此，李迪先生认为"'洞渊'大概为北宋虔州的洞渊大师李思聪"[⑤]，是有道理的。李思聪，号妙冲先生，北宋仁宗时人。其他有"洞渊"字样的道教经典都与数学了不相干，大概不会研究勾股容圆问题。李冶在道观中发现"洞渊九容"，补充了一种容圆方法，设计了 170 个勾股容圆问题，并以天元术为工具，列出方程解决之，遂成为《测圆海镜》。这个题目是李冶的一位朋友命名的，盖"取夫天临海镜之义"[⑥]。这个超凡脱俗的书名也有道教思想的影子。

---

① 钱宝琮主编：《中国数学史》，北京：科学出版社，1964 年版，第 175 页。又见郭书春、刘钝主编：《李俨钱宝琮科学史全集》第 5 册，沈阳：辽宁教育出版社，1998 年版，第 194 页。

② 转引自盖建民：《道教科学思想发凡》，北京：社会科学文献出版社，2005 年版，第 121—128 页。

③ 参见盖建民：《道教科学思想发凡》，北京：社会科学文献出版社，2005 年版，第 128 页。

④ （宋）李思聪：《洞渊集》卷 1《三界咏序》，《道藏》第 23 册，北京：文物出版社、上海：上海书店、天津：天津古籍出版社，1988 年版，第 835 页。

⑤ 李迪：《十三世纪我国数学家李冶》，《数学通报》1979 年第 3 期，第 26—28 页。

⑥ （元）李冶：《测圆海镜自序》，郭书春主编：《中国科学技术典籍通汇·数学卷》第 1 册，郑州：河南教育出版社，1993 年版，第 730—731 页。

（三）天元术、四元术

李冶发现的《东平算经》是一部天元术的早期著作，它用 19 个汉字分别表示未知数的不同幂次。[①]其中以仙、明、霄、汉等符号来表示天元，以逝、泉、暗、鬼等符号来代表地元，明显受到道教的影响，带有浓厚的道教色彩。[②]同时，这种表达方式暗示着道教数学在本质上的宇宙图式功能，是道教对宇宙结构的数学表达。[③]

后来人们简化天元术的表示，只用天元表示未知数的正幂，地元表示未知数的负幂。李冶说："予遍观诸家如积图式，皆以天元在上，乘则升之，除则降之。"只有太原彭泽彦材法"立天元在下"。李冶说：

> 立法与古相反者，其意以为天本在上，动则不可复上。而必置于下，动则徐上，亦犹易卦乾在下，坤在上，二气相交而为太也。[④]

李冶说，彭泽彦才法是受《周易》八卦"乾在下，坤在上，二气相交而为太也"[⑤]思想的影响。《周易》是道家思想的主要源泉之一。

天元术发展成熟后，以及二元术、三元术、四元术中，均用"太"表示常数项。"太"即太极，是道教中的术语。太极是最原始的混沌之气，源于《周易·系辞上》："易有太极，是生两仪，两仪生四象，四象生八卦。"[⑥]魏晋玄学家以老庄学说解《易》，以虚无本体为"太极"。天元术中表示未知数的天元，二元术中表示未知数的天元、地元，三元术中表示未知数的天元、地元、人元，四元术中表示未知数的天元、地元、人元、物元，也都是道教术语。三元是道教的一个重要术语和思想理念。道教的三元思想渊源于周易的天、地、人三才说，《周易·说卦》云："昔圣人之作《易》也，将以顺性命之理。是以立天之道曰阴与阳，立地之道曰柔与刚，立人之道曰仁与义。兼三才而两之，故《易》六画而成卦。"[⑦]道门人士将《周易》的三才引入道教，泛指三种相互关联且意义重点的事物，称三元。[⑧]当然，对"三元"，道

---

① （元）李治撰，刘德权点校：《敬斋古今黈》卷 3，北京：中华书局，1995 年版，第 32 页。

② 盖建民：《道教科学思想发凡》，北京：社会科学文献出版社，2005 年版，第 131 页。

③ 郭书春：《李冶的数学造诣与道家思想》（待发），这是汲取姜生教授的意见。

④ （元）李治撰，刘德权点校：《敬斋古今黈》卷 3，北京：中华书局，1995 年版，第 32 页。

⑤ （魏）王弼注，（唐）孔颖达疏：《周易正义》，（清）阮元校：《十三经注疏》，北京：中华书局，1979 年版，第 46 页。

⑥ （魏）王弼注，（唐）孔颖达疏：《周易正义》，（清）阮元校：《十三经注疏》，北京：中华书局，1979 年版，第 82 页。

⑦ （魏）王弼注，（唐）孔颖达疏：《周易正义》，（清）阮元校：《十三经注疏》，北京：中华书局，1979 年版，第 93 页。

⑧ 盖建民：《道教科学思想发凡》，北京：社会科学文献出版社，2005 年版，第 133 页。

教不同的教派不同的著作，有不同的解说，但以天元、地元、人元解释"三元"是相当普遍的一种。元代李鹏飞的《三元延寿参赞书》，以道教三元之说为全书的论述总纲，"人之寿，天元六十，地元六十，人元六十，共一百八十岁"[①]。"天""地""人"三元与"物"并列，在道教典籍《阴符经》[②]有一个经典的表达："天地，万物之盗；万物，人之盗；人，万物之盗。三盗既宜，三才既安。"[③]盖建民认为，这是说，天、地、人与万物之间存在着相互"盗取"、互相依存的生态群落关系，强调要正确处理好天、地、人、万物之间的系统关系。那么作为天元术发展高峰的四元术，朱世杰的《四元玉鉴》天、地、人与物并列的"四象会元"方法极有可能也受到道教思想的影响。[④]总之，将天元、地元、人元、物元引入数学，表示未知数，应该说是受道教思想，特别是全真道思想影响的产物。

祖颐在概述天元术和四元术的发展史时说：

> 平阳蒋周撰《益古》，博陆李文一撰《照胆》，鹿泉石信道撰《钤经》，平水刘汝谐撰《如积释锁》，绛人元裕细草之，后人始知有天元也。平阳李德载因撰《两仪群英集臻》，兼有地元。霍山邢先生颂不高弟刘大鉴润夫撰《乾坤括囊》，末仅有人元二问。吾友燕山朱汉卿先生演数有年，探三才之赜，索《九章》之隐，按天、地、人、物立成四元。[⑤]

这里提到的对天元术、四元术的发展做出贡献的数学家，包括李冶在内，都活动在太行山两侧，是全真道盛行的地方。无论这些数学家是不是全真道道士，他们与全真道道士的关系是不是密切，不仅全真道观在战乱中为许多数学家提供了相对安定的学术环境，而且特别是全真道教的思想直接催生了天元术，并发展为二元术、三元术和四元术，则是无疑的。

（四）圆周率密率的验证

全真道道士赵友钦著《革象新书》，其卷五的"勾股测天""乾象周髀"两节是数学问题。"乾象周髀"介绍了历代各家的圆周率值，认为以祖冲之

---

① （元）李鹏飞编：《三元延寿参赞书》自序，《道藏》第18册，北京：文物出版社、上海：上海书店、天津：天津古籍出版社，1988年版，第528页。

② 王明认为《阴符经》的作者是北朝一位久经世变的隐者。其成书年代上限为公元531年之后，下限为唐初。参见王明：《道家和道教思想研究》，北京：中国社会科学出版社，1984年版，第139—158页。

③ 《黄帝阴符经》，《道藏》第1册，北京：文物出版社、上海：上海书店、天津：天津古籍出版社，1988年版，第821页。

④ 盖建民：《道教科学思想发凡》，北京：社会科学文献出版社，2005年版，第121—128页。

⑤ 《四库家藏·四元玉鉴》，济南：山东画报出版社，2004年版，第54页。

的 $\dfrac{355}{113}$ 最为精密。他从直径为 1000 寸的圆的内接正方形开始割圆，利用勾股定理，求出圆内接正 8,16,32,…16384 边形的边长，计算出圆内接正 16384 边形的周长为 3141 寸 5 分 9 厘 2 毫强，以 113 乘之，"果得三百五十五尺"，从而验证了祖冲之密率的精确性。他进而指出，"若节节求之，虽至千万次，其数终不穷"[1]这是刘徽极限思想千年之后的再现。

不过，赵友钦的方法与刘徽稍有不同。刘徽是在用极限思想和无穷小分割方法完成《九章算术》圆面积公式的证明之后，从圆内接正六边形开始割圆，利用勾股定理，求出圆面积的近似值。然后代入《九章算术》的圆面积公式，反求出圆周长的近似值，与圆直径相约，求得圆周率。[2]赵友钦因为是验证祖冲之的密率，没有求圆面积的近似值，只求出某一正多边形的边长，进而算出其周长，以密率的分母乘之，恰为密率的分子，从而完成验证。

① （元）赵友钦：《革象新书》，薄树人主编：《中国科学技术典籍通汇·天文卷》第 1 册，郑州：河南教育出版社，1999 年版，第 187 页。

② 郭书春：《古代世界数学泰斗刘徽》，济南：山东科学技术出版社，1992 年版，第 222—226 页。

《太平圣惠方》的刊刻情况与版本流变[*]

韩　毅^{**}

（中国科学院自然科学史研究所　北京 100190）

提　要　《太平圣惠方》是太平兴国三年至淳化三年（978—992 年），由宋太宗下诏编撰的宋代历史上第一部官修医学方书著作。由于其贯穿了"仁政之务"与"方书辅世"的思想，因而在北宋、南宋、西夏、辽朝、金朝乃至元、明、清时期都得到广泛传播、接受与应用，不仅在中国境内出现了大量的刊本、钞本和节选本，而且在朝鲜、日本等地也有大量的刊本和钞本流传。这些不同时期出现的《太平圣惠方》版本，适应了不同社会阶层对医学知识的获取与接受，极大地推动了宋代方书知识的传播与应用。

关键词　《太平圣惠方》版本　刊本　钞本　节选本

　　《太平圣惠方》是太平兴国三年（978 年）至淳化三年（992 年），由宋太宗下诏编撰的宋代历史上第一部官修医学方书著作，广泛收集了宋以前的医药方书、宫廷秘方及民间验方、效方和偏方等。书中确立的"凡诸论证，并该其中，品药功效，悉载其内。凡候疾之深浅，先辨虚实，次察表理，然后依方用药"^①的新型知识分类体系，不仅成为政府官员和医学家等防治疾病、配制成药、打击巫术、维护地方治安和宣扬政绩的有力工具，而且也成为新儒学之外宣扬国家"仁政"思想和权威统治的新工具。^②自淳化三年

---

　　*　基金项目：本文为国家哲学社会科学基金项目"宋代的药品生产与政府管理研究"（14BZS105）、中国科学院自然科学史研究所"十三五"重大项目"科技知识的创造与传播研究"（Y621011005）的阶段性成果之一。

　　**　韩毅，中国科学院自然科学史研究所研究员、博士生导师，主要研究方向为医学史。

　　①　《御制〈太平圣惠方〉序》，（宋）王怀隐、王光佑、郑彦等编，田文敬、孙现鹏、牛国顺等校注：《〈太平圣惠方〉校注》，郑州：河南科学技术出版社，2015 年版，第 1—2 页。

　　②　韩毅：《〈太平圣惠方〉与宋代社会》，《中华医史杂志》2010 年第 4 期，第 198—205 页。

《太平圣惠方》首次颁行以来，受到宋朝皇帝、政府官吏、医学家、国家药局和普通民众的广泛重视，流传过程中出现了不同的版本。这些不同时期出现的刊本、钞本和节选本等，适应了不同社会阶层对医学知识的获取与接受，极大地推动了宋代方书知识的传播与应用。

一、宋代《太平圣惠方》的刊本与钞本

1. 成书与淳化三年初刊本

淳化三年（992年）《太平圣惠方》编撰完成，宋太宗亲撰《御制太平圣惠方·序》，定书名为《太平圣惠方》，下诏国子监刊刻。二月癸未，宋太宗下诏赐宰相李昉，参知政事贾黄中、李沆，同知枢密院事枢臣温仲舒、寇准各一部《太平圣惠方》。①可知，此书已于淳化三年二月前刊刻完毕。

淳化三年（992年）五月巳亥，宋太宗发布《行圣惠方诏》，正式向全国颁行此书。《宋大诏令集》卷二一九载：

> 医药之书，人命攸系，将疾疫之是疗，必学术之志精，故太医之职，以十全而为能；聚毒之家，非三世而不饵。朕轸念黎庶，虑其夭枉，爰下明诏，购求名方，悉令讨论，因而缀缉，已成编卷，申命雕镌。宜推流布之恩，用彰亭毒之意。其《圣惠方》并《目录》共一百一卷，应诸道州府各赐二本，仍本州选医术优长、治疾有效者一人，给牒补充医博士，令专掌之。吏民愿传写者并听。先已有医博士，即掌之，勿更收补。②

在宋太宗看来，《太平圣惠方》具有"轸念黎庶，虑其夭枉"和"推流布之恩，用彰亭毒之意"的功用，也就是说，它治病救人的特点符合儒家伦理。在这一认识的基础上，宋政府给全国诸道州府各赐2本《太平圣惠方》，"置医博士掌之"，令医术优长、治疾有效者1人专门保管。

淳化三年（992年）刊本是《太平圣惠方》最早的版本，北宋以来的官私史书、医书多有记载。如庆历元年（1041年）十二月，《太平圣惠方》成为宋朝政府官修《崇文总目》中收录的第一部医学方书著作，被称作国朝第

---

① （宋）王应麟撰：《玉海》卷63《艺文·太平圣惠方》，南京：江苏古籍出版社、上海：上海书店，1987年版，第1196页。

② 《行圣惠方诏》，《宋大诏令集》卷219《政事七十二·医方》，北京：中华书局，1997年版，第842页。

一方书。①此后，宋代官私医学著作多次对它进行介绍和宣传。曾巩《隆平集》称赞："太平兴国中，编成方书赐诸道州郡，谓之《太平圣惠方》一百二十卷。"②庆历六年（1046 年）十二月，蔡襄出任福州知府，撰《太平圣惠方·后序》，指出："太宗皇帝平一宇内，集古今名方与药石诊视之法，敕国医诠次，类分百卷，号曰《太平圣惠方》。"③

绍兴二十一年（1151 年），晁公武《郡斋读书志》在目录体系和提要考订方面对《太平圣惠方》进行归类，将其列入子部医家类，对后世产生较大影响。赵希弁《郡斋读书后志》载："《太平圣惠方》一百卷，右太宗皇帝在潜邸日，多蓄名方异术。太平兴国中，内出亲验者千余首，乃诏医局各上家传方书，命王怀隐、王佑、郑彦、陈昭遇校正编类，各于篇首著其疾证。淳化初书成，御制序引。"④陈振孙《直斋书录解题》卷一三《医书类》载："《太平圣惠方》一百卷，太平兴国七年，诏医官使尚药奉御王怀隐（按《宋史·艺文志》作王怀德）等编集，御制序文。淳化三年书成。"⑤

绍兴三十一年（1161 年），郑樵在《通志》中对《太平圣惠方》进行了分类介绍。在《艺文略》中，郑樵指出："《太平圣惠方》一百卷，宋朝王怀隐等奉诏撰。"⑥在《校雠略》中，郑樵充分肯定了其在医学文献学方面的价值，"《肘后方》、《鬼遗方》、《独行方》、《一致方》及诸古方之书，《外台秘要》、《太平圣惠方》中尽收之矣。"⑦晋葛洪《肘后备急方》、南朝宋刘涓子《鬼遗方》、唐韦宙《韦氏集验独行方》、宋钱象中《千金一致方》，为宋以前著名的方书，宋以后多残缺不全，依赖《太平圣惠方》的记载而保存了大量的方剂，成为研究这些医书的珍贵史料。

南宋尤袤（1127—1194 年）《遂初堂书目·医书类》载《太平圣惠方》

---

①　（宋）王尧臣等编次，（清）钱东垣等辑释：《崇文总目》卷 3《医书类·太平圣惠方》，《丛书集成初编》本，上海：商务印书馆，1937 年版，第 195 页。

②　（宋）曾巩撰，王瑞来校证：《隆平集校证》卷 3《爱民方药附》，北京：中华书局，2012 年版，第 113 页。

③　康熙《福建通志》卷 66《杂记·丛谈二》，《景印文渊阁四库全书》本，台北：商务印书馆，1986 年版，第 530 册，第 350 页。

④　（宋）晁公武撰，孙猛校证：《郡斋读书志校证》卷 15《医书类》，上海：上海古籍出版社，1990 年版，第 728 页。

⑤　（宋）陈振孙撰，徐小蛮、顾美华点校：《直斋书录解题》卷 13《医书类》，上海：上海古籍出版社，2015 年版，第 387 页。

⑥　（宋）郑樵：《通志》卷 69《艺文略七·方书》，北京：中华书局，1987 年版，第 812 页。

⑦　（宋）郑樵：《通志》卷 71《校雠略一·书有名亡实不亡论一篇》，北京：中华书局，1987 年版，第 831—836 页。

一部，不言作者和卷数。①王应麟《玉海》载："《太平圣惠方》百卷，凡千六百七十门，万六千八百三十四首，并序论总目录。"周应合《景定建康志》将《太平圣惠方》列为"御书医书之目"②之一。宋末元初，马端临《文献通考》卷二二三《经籍考五十》载："《太平圣惠方》一百卷。晁氏曰：太宗皇帝在潜邸日，多蓄名方异术。太平兴国中，内出亲验者千余首，乃诏医局各上家传方书，命王怀隐、王佑、郑彦、陈昭遇校正编类，各篇首著其疾证。淳化初书成，御制序引。"③

淳化本《太平圣惠方》不仅在宋朝辖区得到广泛传播，而且在西夏、金朝境内也得到一定的传播。嘉祐八年（1063 年）四月丙戌，宋英宗以国子监所印医书，"赐夏国，从所乞也"④。由于诏令内容简略，尚不清楚政府所赐为何书。从宋政府赐高丽的情况来看，应是《太平圣惠方》和其他医书。清宣统元年（1909 年），内蒙古额济纳旗黑水城遗址出土西夏文《明堂炙经》，今藏俄罗斯科学院东方文献研究所。据聂鸿音《西夏译本〈明堂炙经〉初探》《俄藏 4167 号西夏文〈明堂炙经〉残叶考》等文研究，西夏文《明堂炙经》译自当时流行的佚名所撰《黄帝明堂炙经》，内容原出北宋王怀隐主持编纂的《太平圣惠方》卷一〇〇。⑤金皇统四年（1144 年），儒林郎、汴京国子监博士杨用道，用辽朝乾统年间刊刻的葛洪《肘后备急方》为底本，将北宋唐慎微《经史证类备用本草》中的医方以"附方"的形式列于每一篇之末，刻本问世，名《附广肘后方》，征引《太平圣惠方》医方共 83 首，其方简要，药多易得，便于医家和民众使用。因此，北宋时期《太平圣惠方》及其简要本、节略本等传入西夏、金朝后，随即被翻译为西夏文，在西北、东北地区广为流传。

关于淳化三年《太平圣惠方》版本流变情况，道光七年（1827 年）张金吾《爱日精庐藏书志》卷二二进行了考证："《太平圣惠方》，残本，三卷，宋刊本。宋王怀隐等奉敕撰。原本一百卷，今存眼、齿两类三卷。考数经书

---

①　（宋）尤袤撰：《遂初堂书目·医书类》，《丛书集成初编》本，上海：商务印书馆，1935 年版，第 25 页。

②　（宋）马光祖修，（宋）周应合纂：《景定建康志》卷 33《文籍志一》，《宋元方志丛刊》第 2 册，北京：中华书局，2006 年版，第 1888 页。

③　（元）马端临著，上海师范大学古籍研究所、华东师范大学古籍研究所点校：《文献通考》卷 223《经籍考五十·太平圣惠方》，北京：中华书局，2011 年版，第 6155 页。

④　（宋）李焘撰：《续资治通鉴长编》卷 198，嘉祐八年四月丙戌，北京：中华书局，2004 年版，第 4802 页。

⑤　聂鸿音：《西夏译本〈明堂炙经〉初探》，《文献》2009 年第 3 期，第 60—66 页；聂鸿音：《俄藏 4167 号西夏文〈明堂炙经〉残叶考》，《民族语文》2009 年第 4 期，第 172—176 页。又见聂鸿音：《西夏文献论稿》，上海：上海古籍出版社，2012 年版，第 165—176 页。

贾刑改，妄填一二等字，原书卷第不可考矣。"①清邵懿辰（1810—1861 年）《增订四库简明目录标注》卷一〇亦载："《太平圣惠方》残本，三卷，宋王怀隐等撰，原一百卷。张目有宋刊本。"②张金吾所藏眼、齿两类三卷，即《太平圣惠方》卷三二至三三《眼科门》。其中卷三二，凡二十四门，论一首，病源二十一首，方共计二百五十四道；卷三三，凡二十五门，论二首，病源二十三首，方共计二百三十七道。卷三三《口齿门》，凡二十一门，论一首，病源十九首，方共计二百三十二道。

2. 绍圣三年刊本

绍圣三年（1096 年）六月，宋哲宗下令国子监刊刻小字版《太平圣惠方》，这是宋政府第二次刊刻该书。《宋刻脉经牒文》载：

> 国子监准监关，准尚书礼部符，准绍圣元年六月二十五日敕，中书省尚书省送到礼部状，据国子监状，据翰林医学本监三学看治任仲言状，伏睹本监先准朝旨，刊雕小字《圣惠方》等共五部出卖，并每节镇各十部，余州各五部，本处出卖。③

此刊本即绍圣本《太平圣惠方》。牒文，文书名，用于平级官司之文书。从牒文内容来看，此次雕印小字本的目的在于降低医书成本，方便医家和贫民购买。

3. 绍兴十六年淮南路转运司刊本

绍兴十六年（1146 年），淮南路转运司在淮南西路舒州（治今安徽安庆）刊刻《太平圣惠方》，这是宋代第三次刊印该书。洪迈《夷坚丙志》卷一二《舒州刻工》载：

> 绍兴十六年，淮南转运司刊《太平圣惠方》板，分其半于舒州。州募匠数十辈置局于学，日饮喧哗，士人以为苦。教授林君以告郡守汪希旦，徙诸城南癸门楼上，命怀宁令甄倚监督之。七月十七日，门傍小佛塔，高丈五尺，无故倾摧。明旦，天色廓清，至午，黑云倏起西边，罩覆楼上，迅风暴雨随之。时群匠及市民卖物者百余人，震雷一击，其八十人随声而仆，余亦惊慑失魄。良久，楼下飞灰四起，地上火珠迸流，

---

① （清）张金吾撰：《爱日精庐藏书志》卷 22《子部·医家类》，清道光七年昭文张金吾刻本，《续修四库全书》本，上海：上海古籍出版社，2001 年版，第 925 册，第 417 页。

② （清）邵懿辰撰，（清）邵章续录：《增订四库简明目录标注》卷 10《子部五·医家类》，上海：上海古籍出版社，1959 年版，第 428 页。

③ （晋）王叔和撰，福州市人民医院编：《脉经校释》卷首《宋刻〈脉经〉牒文》（校点本第 2 版），北京：人民卫生出版社，2009 年版，第 526 页。

皆有硫黄气。经一时顷，仆者复苏。作头胡天佑白于甄令，入按视，内五匠曰蕲州周亮，建州叶浚、杨通，福州郑英，庐州李胜，同声大叫，踣而死，遍体伤破。寻询其罪，盖此五人尤耆酒懒惰，急于板成，将字书点画多及药味分两随意更改以误人，故受此谴。①

尽管洪迈的记载具有神魔鬼怪的色彩，但他用"因果报应"的思想，揭露了刻书过程中工匠"耆酒懒惰，急于板成，将字书点画多及药味分两随意更改以误人"的情况。但此书宋代文献中未见记载，也未见有医家引用的情况，是否最终刊行，官、私史书记载不详。

4. 绍兴十七年福建路转运司刊本

绍兴十七年（1147 年）四月，福建路转运司在本司公使库印行《太平圣惠方》，题书名为《大宋新修太平圣惠方》。这是宋代第四次刊印该书。《太平圣惠方》附录载：

> 福建路转运司，今将国子监《太平圣惠方》一部，一百卷，二十六册，计三千五百三十九板，对证内有用药分两及脱漏差误，共有一万余字，各已修改。开板并无讹舛，于本司公使库印行，绍兴十七年四月日。
> 右从政郎充福建路转运司主管帐司邵大宁。
> 左从事郎添差充福建路转运司干办公事宋藻。
> 右文林郎充福建路转运司干办公事陈毕。
> 右宣教郎充福建路转运司主管文字黄讱。
> 右朝散郎权福建路转运判官范寅秩。
> 右中大夫直秘阁福建路计度转运副使兼提举学事马纯。②

此刊本即绍兴十七年《太平圣惠方》刻本。据日本宽政六年（1794 年）丹波元德、丹波元简校勘《太平圣惠方》可知，绍兴十七年（1147 年）福建路转运司依据国子监所藏《太平圣惠方》，重刊此书，具体负责者为转运司官员邵大宁、宋藻、陈毕、黄讱、范寅秩和马纯等。此次书名更改为《大宋新修太平圣惠方》，共 100 卷，26 册，3539 板，校正 10000 余字。

关于绍兴本《太平圣惠方》的版本格式，光绪二十三年（1897 年）江标《宋元本行格表》卷下载："宋绍兴本《大宋新修太平圣惠方》百卷，《目

---

① （宋）洪迈撰，何卓点校：《夷坚丙志》卷 12《舒州刻工》，北京：中华书局，1981 年版，第464 页。

② （宋）王怀隐、王光佑、郑彦等编，田文敬、孙现鹏、牛国顺等校注：《〈太平圣惠方〉校注》卷末，郑州：河南科学技术出版社，2015 年版，第 386 页。

录》一卷，行廿五六字。"①

5. 未详本

明李时珍《本草纲目》卷一《序例·引据古今医家书目》载"宋太宗《太平圣惠方》"一部。②明陈第《世善堂藏书目录》卷下载："《太平圣惠方》一百卷，唐太宗。"③这里的唐太宗为宋太宗之误，书中提到的《太平圣惠方》是明钞本还是宋刊本？史料记载不详。

二、宋代《太平圣惠方》的简要本和节选本

1. 《简要济众方》五卷

宋仁宗皇祐年间，江南地区流行疫病。皇祐三年（1051 年）五月乙亥，宋仁宗命翰林医官使周应从《太平圣惠方》中摘编方剂，书成后命名为《简要济众方》，共 5 卷。随之，宋仁宗"颁《简要济众方》，俞州县长吏按方剂以救民疾"④。关于宋仁宗改编《太平圣惠方》为《简要济众方》的动因，曾巩《隆平集》卷三有详细的记载：

> 皇祐四年，上以方书虽多，或药品之众，昧者用之寡要，贫者困于无资，命太医集诸家已试之方，删去浮冗而标脉证，兼叙病源名之，曰《简要济众方》，且令崇文院分作上中下三册，印颁诸邑。⑤

王应麟《玉海》卷六三《艺文·皇祐〈简要济众方〉》也详细地记载了宋政府下诏编修该书的情况：

> 皇祐中，仁宗谓辅臣曰："外无善医，其令太医简《圣惠方》之要者，颁下诸道，仍敕长史拯济。"令医官使周应编，三年颁行。《纪》：三年五月乙亥颁，命长吏按方剂救民疾。开宝修《本草》，兴国中纂《圣惠方》，皇祐择取精者为《简要济众方》。嘉祐间，命掌禹锡等校正医书，置局编修院，后徙太学。十余年，补注《本草》、修《图经》，而《外台秘要》、《千金方翼》、《金匮要略》，悉从摹印，天下皆知学古

① （清）江标辑：《宋元本行格表》卷下，《丛书集成初编》本，北京：中华书局，1991 年版，第 79 页。

② （明）李时珍：《本草纲目》卷 1《序例·引据古今医家书目》（校点本第 2 版），北京：人民卫生出版社，2012 年版，第 11 页。

③ （明）陈第编：《世善堂藏书目录》卷下，北京：中华书局，1985 年版，第 68 页。

④ 《宋史》卷 12《仁宗本纪》，北京：中华书局，2007 年版，第 231 页。

⑤ （宋）曾巩撰，王瑞来校证：《隆平集校证》卷 3《爱民方药附》，北京：中华书局，2012 年版，第 113 页。

方书。①

马端临《文献通考》亦有较为详细的记载："皇祐中，仁宗谓辅臣曰：外无善医，民有疾疫，或不能救疗，其令太医简《圣惠方》之要者颁下诸道，仍敕长史按方剂以时拯济，令医官使周应编以为此方，三年颁行。"②

可见，由于《太平圣惠方》数量庞大，"思下民资用之阙，于是作《简要济众方》以示之"③，是北宋政府编撰《简要济众方》的根本原因。

2.《圣惠选方》六〇卷

《圣惠选方》，福建医人何希彭选编。其目录和卷数，《通志》卷六九《艺文略七》载《圣惠选方》六〇卷，6096方。④蔡襄《圣惠方·后序》详细地记载了何希彭编选《圣惠选方》的经过。

> 生者天地之德，成者圣人之业。运化流物，随之不遗，生之之理至矣；推本兴治，安而有伦，成之道著矣。是故作天下之美利者，其圣人之事乎。传称神农味百草，黄帝录《内经》，以除民疾。其术能死者生而夭者寿，以言乎功，虽大禹之疏浚水，驱龙蛇，汤武之用金革、戡祸乱，将救患于一时，孰与无穷之赖乎！故曰：作天下之美利者，皆圣人之事也。宋当天命，出九州岛之人于火鼎之中，吹之濯之。太宗皇帝平一宇内，极所覆之广，又时其气息而大苏之。乃设官赏金缯之科，购集古今名方与药石诊视之法，国医诠次，类分百卷，号曰《太平圣惠方》。诏颁州郡，传于吏民。然州郡承之，大率严管钥，谨曝凉而已，吏民莫得与其利焉。闽俗左医右巫，疾家依巫索祟，而过医之门，十才二三，故医之传益少。余治州之明年，议录旧所赐书以示于众。郡人何希彭者，通方伎之学，凡《圣惠方》有异域瑰怪难致之物，及食金石草木得不死之篇，一皆置之，酌其便于民用者得方六千九十六。希彭谨慎自守，为乡同所信。因取其本誊载于版，列牙门之左右，所以导圣主无穷之泽沦究于下，又晓人以依巫之谬，使之归经常之道，亦刺史之职也。

---

① （宋）王应麟撰：《玉海》卷63《艺文·皇祐简要济众方》，南京：江苏古籍出版社、上海：上海书店，1987年版，第1197页。

② （元）马端临著，上海师范大学古籍研究所、华东师范大学古籍研究所点校：《文献通考》卷223《经籍考五十·皇祐简要济众方》，北京：中华书局，2011年版，第6155页。

③ （宋）苏颂著，王同第、管成学、颜中其等点校：《苏魏公文集》卷65《本草图经序》，北京：中华书局，2004年版，第998页。（宋）苏颂：《本草图经序》，（宋）唐慎微原著，艾晟刊订，尚志钧点校：《大观经史证类备急本草》卷1《序例上》，合肥：安徽科学技术出版社，2002年版，第3页。（宋）唐慎微等撰，陆拯、郑苏、傅睿等校注：《重修政和经史证类备用本草》卷1，北京：中国中医药出版社，2013年版，第42页。

④ （宋）郑樵撰：《通志》卷69《艺文略七》，北京：中华书局，1987年版，第812页。

庆历六年十二月八日，右正言、直史馆、知事蔡襄序。[①]

梁克家《淳熙三山志》卷三九《土俗类一·劝用医》也载：

庆历六年十二月，蔡正言襄知州日，作《太平圣惠方后序》，亲书于碑。其略曰："太宗皇帝一平宇内，集古今名方与药石诊视之法，敕国医诠次，类分百卷，号曰《太平圣惠方》。诏颁州郡，传于吏民。州郡承之，大率严管钥，谨曝晾而已，吏民莫得与其利焉。闽俗左医右巫，疾家依巫索祟，而过医门十才二三，故医之传益少。余治洲之明年，议录旧所赐书，以示于众。郡人何希彭者，通方伎之学，凡《圣惠方》有异域瓌恠难致之物，若食金石草木得不死之篇，一皆置之。酌其便于民用者，得方六千九十六，希彭谨愿自守，为乡闾所信，因取其本誊载于板，列牙门之左右，所以尊圣主无穷之泽，又晓人以巫祝之谬，使之归经常之道，亦刺史之一职也。"今其碑在府衙宅堂右。希彭家，今太平公辅坊，有"墨宝轩"，藏蔡公真迹。《治平图榜》、《圣惠方》，虎节门内。[②]

庆历六年（1046年）十二月，蔡襄出任福州知府后，为了反对"闽俗左医右巫，疾家依巫作祟。而过医之门十才二三，故医之传益少"的局面，亲撰《太平圣惠方后序》，并亲自书写，刻于石碑，庆历六年碑成，即著名之《太平圣惠方序碑》，立于福州府堂右。[③]同时，蔡襄下令将何希彭选编《圣惠选方》，"取其本誊载于版，列衙门之左右"，供民众抄录。蔡襄的目的有二：一是将《圣惠选方》书写在木板之上，立在福州府衙门左右，以此抗衡巫医，宣传正统医学知识；二是公布实用药方，宣扬仁政，"所以导圣主无穷之泽沦究于下，又晓人以依巫之谬，使之归经常之道，亦刺史之要职也"[④]。

3.《圣惠经用方》一卷

《圣惠经用方》一卷，无名氏编。关于其目录和卷数，南宋郑樵《通志》卷六九《艺文略七》载"《圣惠经用方》一卷"[⑤]。《秘书省续编到四库

---

① （宋）蔡襄撰，陈庆元、欧明俊、陈贻庭校注：《蔡襄全集》卷26《〈圣惠方〉后序》，福州：福建人民出版社，1999年版，第583页。

② （宋）梁克家纂修：《淳熙三山志》卷39《土俗类一》，中华书局编：《宋元方志丛刊》第8册，北京：中华书局，2006年版，第8243页。

③ （清）郝玉麟等监修，（清）谢道承等编纂：康熙《福建通志》卷62《古迹·石刻》，《景印文渊阁四库全书》本，台北：商务印书馆，1986年版，第530册，第217页。

④ （宋）蔡襄撰，陈庆元、欧明俊、陈贻庭校注：《蔡襄全集》卷26《〈圣惠方〉后序》，福州：福建人民出版社，1999年版，第583页。

⑤ （宋）郑樵撰：《通志》卷69《艺文略七》，北京：中华书局，1987年版，第812页。

阙书目》卷二亦载"《圣惠经用》一卷"①。此书也是节选著作，在临床治疗方面有着很大的功效和便利。由于该书已佚，详细内容不得而知。

4. 《太平圣惠单方》十五卷

《太平圣惠单方》十五卷，不注撰人。南宋郑樵《通志》卷六九《艺文略·七》载："《太平圣惠单方》一卷。"②《秘书省续编到四库阙书目》卷二亦载："《太平圣惠单方》一卷，阙。辉按，《宋志》、《崇文目》、《晁志》、《陈录》一百卷，《遂初目》无卷数。"③此书也是节选著作，已佚。

5. 《铜人针灸经》七卷

《太平圣惠方》卷九十九《针经》，又名《太平针经》或《孔穴图经》，是北宋政府官修的第一部针灸著作。其内容以隋唐医学家甄权（541—643年）《针经钞》为主要参考文献，绘制了十二人形图，"具列十二人形，共计一百九十穴"，十二人形沿用了《外台秘要方》十二人图。④宋元时期，《针经》被书商析为《铜人针灸经》七卷。日本涩江全善、森立之等撰《经籍访古志补遗》进行了考证，指出："此本翻刻元版者，旧系《圣惠方》第九十九卷，盖古《针经》之遗文，王怀隐等编入者。后人分为七卷，漫名曰《铜人针灸经》。"⑤

6. 《黄帝明堂灸经》一卷

《太平圣惠方》卷一〇〇《明堂》及其附录《小儿明堂》，具有极强的文献价值和临床实用价值。⑥涩江全善、森立之等撰《经籍访古志》指出："此书并序，旧系《圣惠方》第一百卷。其实唐以前书，王怀隐等编书时所采入。"⑦此书北宋末期被书商改编成《黄帝明堂灸经》一卷，流行于世。南宋时期被王执中收入于《针灸资生经》中，元代时被窦桂芳析为三卷收录于

① （宋）不注撰人，（清）叶德辉考证：《秘书省续编到四库阙书目》卷2，《丛书集成续编》第67册，台北：新文丰出版公司，1988年版，第312页。

② （宋）郑樵撰：《通志》卷69《艺文略七》，北京：中华书局，1987年版，第812页。

③ （宋）不注撰人，叶德辉考证：《秘书省续编到四库阙书目》卷2，《丛书集成续编》第67册，台北：新文丰出版公司，1988年版，第313页。

④ （宋）王怀隐、王光佑、郑彦等编，田文敬、孙现鹏、牛国顺等校注：《〈太平圣惠方〉校注》卷99《针经》，郑州：河南科学技术出版社，2015年版，第300—333页。

⑤ 〔日〕涩江全善、森立之等撰，杜泽逊、班龙门点校：《经籍访古志补遗·医部》，上海：上海古籍出版社，2014年版，第278页。

⑥ （宋）王怀隐、王光佑、郑彦等编，田文敬、孙现鹏、牛国顺等校注：《〈太平圣惠方〉校注》卷100《明堂》，郑州：河南科学技术出版社，2015年版，第334—339页。

⑦ 〔日〕涩江全善、森立之等撰，杜泽逊、班龙门点校：《经籍访古志补遗·医部》，上海：上海古籍出版社，2014年版，第277页。

《针灸四书》之中。^①

三、明清时期《太平圣惠方》的版本

1. 明永乐六年《永乐大典》钞本

明永乐元年（1403 年）七月，明成祖下诏命解缙、姚广孝等纂修《永乐大典》，永乐六年（1408 年）十二月成书。《永乐大典》"用韵以统字，用字以系事"，将《太平圣惠方》抄入各韵字之中。

钞本即抄本，即按原书抄写的书籍。唐以前称写本，宋以后称钞本，现存《永乐大典》风、虫、胸、痈、尸、儿、神、人、蒸、眼、痹、妇、沐、疾等字中，保存了大量《太平圣惠方》中的内容。^②

2. 清黄丈琴六钞残本

明清时期，宋代刻本残缺严重，加之后世政府未有重刊者，宋本《太平圣惠方》散佚严重，仅有黄丈琴六从宋椠残本中抄出眼、齿二门。清瞿镛（1794—1846 年）《铁琴铜剑楼藏书目录》卷一四载：

> 《太平圣惠方》三卷，钞残本。宋王怀隐、郑彦等奉诏编校。原书一百卷，全本久佚。此黄丈琴六从宋椠残本写出，仅存眼、齿二门，可谓吉光片羽矣。书中"丸"字俱作"圆"，宋讳"桓"字嫌名也。^③

黄丈琴六所抄残存本，为《太平圣惠方》卷三二至卷三三《眼门》，卷三四《齿门》。其所依据的宋椠本，可能仍为南宋刊本。清邵懿辰《增订四库简明目录标注》卷一〇亦载："《太平圣惠方》残本三卷，宋王怀隐等撰，原一百卷。张目有宋刊本。"^④

3. 清末详年代钞本

清末四川藏有一部《太平圣惠方》钞本，杨守敬跋。台北图书馆也藏有一部《太平圣惠方》钞本，何时由何人所抄，记载不详。

---

① （宋）不注撰人：《黄帝明堂灸经》，（元）窦桂芳辑：《针灸四书》，北京：人民卫生出版社，1983 年版，第 1—66 页。

② 萧源等辑：《永乐大典医药集》，北京：人民卫生出版社，1986 年版，第 1—1125 页。又见王瑞祥编撰：《永乐大典医书辑本》第 1 册，北京：中医古籍出版社，2010 年版，第 1—626 页。

③ （清）瞿镛编纂，瞿果行标点，瞿凤起覆校：《铁琴铜剑楼藏书目录》卷 14《医家类》，上海：上海古籍出版社，2000 年版，第 359 页。

④ （清）邵懿辰撰，（清）邵章续录：《增订四库简明目录标注》卷 10《子部五·医家类》，上海：上海古籍出版社，1959 年版，第 428 页。

四、新中国时期《太平圣惠方》的影印本、排印本、校注本和节选本

1.《太平圣惠方》的影印本

自 20 世纪中期以来，我国出版的《太平圣惠方》影印本，主要有以下几种。1999 年，华夏出版社出版中华文化研究会编《中华本草全书》，其中卷 171—177 收录南宋版本配抄本影印本《太平圣惠方》。2005 年，中医古籍出版社出版曹洪欣主编，郑金生、柳长华副主编《海外回归中医古籍善本集粹》，其中第 2—8 册收录日本宽政八年多纪氏校勘本的影印本《太平圣惠方》。

我国台湾地区也出版了《太平圣惠方》影印本。1980 年，台北新文丰出版公司据乌丝栏抄本影印出版《太平圣惠方》，1996 年再版。1984 年，台北平常心出版社影印出版王怀隐等编《太平御医圣惠方》。1986 年，台北幼华出版社影印出版《太平圣惠方》。

1996 年，日本的出版社据名古屋蓬左文库藏南宋刊本、配抄本影印出版《太平圣惠方》。

2.《太平圣惠方》的排印本

1958 年 9 月，人民卫生出版社根据现存四种《太平圣惠方》钞本，互校增补，重以全书形式出版，是当时《太平圣惠方》最完整的版本。人卫本《太平圣惠方》，以清末杨守敬购自日本启迪院藏相州圆觉寺周音钞本为主本，以《太平圣惠方》三四卷钞本、《太平圣惠方》百卷钞本、《太平圣惠方》二〇卷钞本相校增补，并参考了南京图书馆藏一〇〇卷钞本。此书改变了过去影印古籍竖排的做法，改为横排繁体字出版，书中内容维持了钞本内容，标点也未加改动，因而具有较高的价值。

3.《太平圣惠方》的校注本

2015 年 10 月，河南科学技术出版社出版了田文敬、孙现鹏、牛国顺等整理《〈太平圣惠方〉校注》，收入许敬生主编《中原历代中医药名家文库·中医名家珍稀典籍校注丛书》之中，共 10 册。校注本以日本丹波元德、丹波元简校注江户写本复制本为底本，以日本抄本为主校本。参校本有日本永正抄本、清光绪抄本、人民卫生出版社 1958 年本。①

---

① （宋）王怀隐、王光佑、郑彦等：《〈太平圣惠方〉校注》卷首《校注说明》，北京：人民卫生出版社，1959 版，第 11 页。

2016 年 5 月，人民卫生出版社出版了郑金生、汪惟刚、董杰珍校点《太平圣惠方》（校点本），分上、下两册，采用今存世的南宋刊本残卷及日本精抄本为底本，并参考多种古籍予以校勘，采用现代标点，末附方剂索引。

4.《太平圣惠方》的节选本

1995 年 3 月，海南国际新闻出版中心出版了李佑生整理《太平圣惠方》节选本，收入《传世藏书·子库·医部》第 3 册之中。此书据人民卫生出版社 1958 年铅印本节选排印，内容较为简略。①

1999 年，吉林人民出版社出版了李佑生整理《太平圣惠方》节选本，收入何清湖主编《中华传世医典》第 5 册《方书类·内科类》之中。此书据 1958 年人民卫生出版社铅印本，节选了《太平圣惠方》卷四、卷五十五和卷六十三。②

2014 年 1 月，辽宁科学技术出版社出版了胡献国主编《太平圣惠方食养疗病智慧方》，整理了与养生有关的内容，如轻身、延年、耐老、增寿的医论及方药，包括内科疾病、儿科疾病、男科疾病、皮外科疾病、妇科疾病、五官科疾病、常见传染病的防治等，以利于临床选用。③

五、朝鲜《太平圣惠方》的刊本与钞本

宋真宗大中祥符九年（1016 年）和天禧五年（1021 年），宋朝政府两次赏赐朝鲜淳化本《太平圣惠方》。《圣惠方》传入朝鲜后，受到朝鲜政府和医学家的重视，除刊刻该书外，还将其广泛应用于临证疾病治疗。

朝鲜端宗三年（1455 年）四月，议政府据礼曹呈启："医方《圣惠方》、《永类钤方》、《得效方》、《和剂方》、《衍义本草》、《补注铜人经》、《纂图脉经》外，诸方书皆无版本，请每于赴京使臣之行，就付麻布贸易。"朝鲜端宗"从之"。④可知，朝鲜亦有《太平圣惠方》刊本问世。

高丽仁宗三十四年至毅宗二十年（1146—1166 年），金永锡撰《济众立效方》，是为朝鲜高丽人撰写之高丽医书。《金永锡墓志》载："尝阅大宋、新罗

① （宋）王怀隐撰，李佑生整理：《太平圣惠方》，海口：海南国际新闻出版中心，1995 年版，第 4013—4059 页。

② 何清湖主编：《方书类、内科类》，《中华传世医典》第 5 册，长春：吉林人民出版社，1999 年版，第 251—300 页。

③ 胡献国主编：《太平圣惠方食养疗病智慧方》，沈阳：辽宁科学技术出版社，2014 年版，第 1—4 页。

④ 春秋馆：《端宗实录》卷 14，《李朝实录》第 12 册，东京：日本学习院东洋文化研究所，1957 年版，第 524 页。又见崔秀汉：《朝鲜医籍通考》，北京：中国中医药出版社，1996 年版，第 205 页。

医书，手撰奇要，便于人者，名之曰《济众立效方》传于世。"①由于此书已散佚，《济众立效方》引用了《太平圣惠方》中的哪些内容，不得而知。

高丽高宗十四年（1226 年），朝鲜医学家崔宗峻以中国《神农本草经》《千金方》《素问》《太平圣惠方》《政和圣济总录》为基础，撰写了《御医撮要方》13 卷。李奎报在《新集御医撮要方序》中指出："是古圣贤所以著《本草》、《千金》、《斗门》（素问）、《圣惠》诸方，以营救万生之命者也。"②

李朝世宗十五年（1433 年），卢重礼、俞孝通、朴允德等敕撰《乡药集成方》85 卷，"所引《圣惠方》条 1240 条，为引书之首位"③。全书每一门疾病之"论曰"，均引自《太平圣惠方》。如在《风病门》中，治中风失音不语，《圣惠方》论曰："夫喉咙者，气之所以上下也。喉厌者，声音之门户也。舌者，声之机；口者，声之扇也。风寒客于喉厌之间，故卒然无音，皆由风邪所伤，故致失音不语也。又醉卧当风，令人失音也。"治疗方剂有《圣惠方》竹沥饮子，治中风失音不语，昏沉不识人。④治中风口噤不开，《圣惠方》论曰："夫中风口噤者，为诸阳经筋，皆在于头，三阳之筋，并结入颔两颊，夹于口也。诸阳为风寒所客，则筋急，故口噤不开也。"《圣惠方》独活散，治中风口噤不开，筋脉拘急疼痛。⑤《圣惠方》醋石榴饮子，治中风不得语。⑥《圣惠方》治风湿痹，身体手足收摄不遂，肢节疼痛，言语謇涩，用五加皮酒、薏苡仁粥、酸枣仁粥。⑦《圣惠方》治风邪、风恍惚、风头痛，用商陆丸、乌金煎、摩膏、枕头方、葱豉薏苡粥、苍耳叶羹、薯蓣拔粥等。⑧

李朝世宗二十五年（1443 年），金礼蒙等敕撰《医方类聚》365 卷（现存 266 卷），所引"《圣惠方》222 处，共计 1560 页，几占《医方类聚》总页数的二十分之一"⑨，亦为引书之首位。

---

① 朝鲜总督府编：《朝鲜金石总览》三《高丽期·金永锡墓志》，汉城：日韩印刷所，1919 年版，第 391 页。又见崔秀汉：《朝鲜医籍通考》，北京：中国中医药出版社，1996 年版，第 2 页；李仙竹主编：《北京大学图书馆馆藏古代朝鲜文献解题》，北京：北京大学出版社，1997 年版，第 297 页。

② 崔秀汉：《朝鲜医籍通考》，北京：中国中医药出版社，1996 年版，第 3 页。

③ 崔秀汉：《朝鲜医籍通考》，北京：中国中医药出版社，1996 年版，第 204 页。

④ 〔朝〕俞孝通编著，郭洪耀、李志庸校注：《乡药集成方》卷 1《风病门》，北京：中国中医药出版社，1997 年版，第 11 页。

⑤ 〔朝〕俞孝通编著，郭洪耀、李志庸校注：《乡药集成方》卷 1《风病门》，北京：中国中医药出版社，1997 年版，第 12 页。

⑥ 〔朝〕俞孝通编著，郭洪耀、李志庸校注：《乡药集成方》卷 1《风病门》，北京：中国中医药出版社，1997 年版，第 13 页。

⑦ 〔朝〕俞孝通编著，郭洪耀、李志庸校注：《乡药集成方》卷 1《风病门》，北京：中国中医药出版社，1997 年版，第 16 页。

⑧ 〔朝〕俞孝通编著，郭洪耀、李志庸校注：《乡药集成方》卷 1《风病门》，北京：中国中医药出版社，1997 年版，第 20—21 页。

⑨ 〔朝〕金礼蒙等编撰，浙江省中医研究所、湖州中医院原校，盛增秀、陈勇毅、王英等重校：《医方类聚》卷首《引用诸书》，北京：人民卫生出版社，2006 年版，第 1 页。又见崔秀汉：《朝鲜医籍通考》，北京：中国中医药出版社，1996 年版，第 205 页。

李朝光海君二年（1610 年），许浚等敕撰《东医宝鉴》25 卷，也辑录了大量宋代医书的原文，包括《太平圣惠方》的内容。

六、日本《太平圣惠方》的刊本与钞本

《太平圣惠方》传入日本后，有多部刊本和钞本问世。如日本宽永年间（1624—1643 年），松枝元亮"唯济众之务经济绪余，延及医药，广慕方书，手亲书写《圣惠方》百卷"①。其方书内容，受到日本医学家的高度重视，并将其广泛应用于临床疾病治疗。

1. 日本藏南宋刻本

关于宋版《太平圣惠方》在日本的传播情况，近藤正斋《右文故事》卷四《御本日记绩录》记载甚详细：

> 《太平圣惠方》四十六册。此书本为骏府御文库本，而神君所赐于尾张家者。今存于御库者，即为宽政壬子命多纪元惠钞写其本者。元惠记于其末云（以上原日文）。尾本有二样。其一宋版，见存五十卷，每卷末有"金泽文库"印记，北条越后守之旧物也，余卷皆后人所补抄，装为五十一册。逐卷首页格顶，铃识"御本"二字朱印文，乃东照宫所赐也。其一为永正年写本，卷末载绍兴十七年劄子及诸臣署衔。又有本朝人题跋，云："以半井殿宗鉴家本写之，赖量。昔永正十三年五月六日，施药院使，下有押字。考诸家系谱及元德家乘，宗鉴者为和气明重剃发所号也，赖量则元德十三世祖，尝为左京大夫施药院使。二本皆文字妍好，询绳世之奇褒也（细字注文）多纪元简聿修堂贮藏《太平圣惠方》零本二册，有"金泽文库"墨印。十三行，二十五字。纸墨洁净，其字为所谓欧法，而即为俨然北宋版，疑即金泽本未入骏府御库以前所散失者。又按《脉经》末载绍圣三年牒状，云"本监先准朝旨，开雕小字《圣惠方》等共五部出卖"。是以知宋时有大字、小字二版。（原日文）。②

近藤正斋（1771—1829 年）的记载说明，宋版《太平圣惠方》传入日本后，明清时期尚有三部残本存世：一是尾张藩主家藏五十卷本，二是聿修堂

---

① 〔日〕前田春荣：《〈杨氏家藏方〉序》，（宋）杨倓撰，陈仁寿、杨亚龙校注：《杨氏家藏方》卷首，陈仁寿、曾莉主编：《台北故宫珍藏版中医手抄孤本丛书》第 2 册，上海：上海科学技术出版社，2014 年版，第 1 页。

② 〔日〕近藤正斋：《右文故事》卷 4《御本日记绩录》，〔日〕近藤正斋：《近藤正斋全集》第 3 卷，东京：日本国书刊行会，1905 年版，第 212 页。又见〔日〕冈西为人著，郭秀梅整理：《宋以前医籍考》第 11 类《诸家方论》，北京：学苑出版社，2010 年版，第 615 页。

藏残本五卷，三是崇兰馆藏残本五卷。[①] 此外，日本还出现了《太平圣惠方》的钞本，主要有永正十一年（1514 年）钞本、"养安院"藏钞本、宽政六年（1466 年）钞本、启迪院藏相州圆觉寺周音钞本、日本古钞三十四卷本等。日本安政三年（1856 年），涩江全善、森立之等撰《经籍访古志补遗·医部》也有相同的记载。

1.1 尾张藩藏五〇卷本

尾张藩主藏《太平圣惠方》五〇卷，系绍兴十七年福建路转运司刻本。此书何时由何人传入日本，文献记载不详，可能为淳祐六年（1246 年）南宋僧人兰溪道隆（1213—1278 年）入日时传入，亦可能为中日商人传入。此书原由镰仓幕府（1185—1333 年）中期武将、金泽文库创始人北条越后守北条实时（亦称金泽实时，1224—1276 年）收藏。日本天正十七年（1589 年），丰臣秀吉攻占关东后，金泽文库藏书归丰臣秀吉所有。元和元年（1615 年）五月大阪夏之役，丰臣秀次战败自杀，丰臣家藏书尽归德川家康，藏于江户德川幕府"骏府御文库"。元和二年（1616 年）6 月，德川家康在骏府（今日本静冈市）去世，法名东照大权现。其藏书一分为四：一部分运回江户，其余分给尾张、纪州、水户的德川氏三家，史称"骏河御让本"。

尾张藩主藏《大宋新修太平圣惠方》一百卷，《目录》一卷。其中五〇卷为宋本，所余五〇卷由永正年写本补入。其版本形态，涩江全善、森立之编《经籍访古志补遗·医部》有详细的记载：

> 每半页高七寸五分，幅五寸，十三行，行二十五六字。第一百卷末云："福建路转运司今将国子监《太平圣惠方》一部一百卷二十六册，计三千五百三十九板对证。内有用药分量及脱漏差悞，共有一万余字，各已修改开板，并无讹舛，于本司公使库印行。绍兴十七年四月日。"次有邵大宁、宋藻、陈毕、黄讱、范寅秩、马纯官衔六行。按此为南宋椠本。每卷末有"金泽文库印"。密行细字，字画遒劲，殆逼汴京物。其所存凡五十卷，系第五、第六、第七、第八、第九、第十、第十七、第十八、第廿五、第廿六、第廿九、第三十、第三十三、第三十四、第四十五、第四十六、第四十九、第五十、第五十一、第五十二、第五十三、第五十四、第五十五、第五十六、第五十九、第六十、第六十一、第六十二、第六十三、第六十四、第六十九、第七十、第七十五、第七十六、第七十七、第七十八、第七十九、第八十、第八十一、第八十二、第八十三、第八十

---

① 〔日〕涩江全善、森立之等撰，杜泽逊、班龙门点校：《经籍访古志补遗·医部》，上海：上海古籍出版社，2014 年版，第 308—309 页。又见〔日〕冈西为人著，郭秀梅整理：《宋以前医籍考》第 11 类《诸家方论》，北京：学苑出版社，2010 年版，第 616 页。

四、第八十七、第八十八、第九十一、第九十二、第九十五、第九十六、第九十九、第一百，计五十卷。其余五十卷及目录，字行全同，盖据宋本补足者。逐卷首页格顶钤"御本"二字朱印，乃骏府秘府旧本也。①

昭和十八年（1943 年），川濑一马《日本书志学之研究》载《尾州家骏河御让本书目并附注》："《圣惠方》，五十一册。北宋版。金泽文库旧版，补钞也。"②

1.2 聿修堂藏残本五卷

从卷中有"金泽文库"墨印，又有"多纪氏藏书印""江户医学藏书之印"等印记来看，此本《太平圣惠方》原为镰仓时代金泽文库旧藏，后归于聿修堂，由多纪氏收藏。明治十七年（1884 年）后归宫内厅书陵部收藏，《经籍访古志补遗·医部》有记载。

聿修堂藏有宋本五卷，系第七十三、第七十四、第七十九、第八十、第八十一卷。亦有"金泽文库"印，盖蚤经分散者也。③

此本亦为绍兴十七年福建路转运司刻本，严绍璗《日本藏汉籍珍本追踪纪实》认为聿修堂藏残本五卷"成为此书在人世间的唯一的一部宋刊本"④。可知，聿修堂藏《太平圣惠方》五卷，为第七十三卷、第七十四卷、第七十九卷、第八十卷、第八十一卷，皆系妇科门。其中卷七十三，凡十六门，病源十六首，方一百九十二道；卷七十四，凡十七门，病源十七首，方一百九十一道；卷七十九，凡十六门，病源十六首，方三百零一道；卷八十，凡十门，病源九首，方一百六十一道；卷八十一，凡十门，病源十首，方共计一百四十六道。

1.3 崇兰馆藏残本五卷

崇兰馆藏《太平圣惠方》残本五卷，亦有"金泽文库印"，卷数有与尾张蕃藏本相同，亦为南宋绍兴十七年刻本。日本庆应二年（1866 年），森立之编《崇兰馆医书目》有著录。

综上所述，大约在北宋后期至南宋时期，即日本镰仓幕府时代（1185—1333 年），《太平圣惠方》由宋僧或商人传入日本，数量不止一部，当为多部，由北条越后守北条实时（亦称金泽实时，1224—1276 年）收藏于金泽文库。后归丰臣秀吉和德川家康，再归尾张藩主、聿修堂、崇兰馆。其中尾张藩主所藏宋本，永正十一年抄入《太平圣惠方》钞本，其原件现已不存。

---

① 〔日〕涩江全善、森立之等撰，杜泽逊、班龙门点校：《经籍访古志补遗·医部》，上海：上海古籍出版社，2014 年版，第308—309 页。又见〔日〕冈西为人著，郭秀梅整理：《宋以前医籍考》第 11 类《诸家方论》，北京：学苑出版社，2010 年版，第615—616 页。

② 〔日〕川濑一马：《日本书志学之研究》，东京：日本雄辨会讲谈社，1943 年版，第669 页。

③ 〔日〕涩江全善、森立之等撰，杜泽逊、班龙江点校：《经籍访古志补遗·医部》，上海：上海古籍出版社，2014 年版，第309 页。

④ 严绍璗：《日本藏汉籍珍本追踪纪实——严绍璗海外访书志》，上海：上海古籍出版社，2005 年版，第40 页。

2. 日本钞本

2.1　永正十一年钞本

永正十一年（1514 年）钞本，以尾张藩藏本为主本，不足者补入半井殿宗鉴家藏本，日本称和本或写本。第二卷末题云：“以半井殿宗鉴家本书写讫，赖量永正十一年三月日写之，施药院使。（下有押字）；他卷亦有跋，或云大僧都（押字）；或云永正十三年五月，典药头（押字）。按：此就宋本改其行欵，而药品修制概加节略者，然首尾完全，亦为希世之珍。兰溪先生既上进影宋本，更誊录此本以传于家，且跋曰：‘考半井宗鉴为和气明重剃发后号。赖量则某十三世祖，尝为左京大夫、施药院使，亦题治部乡大僧都者，其剃发后所称欤。’”①

永正钞本在日本产生较大反响，官私目录学著作多有记载。如宽政七年（1795 年），丹波元简编《聿修堂藏书目录》载：“《大宋新修圣惠方》十八卷，九十一册抄，永正写本，宋王怀隐等撰。”元治年间（1864—1865 年）编《元治增补御书籍目录》载：“《太平圣惠方》百卷，宋板影钞，五十一册，宋王怀隐等编。”《东京帝室博物馆汉书目录》载：“《圣惠方》，宋王怀隐等奉敕撰。永正十一年写之，典药头花印。写，五十一册，和本。”《帝室和汉图书目录》载：“《太平圣惠方》，宋王怀隐等。写，一〇〇卷，五一册。”《内阁文库图书第二部汉书目录》载：“《太平圣惠方》，百卷，目一卷，宋王怀隐等。日本写本，五一册。”永正钞本现存卷一至卷二〇卷，其他已散佚。②

永正钞本《太平圣惠方》，中国学者也有介绍。如清邵章（1872—1953年）《增订四库简明目录标注续录》载：“日本永正十一年钞本，一百卷。”③

2.2　“养安院”藏钞本

“养安院”藏《太平圣惠方》钞本一百卷，为曲直濑家族所藏。曲直濑家族第一代侍医曲直濑正琳（1565—1611 年）喜爱医学，曾仕于丰臣秀吉。④此本除第九十九卷、第一百卷的图绘有部分缺失外，其他内容较为完整。

2.3　宽政六年钞本

宽政四年（1792 年）正月至宽政六年（1794 年）九月，大朝借之尾藩使，于医瘝影摸《太平圣惠方》一本，以储之延阁，即宽政六年钞本，校勘抄写者为东都法印侍医兼督医学事丹波元德和其子法眼侍医兼医学教谕丹波

---

① 〔日〕涩江全善、森立之等撰，杜泽逊、班龙门点校：《经籍访古志补遗·医部》，上海：上海古籍出版社，2014 年版，第 308—309 页。

② 〔日〕冈西为人著，郭秀梅整理：《宋以前医籍考》第 11 类《诸家方论》，北京：学苑出版社，2010年版，第 617 页。

③ （清）邵懿辰撰，（清）邵章续录：《增订四库简明目录标注》卷 10《子部五·医家类》，上海：上海古籍出版社，1959 年版，第 428 页。

④ 〔日〕町泉寿郎：《曲直濑养安院家与朝鲜本医书》，王勇主编：《书籍之路与文化交流》，上海：上海辞书出版社，2009 年版，第 442—445 页。

元简。丹波元德在《谨识》中详细地记载了校勘抄写的经过。

右宋太宗文皇帝《太平圣惠方》一百卷。太平兴国三年，内出亲验名方千余首，更诏医局各上家传方书，命王怀隐、王祐、郑彦、陈昭禹校勘编类。淳化三年二月癸未书成，御制序引，凡为类六百七十门，方（万）六千八百三十有四首，疾证诸论，品药功效，皆备载在内。诚经方之渊丛，医家之盛典也。今世所传悉抄本，鱼阴之讹，数行寻墨，难以是正，学者病焉。恭惟大君仁明，生灵为念，承统之初，首购医方。征尾张藩所藏《圣惠方》，使臣元德缮写校雠以上进，实宽政壬子正月十五日也。谨按尾本有二样。其一宋版，见存五十卷（第五、第六、第七、第八、第九、第十、第十七、第十八、第廿五、第廿六、第廿九、第三十、第三十三、第三十四、第四十五、第四十六、第四十九、第五十、第五十一、第五十二、第五十三、第五十四、第五十五、第五十六、第五十九、第六十、第六十一、第六十二、第六十三、第六十四、第六十九、第七十、第七十五、第七十六、第七十七、第七十八、第七十九、第八十、第八十一、第八十二、第八十三、第八十四、第八十七、第八十八、第九十一、第九十二、第九十五、第九十六、第九十九、第一百，通计五十卷）。每卷末有"金泽文库"印记，北条支族越后守贞显之旧物也。余卷皆后人所补抄，装为五十一册。逐卷首页格顶钤识"御本"二字朱印文，乃东宫所赐也。其一为永正年写本，卷末载绍兴十七年劄子及诸臣署衔。[①]

丹波元德和其子丹波元简等，"对勘校雠，订补误脱，以影抄之，而其可疑，有一存原文不敢妄改。裘葛三易，楮墨始完，依旧装成五十一册以进上"[②]。参加抄写人员有医员须田正胜，医学生丹波元俵、丹波元方、山下祁方、吉田玄通、足立盛起、长野元俊。

涩江全善、森立之等撰《经籍访古志补遗·医部》也称赞："是书诚为经方之渊薮，彼土则明以来失其传，而特巍存于皇国。世间有钞本，然讹脱不尠。今此本既幸蒙烈祖之宝爱，遇恭庙好生之心深，遂能发幽光以济斯民之夭札。其深仁厚泽，岂不可感仰耶。"[③]

2.4 启迪院藏相州圆觉寺周音钞本

相州圆觉寺周音钞本，藏于京都启迪院。该院于天文十五年（1546 年）

---

① 〔日〕丹波元德：《谨识》，（宋）王怀隐、王光佑、郑彦等编，田文敬、孙现鹏、牛国顺等校注：《太平圣惠方》校注》卷末，郑州：河南科学技术出版社，2015 年版，第 387 页。

② 〔日〕丹波元德：《谨识》，（宋）王怀隐、王光佑、郑彦等编，田文敬、孙现鹏、牛国顺等校注：《太平圣惠方》校注》卷末，郑州：河南科学技术出版社，2015 年版，第 388 页。

③ 〔日〕涩江全善、森立之等撰，杜泽逊、班龙门点校：《经籍访古志补遗·医部》，上海：上海古籍出版社，2014 年版，第 308—309 页。

由曲直濑道三创建，是日本最早成立的著名的医学院，藏有大量汉籍医学珍本古籍。清光绪五年至十年（1879 年—1884 年），杨守敬应召赴日本国任驻日钦使随员，在日本购得大量明清以前的汉籍，其中即有《太平圣惠方》钞本一百卷。杨守敬藏、何澄一编《故宫藏观海堂书目》卷三载："《太平圣惠方》一百卷，日本旧钞本。有光绪甲辰杨氏题识，称为希世秘籍。每卷有启迪院绿印。五十册。"①光绪甲辰年，即光绪三十年（1904 年）。

关于周音钞本的版本形态，杨守敬《日本访书志》卷一〇有详细记载。

此本行款悉与之合，每卷首中缝下书"相州（或作'阳'、或作'之'）圆觉寺（或无'寺'字）第二位周音（或有'首座'二字）书写"。盖僧徒之笔，无钞写年月相。其纸质笔迹，当在数百年以前。书法亦简劲峭直。据自称"首座"，必非俗僧，惜当时在日本未曾访之淄流也。第二卷末有"上总国市原郡海保村中道长津神护押"，则藏书人之记也。每卷又有"启迪院"绿印记。按日本有翠竹庵一溪虫史道三撰《启迪集医书》八卷，自序称"天正甲戌"，当中国明万历二年，是书当经其所藏欤？《访古志》又云："宋本有'福建路转运司今将国子监《太平圣惠方》一部百卷，二十六册，计三千五百三十九板对证，内有用药分两及脱漏差误，爽有万余字，各已修改开板，并无讹舛，于本司公库印行。绍兴十七年四月。'次有邵宁、宋藻、陈晔、黄讱、范寅秩、马纯官衔六行。"此本无之。按此书第九十九、第一百两卷为《针经》，钞手虽古，稍嫌草率，亦无"启迪院"印记。其中本有图像，皆空位未摹，当是周音钞本缺末二卷，后人又再为补钞也。②

可见，相州圆觉寺周音钞本缺末二卷，何时抄写，文献记载不详。

2.5　莲池侯家松枝元亮抄一百卷本

日本安永六年（1777 年）五月，江户前田春策（荣）在《〈杨氏家藏方〉序》中指出，莲池侯之家老松枝元亮，"手亲书写《圣惠方》百卷"。《〈杨氏家藏方〉序》载：

莲池侯之家老松枝元亮与余相善，其人尊金仙氏之道，曾读大藏三逻。而与世之念佛诵经、生欲未尽、死欲继炽者不同，唯济众之务经济绪余，延及医药，广慕方书，手亲书写《圣惠方》百卷，亦与世之书写佛经希求作佛者万万不同矣。余家旧藏《杨氏家藏方》，元亮活版翻刻

---

① （清）杨守敬藏，何澄一编：《故宫所藏观海堂书目》卷 3《子部·医家类》，北平：北平故宫博物院图书馆，1932 年版，第 15 页。

② （清）杨守敬：《日本访古志》卷 10，贾贵荣辑：《日本藏汉籍善本书志书目集成》第 9 册，北京：北京图书馆出版社，2003 年版，第 691—695 页。

以广其传也。杨氏自序云："将使人家有是书，集天下良医之所长，以待仓卒之用，不亦慈父孝子之心乎！"其先得松枝氏心固然者乎！安永丁酉五月，江户前田春策（荣）序，玖珂源千秋书。[①]

松枝元亮是日本著名的刻书家。从前田春策（荣）的叙述可知，松枝元亮手抄《太平圣惠方》一百卷，内容较为完整。

2.6　日本古钞三十四卷本

日本侵占中国东北后，奉天满洲医科大学中国医学研究室负责人黑田源次收集了大量中医著作，其中即有日本古钞本《太平圣惠方》三十四卷。《二续中国医学书目》载：

> 《太平圣惠方》三十四卷。自卷六十七至一百。十七册。十四行，二十四字。无框横二十·三厘，纵二八·八厘。宋王怀隐等奉敕撰。日本古钞本。卷一百末题云："今将国子监《太平圣惠方》一部一百卷二十六册，计三千五百三十九板，对证内有用药分两及脱漏差误，共有一万余字，各已修改开板，并无讹舛，于本司公使库印行，绍兴十七年四月日。"右从政郎充福建路转运司主管帐司邵大宁，左从事郎添差充福建路转运司干办公事宋藻，右文林郎充福建路转运司干办公事陈毕，右宣教郎充福建路转运司主管文字黄讱，右朝散郎权福建路转运判官范寅秩，右中大夫直秘阁福建路计度转运副使兼提举学事马纯。[②]

可见，满洲医科大学中国医学研究室藏《太平圣惠方》仅剩 34 卷，属残本。

3. 天明元年刊本

据清末丁丙《善本书室藏书志》卷一六载："天明元年，彼土别有刊本。今录各序于后，以备参考。"[③]丁丙所说天明元年（1781 年）刊本，日本官私史书均不载，中国史书也无记载。日本学者冈西为人在《宋以前医籍考》中，对此说法提出质疑，认为："按《太平圣惠方》，除宋本之外，未闻有刊之者，而唯《丁丙氏善本书室志》云'天明元年彼土别有刊本'，未知

---

① 〔日〕前田春策（荣）：《〈杨氏家藏方〉序》，（宋）杨倓撰，陈仁寿、杨亚龙校注：《杨氏家藏方》卷首，陈仁寿、曾莉主编：《台北故宫珍藏版中医手抄孤本丛书》第 2 册，上海：上海科学技术出版社，2014 年版，第 1 页。

② 〔日〕冈西为人著，郭秀梅整理：《宋以前医籍考》第 11 类《诸家方论》，北京：学苑出版社，2010 年版，第 618 页。

③ （清）丁丙撰：《善本书室藏书志》卷 16《医家类》，清光绪二十七年钱塘丁丙刻本，《续修四库全书》本，第 927 册，上海：上海古籍出版社，2001 年版，第 348 页。

其所据矣。"①

4. 日本钞本重回国内

日本《太平圣惠方》钞本，清末民初重新回流至中国，不仅官私目录史书有大量记载，而且还收藏于国内图书馆。

清末民初，杭州八千卷楼藏有"《太平圣惠方》一百卷，宋王怀隐等奉敕编，日本影宋抄本"②。光绪三十四年（1908 年），两江总督端方在南京奏请清政府建立江南图书馆，将八千卷楼藏书收购入藏江南图书馆。1918 年，胡宗武编《江苏第一图书馆覆校善本书目》载："《大宋新修太平圣惠方》百卷，《目录》二卷，宋太宗文皇帝、王怀隐等校勘编类。日本依宋钞本，有缺页。卷九十七、九十八，及末册序识凡例等钞配，纸色墨色俱新，又无朱笔点评，五十册。"③1933—1935 年，柳诒徵、范希曾、王焕镳等编《江苏省立国学图书馆图书总目》载："《大宋新修太平圣惠方》一百卷，《目录》二卷，五〇册，宋王怀隐等奉敕编。日本依宋钞本。"④可见，江苏省图书馆藏有一部较为完整的日钞影宋本《太平圣惠方》。

1934 年，故宫博物院编《故宫普通书目》卷三载："《太平圣惠方》，宋王怀隐等奉敕撰，一〇〇卷，五〇册，日钞本。"⑤可见，故宫博物院也藏有一部仿宋日钞本。

可见，南宋时期传入日本的宋本《太平圣惠方》，均为绍兴十七年福建路转运司刻本。其在日本出现的版本，以钞本为主，未见有刻本。光绪十年（1884 年）后，除杨守敬带回的百卷钞本外，还有一些日钞本陆续回流国内。

七、结　语

《太平圣惠方》在不同时期出现的各种刊本、钞本和节选本，是皇帝、政府官吏、医学家、书商等大力推广传播的结果，适应了不同社会阶层对医

---

① 〔日〕冈西为人著，郭秀梅整理：《宋以前医籍考》第 11 类《诸家方论》，北京：学苑出版社，2010 年版，第 616 页。

② （清）丁丙藏，（清）丁仁编：《八千卷楼书目》卷 10《子部·医家类》，民国十二年钱塘丁氏刻本，《续修四库全书》本，上海：上海古籍出版社，2001 年版，第 921 册，第 210 页。

③ 江苏第一图书馆编：《江苏第一图书馆覆校善本书目》，南京：江苏省图书馆，1918 年版，第 4 页。

④ 柳诒徵、范希曾、王焕镳等编：《江苏省立国学图书馆图书总目》，南京：江苏省立国学图书馆，1933—1934 年版，第 5 页。

⑤ 故宫博物院编：《故宫普通书目》卷 3《子部·医家类》，北平：北平故宫博物院图书馆，1934 年刻本，第 21 页。

学方书知识的获取与接受，不仅成为宋元时期影响最广的方书之一，而且也被广泛应用于成药生产、临床疾病治疗和医学教育之中。[①]据切尔尼克（Susan Cherniack）和贾晋珠（Lucille Chia）的研究，利用印刷技术的革命，宋政府在医学和其他知识领域内发动了一场意义深远的变革，将科技和文化作为知识和力量的纽带，向全国各地及周边少数民族地区传播。[②]费侠莉（Charlotte Furth）亦称："封建国家的政策，被强有力的新印刷技术带动，逐渐变得与作为主流的医学社会结构结合得更为紧密。综上所述，在'尚医士人'之中，医学研究和著述成为时尚，在学者服务于家庭和社会时，产生了'医乃仁术'的思想。"[③]

总之，宋政府对医学方书的重视、刊刻与推广传播，对宋代医学的发展产生了直接的影响，形成了"自古以来惟宋代最重医学"[④]的局面。

---

① 韩毅：《政府治理与医学发展：宋代医事诏令研究》，北京：中国科学技术出版社，2014年版，第252—282页。

② Susan Cherniack, "Book Culture and Textual Transmission in Sung China", *Harvard Journal of Asiatic Studies* 54：1（1994），pp. 5-126; Lucille China, "The Development of the Jianyang Book Trade Song-Yuan", *Late Imperial China* 17：1（1996），pp.10-48.

③ 〔美〕费侠莉（Charlotte Furth）著，甄橙译：《繁盛之阴——中国医学史中的性（960—1665）》（*A Flourishing Yin: Gender in China's Medical History, 960-1665*），南京：江苏人民出版社，2006年版，第57页。

④ （清）永瑢、纪昀等：《四库全书总目》卷104《子部·医家类二·御定医宗金鉴九十卷》，北京：中华书局，2003年版，第878页。

托马斯的自然神学对近现代科学产生
与发展的意义

钱时惕*

提　要　本文对托马斯的自然神学及其继承者新教伦理在近现代科学产生与发展中的意义与作用进行了专门、系统的分析与论证。

关键词　托马斯自然神学　新教伦理　近现代科学产生与发展

对于近现代科学是在基督教文化背景下产生与发展的，学术界已基本取得共识。但对于是基督教文化哪些部分起了主要的积极作用，则认识模糊、众说纷纭、分析不详。我们认为，是托马斯的自然神学及其继承者新教伦理在近现代科学产生与发展中起到了主要的积极作用。因此，本文在已有研究的基础上[①]，对托马斯自然神学及其继承者新教伦理在近现代科学产生与发展中的意义与作用进行了专门、系统的分析与论证，以弥补这个缺陷。

一、中世纪基督教神权的"黑暗"统治

公元 476 年西罗马帝国的灭亡，标志欧洲社会奴隶制的瓦解，封建主义的开始，从此，欧洲进入了基督教神权统治的所谓"黑暗"的中世纪（公元5—15 世纪）。

基督教产生于公元 1 世纪，在 4 世纪成为罗马帝国的国教。在 2—4 世纪，产生了以德尔图良与奥古斯丁为代表、名为教父哲学的基督教神学。这

---

　*　钱时惕：河北大学教授，主要研究方向为科学史与科学哲学。

　①　钱时惕：《科学与宗教关系及其历史演变》，北京：人民出版社，2002 年版；钱时惕：《基督教在近现代科学产生过程中的作用评析》，收入吕变庭主编：《科学史研究论丛》第 2 辑，北京：科学出版社，2016 年版，第 3—28 页。

种教父哲学宣扬蒙昧主义与信仰主义。德尔图良的名言："此事可信，因为它是荒谬可笑的；此事可靠，因为它是不可能的——我相信它，正因为它是荒谬的。"①此是蒙昧主义的代表。而奥古斯丁的名言："如果要明白，就应该相信；因为除非你们相信，你们不能明白。"②这则是信仰主义的代表。这种蒙昧主义与信仰主义在 13 世纪以前，一直在欧洲社会占据统治地位。教会推行的信条和准则是"启示高于理性"和"知识服从信仰"。被称为中世纪教皇之父的格里哥利一世（Gregory Ⅰ）（约 540—604 年，590—604 年教皇在位），在其所著《对话录》中公然宣称："不学无术是信仰虔诚之母。"③这个时期，传授科学知识和科学活动的场所尽遭破坏，科学遭到有史以来最严重的重创。著名的柏拉图学院在公元 529 年被东罗马皇帝查士丁下令封闭，雅典的所有学校被关闭，希腊学术藏书最多的塞拉皮斯神庙也被拆毁。任何揭示自然奥秘的科学思想，只要不符合宗教的教义，都会被斥为"异端邪说"。迫使科学成为神学的婢女与附庸工具。"数学被用来计算耶稣复活的时刻"，"天文学用来论证上帝在天上的位所"，"古生物化石被用来说成是造物主的遗弃物"。更为严重的是，基督教会成立了镇压人民和控制教徒的"宗教裁判所"，数以百万计的"异端分子"惨遭迫害④。在这个时期（5—12世纪），整个欧洲科学成果几乎为零；而与此同时，中国与阿拉伯国家倒是科学成果非常丰富。

二、托马斯自然神学的产生

（一）托马斯自然神学产生的历史背景

11 世纪之后，欧洲的手工业、商业得到恢复与发展，资本主义在欧洲萌芽与成长；随着城市的形成与繁荣，一批大学相继出现，而历时 200 年之久的十字军东征，使西欧人重新发现古代希腊的灿烂文化，并形成翻译与学习（特别在各大学）古代希腊学术著作的热潮。在这种社会历史背景下，新兴资产阶级为维护和发展其经济利益并从政治上逐渐取代封建统治，需要制造舆论，建立自己的精神武器。在十字军东征时期，欧洲人从拜占庭和阿拉伯人那里发现了灿烂的希腊古典文化，从中看到了理性主义、探索精神、民主

①　转引自〔德〕文德尔班：《哲学史教程》上卷，北京：商务印书馆，1989 年版，第 304 页。

②　东南亚神学教育基金会：《奥古斯丁选集》，香港：基督教辅侨出版社，1962 年版，第 22 页。

③　Gregory 1（pope）：Dialogues on the Life and Miracles of the Italion, *Fathers*, p.56.

④　董进泉：《黑暗与愚昧的守护神——宗教裁判所》，杭州：浙江人民出版社，1988 年版。

思想、世俗观念……这些与中世纪封建社会宣扬的盲目信仰、墨守成规、专制独裁、禁欲主义……形成鲜明对照，正适合资产阶级的需要；因此，在复兴古典文化的名义下，开展了一场反对封建神权的思想文化运动。新兴资产阶级当然不是想回到古代希腊、罗马社会去，而是在文艺复兴的口号下，为自己的发展开辟思想道路。

文艺复兴运动产生于 14—16 世纪，从意大利开始，逐渐扩展到整个欧洲。文艺复兴运动的指导思想是"人文主义"，主张以"人"为中心，来对抗以神为中心的封建神权统治，也就是以人权来对抗神权。

本来，中世纪基督教神学家是按奥古斯丁的观点来解释基督教信仰的：上帝从虚无中创造万物，物质世界是依附于上帝的；上帝赋予人以灵魂，人们的知识，全靠上帝在人的灵魂中的光照或启示。但新发现的亚里士多德著作（《物理学》《形而上学》等），把物质世界作为研究对象，上帝只是物质运动的初因，而且不承认"灵魂不朽"。亚里士多德的学说与基督教传统观点相距甚远，但却受到不少人的支持与赞赏，这当然会引起正统神学家的恐慌与反对。1209 年，教会曾查禁亚里士多德的著作，但越是查禁，越是引起人们的兴趣。在此期间，巴黎主教威廉（1227—1249 年任职）发现，亚里士多德学说虽有违背基督教信仰之处，但也有与基督教思想合拍方面，主张采用调和立场。罗马教皇格列高利九世（1227—1241 年在位）也感到，压制亚里士多德思想的结果适得其反，使教会变得孤立。因此，改变方针，在 1231 年发出通谕，委派一个神学家委员会，审查与删改亚里士多德的著作，使其能为基督教会所接受。在这种历史背景下，产生了托马斯神学。

（二）托马斯的神学体系

一开始，托马斯的思想，遭到保守的神学家的强烈责难，视为"异端"。经过激烈斗争，直到托马斯死后半个多世纪，其思想才逐渐被基督教人士普遍接受。1323 年，罗马教皇封托马斯为"圣徒"，1563 年，命名为"天使博士"。14 世纪以后，托马斯学说一直被推崇为基督教神学的最大权威。

托马斯一生著作很多，最有名的是《反异教大全》和《神学大全》。在他的著作中，托马斯把亚里士多德的学说与基督教思想结合起来，开辟了基督教神学发展的新道路。在托马斯的神学体系中，神学问题被分成两类。第一类为自然神学，包括上帝的存在及创造等问题，也就是《反异教大全》一书中前三卷所论述的有关问题。第二类为启示神学，包括三位一体、道成肉身等问题，也就是《反异教大全》一书中第四卷所论述的有关问题。托马斯认为，自然神学问题可以通过理性给以论证，而启示神学问题则只能是信仰。

（三）托马斯自然神学的主要思想

1. 关于理性与信仰的和谐一致性

在托马斯的神学体系中，他将神学问题分为两类。托马斯认为，在自然神学范围内，我们从《圣经》所领受的教诲与从自然所领悟的事物是不可能相互矛盾的，因为两者都来自上帝。也就是说，在自然神学范围内，理性与信仰是等价的。用托马斯的话来说则是："人的理性通过受造物上升到认识上帝，而信仰则相反，使我们通过上帝的启示去认识上帝。前者是上升法，后者是下降法，但二者是同一的。无论是超越理性而获得信仰，或者通过理性获得对上帝的认识，殊途同归。"①托马斯认为，对于启示神学，理性则无法认识，只能凭借信仰。不过，这些启示神学问题虽然是超越理性的，但并不是反理性的。所以，在托马斯的思想体系中，理性与信仰是和谐一致的，这是托马斯主义的一个核心观点。

在托马斯的自然神学理论中，更进一步指出了通过"圣经"认识上帝与通过"自然"（通过对自然现象的研究，分析与推理）认识上帝的一致性。托马斯指出：从"圣经"领受的教诲与从自然领悟的真谛不可能相互矛盾，因为两者都来自神。这实际上指出了"天启真理"与"自然真理"的一致。

2. 关于上帝的存在证明

为了说明理性与信仰的和谐一致性，作为一个示范，托马斯通过逻辑推理，对上帝的存在作了全面的论证。②

①动的推动者之论证

一个事物只有受到其他事物的推动才能运动，依此类推，"最后追到有一个不受其他事物推动的第一推动者，这是必然的。每个人都知道这个第一推动者就是上帝"。

②最终因的论证

世界上每一结果都有原因，依此类推，"有一个最初的动力因，乃是必然的。这个最初的动力因，大家都称为上帝"。

③自身必然性的论证

自然界的事物，它们都在产生和消灭过程中，因此，它们不可能长久存在下去。为了说明世界是存在的，必须设想有些事物是作为必然的事物而存在的。不过，每一必然的事物，其必然性有的是由其他事物引起的，有的则不是。而要把其他事物引起必然性的事物推展到无限是不可能的，"因此我

---

① Tomas.Aquinas.*Summa Contra Gentiles*.London, 1975, Book 4, p.39。

② 北京大学哲学系外国哲学史教研室编译：《西方哲学原著选读》上卷，北京：商务印书馆，1975 年版，第 262—264 页。

们不能不承认有某一东西：它自己就具有自己的必然性……这某一东西，一切人都说它是上帝"。

④真实性的等级论证

世界上的事物，它们的善良、真实性或尊贵等，有的具有的较多，有的具有的较少，这种多少之标准，是按它和最高点接近的程度而定的。所以，"世界上一定有一种最真实的东西，一种最美好的东西，一种最高贵的东西，由此可以推论，一定有一种最完全的存在"。这种"东西作为世界上一切事物得以存在和具有良好以及其他完美性的原因。我们称这种原因为上帝"。

⑤世界秩序性（或目的因）的论证

世界上的人或者其他事物，它们的活动都朝着某一目标，并常常遵循某一途径，以求获得最好的结果。"所以，必定有一个有智慧的存在者，一切自然的事物都靠它指向着它们的目的。这个存在者，我们称为上帝。"

三、新教伦理是对托马斯自然神学的继承与发展

除上述文艺复兴运动外，新兴资产阶级还发动了宗教改革运动，从教会内部掀起了反对教会特权的斗争。宗教改革产生了路德派、加尔文派等新教①，动摇了天主教会的神权统治，改革了政教合一的局面。由于受到文艺复兴运动之影响，较之天主教，新教更重视人的个性及现世生活，特别是新教继承与发展托马斯的自然神学思想，把科学推崇为为人类谋利的最大善行，从而大大提高了科学的价值。新教伦理强调改造现世的价值，认为"公益服务是对上帝最伟大的服务"，"使我们自己和他人获益是上帝所乐意看到的"。②这种伦理观使得科学研究成为一种令人向往的活动与工作。

在中世纪，科学常常受到教会的压制，即使在比较开明的托马斯·阿奎那那里，也仅是主张把科学和神学结合起来而已，所以说新教伦理使科学获得了更大程度的解放。关于新教伦理对科学的作用，默顿曾作如下经典描述："新教伦理既是占主导地位的价值的直接表现，又是新动力的一个独立源泉……新教伦理使科学研究有了尊严、变得高尚、成为神圣不可侵犯。"③

---

① 16世纪宗教改革运动中脱离天主教而形成的各个新宗派称为新教。新教与天主教、东正教并列成为基督教三大派别。

② 〔荷〕R. 霍伊卡著，丘仲辉、钱福庭、许列民译：《宗教与现代科学的兴起》，成都：四川人民出版社，1999年版，第87页。

③ 〔荷〕R. 霍伊卡著，丘仲辉、钱福庭、许列民译：《宗教与现代科学的兴起》，成都：四川人民出版社，1999年版，第119页。

四、自然神学观念对近现代大多数科学家的鼓励和影响

由于"自然真理""天启真理"是一致的，通过对自然的认识是来证明上帝的存在及伟大的重要途径，因此，中世纪后期（14—15 世纪），很多学者认为，对自然的潜心研究是作为基督信徒的一种"神圣"责任。罗吉尔·培根就曾说过："所有哲学运动的意义就在于经过认识而认识造物主。"[①]到了 16—17 世纪，新教伦理进一步把科学推崇为为人类谋利的最大善行。正是在这种观念鼓励下，哥白尼（Kopernik，1473—1543 年）、第谷（Tycho，1546—1601 年）、伽利略（Galilei，1564—1642 年）、开普勒（Kepler，1571—1630 年）、帕斯卡（Pascal，1623—1662 年）、波义耳（Boyle，1627—1691 年）、惠更斯（Huygens，1629—1695 年）、胡克（Hooke，1635—1703 年）、牛顿（Newton，1643—1727 年）、莱布尼茨（Leibniz，1646—1716 年）、哈雷（Halley，1656—1742 年）等许多著名科学家走上了科学研究的道路。[②]从下面一组数据与典型事例不难看出这个论断的正确性。

（一）一组数据

据法国科学史家康德利在《科学史及其价值》一文提供的资料，法国巴黎科学院自 1666 年成立以后的两个世纪内，共有 92 个外国人当选为该院院士，这些人几乎全部都信仰宗教，其 16 人是天主教徒，71 人是（基督教）新教教徒，其余 5 人信仰犹太教或不定。[③]另据资料表明，1932 年有人曾对英国皇家学会会员（共 200 人）就有关宗教问题做答案调查结果，约 70% 的答案支持或倾向于宗教。[④]

从以上统计数据可见，在 16—20 世纪，即近现代科学产生与发展时期，西方多数科学家是信教的。信教的原因有多种[⑤]，但有一点是共通的，即相信科学的认识与宗教信仰是一致的，即托马斯自然神学的核心观点："天启真理""自然真理"的一致性。当发生科学的认识与"圣经"冲突时，则用对"圣经"的字句只能作寓意解释来回避。[⑥]

---

① 〔苏〕奥·符·特拉赫坦贝尔著，于汤山译：《西欧中世纪哲学史纲》，上海：上海人民出版社，1960 年版，第 155 页。

② 钱时惕；《杨宁：西方科学家的宗教信仰问题》，《高校社会科学》1990 年第 4 期，第 49—54 页。

③ 〔英〕梅森著，周煦良等译：《自然科学史》，上海：上海译文出版社，1934 年版，第 162 页。

④ 〔英〕德洛勃立治：《科学家的宗教观》，上海：开明书店，1935 年版。

⑤ 钱时惕；《杨宁：西方科学家的宗教信仰问题》，《高校社会科学》1990 年第 4 期，第 49—54 页。

⑥ "圣经"有寓意及字义双重含义的有关说明，见钱时惕：《科学与宗教关系及其历史演变》，北京：人民出版社，2002 年版，第 128 页。

（二）典型事例

1. 哥白尼出版《天体运行论》的动机

哥白尼（N.Copernius，1473—1543 年）出生于波兰托仑城的一个虔诚的基督教家庭，从小就形成了深沉的宗教信仰。

哥白尼于 1543 年出版了《天体运行论》一书。在该书中，哥白尼建立了不同于托勒密的新宇宙模型。在这个宇宙模型中，太阳处于宇宙的中心，它照亮整个宇宙，驾驭着周围的行星，地球一方面自转，一方面与其他行星一道绕太阳运动，最外边则是宇宙之边界——恒星天，根据这个模型，哥白尼解释了太阳东升西落以及有关天文现象。

哥白尼的这个"日心说"推翻了基督教会长期奉为圣典的托勒密学说，直接违反"圣经"中关于"地球不动、太阳在动"的说教。写作并出版《天体运行论》一书，就哥白尼本意来说并不是要"反叛"基督教神学；相反，在《天体运行论》一书之首，哥白尼有一个献给教皇保罗三世之"序"，其中曾明确写道：希望这本著作"将会对全体基督徒、对陛下所拥有的最高权力做出贡献。"[①]

既然哥白尼不想"反叛"基督教，那为什么要提出"日心说"来取代教会长期支持的托勒密学说？这是由于在哥白尼看来，托勒密体系所用一套复杂的本轮、均轮体系（数目多达 79 个），像似一个"怪物"，肯定不符合上帝的旨意，因为"造物主不造出累赘无用的东西，而有将一种多种现象归于同一原因的能力"[②]，而哥白尼所建立的新宇宙模型，能"显示出宇宙具有令人赞叹的对称性和轨道的运动及大小的和谐"，从而显示出"神的造物主的庄严作品是何等伟大"。[③]

2. 开普勒追求和谐性的原因

在哥白尼的日心体系中，天体的运行轨道是正圆。但是，后来开普勒（J. Kepler，1571—1630 年）在整理第谷的天文观察资料时发现，这种传统观念与观测事实无法相符。因此，开普勒一方面在着迷于哥白尼学说的简单性之美、令人惊叹的对称性之美的同时，另一方面他追求天体和谐的心弦，执意改造哥白尼的日心说。

开普勒通过对火星轨道的研究，勇敢地否定了天体"匀速""圆周"运动的传统观念，从浩如烟海的数据海洋中，发现和建立了渗透着对称、和

---

① 〔波兰〕哥白尼：《天体运行论》，北京：科学出版社，1973 年版，第 1 页。

② 〔波兰〕哥白尼：《天体运行论》，北京：科学出版社，1973 年版，第 32 页。

③ 〔波兰〕哥白尼：《天体运行论》，北京：科学出版社，1973 年版，第 4 页。

谐、简单性之美的行星运动三大定律：分别是轨道定律、面积定律和周期定律。这三大定律可分别描述为：所有行星分别是在大小不同的椭圆轨道上运行；在同样的时间里行星向径在轨道平面上所扫过的面积相等；行星公转周期的平方与它同太阳距离的立方成正比。这三大定律使哥白尼的日心说得到完满的论述，开普勒也因此赢得了"天空立法者"的美名。

追求对称、和谐、简单、有序的美学观念，对于开普勒发现行星运动三大定律起到重大作用，而这又与开普勒的宗教思想有密切关系。开普勒认为，"对外部世界进行研究的主要目的在于发现上帝赋予它的合理秩序与和谐，而这些是上帝以数学语言透露给我们的"[①]。

3. 玻义耳设立神学讲座与牛顿提出"第一推动力"

1691 年，著名的科学家玻义耳逝世，玻义耳在遗嘱中提出要以自己的遗产设立一个年俸五十英镑的讲座，由神学家或牧师一年讲道八次，要求他们根据自然科学的成果来论证神圣的上帝和基督教义。1692 年，牧师本特雷（Bentley）被选中为玻义耳讲座的第一个讲道者，在准备过程中，本特雷致信牛顿请教，1692—1693 年间，牛顿先后写了四封信回答有关问题。在信中牛顿写道："行星现有的运动不能仅由任何自然的原因造成，而是由一个全智的主宰所推动"[②]，"引力可以使行星运动，但是没有神的力量就决不能使它们作现在这样的绕太阳而转的圆周运动；因此，由于这个原因以及其他原因，我不得不把这个宇宙系统的设计归之于一个全智的主宰"[③]。这就是所谓"神的第一推动"。本特雷由于得到牛顿的帮助，讲道大为"成功"，获得神学界高度赞赏，1700 年被任命为三一学院院长。1713 年，牛顿把自己有关神学思想总结成"总释"一节，附加在《自然哲学的数学原理》第二版。[④]

---

① 〔美〕克莱因：《天体运行论》第 1 卷，上海：上海科学技术出版社，1979 年版，第 122 页。

② 牛顿帮助牧师本特雷论证上帝存在的信件，《自然辩证法研究通讯》，1963 年第 1 期。

③ 牛顿帮助牧师本特雷论证上帝存在的信件，《自然辩证法研究通讯》，1963 年第 1 期。

④ 〔英〕牛顿：《自然哲学的数学原理》，北京：商务印书馆，2006 年版。

专题研究

略论《五曹算经》在中国古代经济数学史上的地位

吕变庭*

提　要　《五曹算经》的纯粹数学内容虽然比较粗浅，但从经济数学的角度看，它的学术价值不可等闲视之。魏晋南北朝战乱不断，赋税沉重，如"短陌"、户调及丝价等经济问题，除能折射出当时的深层社会矛盾外，更直接地暴露了南北朝诸王朝内部业已存在着的严重财政危机，而欲科学解读魏晋南北朝诸王朝的兴衰历史，研究《五曹算经》中的经济数学问题无疑为我们提供了一个新的观察视角。

关键词　《五曹算经》　南北朝　数学　经济

当人们把尼尔·哥德曼称之为"数学企业家"的时候，实际上他们在头脑里已经自觉或不自觉地默认了下面的事实：数学对现代经济技术发展的助推作用日益凸显出来。尽管各国学者对"经济数学"的认识尚有一定差异，但是有一点几乎没有异议，那就是"经济数学"主要是指数学在社会经济学中的应用，以及对社会经济中提出的各种数学问题进行研究和解答。学界普遍认为，现代经济数学的产生可追溯到19世纪古诺所著《财富理论的数学原理研究》（1838年）一书，然而，从数学在社会经济学中的应用过程看，早在我国张家山汉简《算数书》中就已大量出现"经济数学"的内容，此后不断丰富和发展，其不仅成为我国古代数学发展的主流，而且还成为我国古代数学发展的一个显著特点。当然，相对于西方的经济概念，我国古代的经济概念外延比较大。据考，《晋书·纪瞻传》最早出现了"经济"一词，当时，晋明帝司马绍下诏称赞纪瞻云："瞻忠亮雅正，识局经济，屡以年耆病

---

* 吕变庭，河北大学宋史研究中心教授，博士生导师，主要研究方向为科技史。

久，逡巡告诫。"①文中的"经济"是指经邦济民之义，它把"经济"看作是以国家的物质生产活动为主体的社会行为。与之相反，古希腊的"经济"概念仅仅将经济看作是人在社会生活中的谋生手段。至于我们现代所说的"经济"概念则是指社会物质生产的总体，它包括人类社会为满足物质生活需要而进行的资源配置。

从我国古代经济概念的外延看，数学在经济领域的应用，不但包括我们今天所讲的经济领域与财政领域，像粮食、税收、均输、商功等，而且还比较广泛地涉及政治、军事、法律、宗教，甚至教育等现在所讲的非经济专业领域。由于国家积极干预和参与生产、流通过程的手段和方式多种多样，本文不宜一一展开讨论。在这里，我们着重考察应用数学在国家具体干预生产和流通过程中所起的诸多作用，这个问题尽管学界已有讨论②，但尚需进一步拓展，尤其是目前学界还没有专文来研究中国古代的经济数学问题，从这层意义讲，本文亦可视为补缺之作。

有学者统计，在《九章算术》所选的 246 道算题中，约有 190 道题属于社会经济的内容，其中 154 道题可称作是"纯粹"的经济问题。③还有学者指出，虽然现代经济数学作为一门独立学科诞生的比较晚，但是"中国将数量方法用于经济管理，起源很早，如著名的秦、汉《算数书》《九章算术》就开先河"④。然而，我们为什么选择《五曹算经》而不是《算数书》或《九章算术》来讨论中国古代经济数学的地位问题，主要基于这样的考虑：站在儒家"齐家治国平天下"的角度观察，古希腊的家庭管理式经济不过停留在"齐家"的水平，与之相对，我国古代的经济概念却已经上升到了"治国"层面。以这样的标准衡量，北周甄鸾所著《五曹算经》相比《九章算术》更具原生态和典型性。但限于篇幅，本文仅讨论《五曹算经》中"田曹"、"集曹"和"金曹"三篇所涉及的经济数学问题。

---

① 《晋书》卷 68《纪瞻传》，北京：中华书局，1974 年版，第 1823 页。

② 主要论著有钱宝琮：《汉均输法考》，《文理》1931 年第 4 期；〔日〕小仓著，岳光译：《中国数学中度量衡的社会性——在古书中看到的秦汉时代的社会状态》，《工业标准与度量衡》1935 年第 12 期；宋杰：《〈九章算术〉在社会经济方面的史料价值》，《自然辩证法研究通讯》1984 年第 5 期；李孝林：《〈九章算术〉经济问题再探索》，《北京师范大学学报》(增刊) 1991 年第 3 期；吴文俊主编，沈康身卷主编：《中国数学史大系》第 4 卷《西晋至五代》，北京：北京师范大学出版社，1999 年版，第 79—81 页；陈巍、邹大海：《中古算书中的田地面积算法与土地制度——以〈五曹算经〉"田曹"卷为中心的考察》，《自然科学史研究》2009 年第 4 期；等等。

③ 金虎俊：《〈九章算术〉和〈谢察微算经〉中的经济数学问题在朝鲜半岛的传播》，中国科学技术史学会少数民族科技史研究会、云南农业大学编：《第三届中国少数民族科技史国际学术讨论会论文集 (1998)》，昆明：云南科学技术出版社，1998 年版，第 106 页。

④ 许康：《风雨书窗》，海口：海南出版社，2003 年版，第 102 页；方延明编著：《数学文化导论》，南京：南京大学出版社，1999 年版，第 27 页。

一、"田曹"与魏晋南北朝时期的坞堡农业

"田曹"之设始于西晋,据《晋书·职官志》载:"灵帝以侍中梁鹄为选部尚书,于此始见曹名。"咸宁四年(278年),"置驾部尚书。太康中,有吏部、殿中及五兵、田曹、度支、左民为六曹尚书"。[①]文中的"田曹"是指管理全国农政特别是治坡造田的官署,因此,管理劝农耕作之事,应是田曹的主要职责。《五曹算经》"田曹"题解云:"生人之本,上用天道,下分地利,故田曹为首。"[②]由于五胡乱华之后,长期的寒冷气候迫使居住在高纬度的游牧民族不断向南迁徙,而西北边地的地方大族为了防御游牧民族的袭击,纷纷在山崖险峻处兴造坞堡壁垒,从而使土地和劳动者以一种特殊方式又重新结合起来。对此,《晋书·庾衮传》描述说:当时,居住在平原地区的民众纷纷逃往山野草泽,"峻险阨,杜蹊径,修壁坞,树藩障,考功庸,计丈尺,均劳逸,通有无,缮完器备,量力任能,物应其宜"[③]。这种"量力任能,物应其宜"的生产方式,便构成坞堡农业的显著特征。诚如陈寅恪先生所言:这些坞堡"必居山势险峻之区人迹难通之地无疑,盖非此不足以阻胡马之陵夷,盗贼之寇抄也。凡聚众据险者因欲久支岁月及给养能自足之故,必择险阻而又可以耕种及有山泉之地。其具备此二者之地必为山顶平原,及溪涧水源之地,此又自然之理也"[④]。可见,"这些坞堡组织,是军事性的防御战斗组织,又是经济性的生产组织"[⑤]。其后,随着坞堡壁垒逐渐从关中向山西、河北、河南、山东等地发展,当时的北方农业就适应性地出现了坞堡壁垒农业、敞地农业和农牧业并存的农业生产景观。与此相连,整个魏晋南北朝的农田开发和管理也遇到了新的问题和挑战。

如前所述,坞堡壁垒在我国历史上第一次将平原农业转移至山区,遂"开山地农业之先声"。[⑥]然而,山区地形十分复杂,土地开垦受地形条件的局限很大,每一块农田的大小、形状很难整齐划一。故明人王廷相曾描述这

---

①　《晋书》卷24《职官志》,北京:中华书局,1974年版,第731页。

②　(北周)甄鸾撰,郭书春校点:《五曹算经》卷1《田曹》,见《算经十书》(二),沈阳:辽宁教育出版社,1998年版,第1页。

③　《晋书》卷88《庾衮传》,北京:中华书局,1974年版,第2283页。

④　陈寅恪:《桃花记旁证》,《金明馆丛稿初编》,北京:生活·读书·新知三联书店,2001年版,第191—192页。

⑤　何兹全、黎虎主编:《中国通史》第5卷《中古时代:三国两晋南北朝时期》上,上海:上海人民出版社,1995年版,第202页。

⑥　唐启宇编著:《中国农史稿》,北京:农业出版社,1985年版,第394页。

种土地形式的变化说："山谷之坎壤，不可以方制。"[①]这样，以平原地区土地丈量为基础的《九章算术·方田章》和以山区农田丈量为基准的《五曹算经·田曹》篇相比，在田亩的大小与形状方面，必然会出现较多的不同。例如，《九章算书·方田章》载有两道以"里"为单位的算题，其中一道云："有田广二里，从三里。问为田几何？答曰：二十二顷五十亩。"[②]而《五曹算经·田曹》篇中共载有 3 道"方田"算题，其中面积最大的算题是"广八十步，从一百九十步"，即积为"六十三亩奇八十步"[③]。按：汉代一亩合今 0.6915 市亩[④]，北朝沿袭北魏亩制，一亩合今 1.05 市亩[⑤]，后者较前者多 0.3585 市亩，即使如此，《五曹算经·田曹》篇所给出的最大田亩面积"二顷六十亩奇一百步"[⑥]，也比《九章算书·方田章》所给出的"二十二顷五十亩"小许多，这种田亩面积是与"山顶平原"本身的地形状况相适应的。

鉴于坞堡农业多在"山顶平原"上开荒耕种，而山顶又往往因地形本身的差异分为平山顶、圆山顶和尖山顶。因此，依据这种自然地理所开垦的农田，形状必然会出现较为复杂的几何变化。例如，与《九章算术·方田章》相比，《五曹算经·田曹》篇除了有圆田、环田、弧田、箕田外，还出现了《九章算术·方田章》所没有的农田形状，如墙田、鼓田、腰鼓田、蛇田、箫田、丘田、四不等田、覆月田、牛角田等。毋庸置疑，这些不规则几何农田的大量出现既是坞堡农业的独特景观，同时也是《五曹算经·田曹》篇选题取材的现实基础。

从土地丈量的角度看，相对于那些规整的几何农田，上述这些不规则的几何农田，其丈量和计算过程都比较繁杂。譬如，《五曹算经》载有一道算题云："今有四不等田，东三十五步，西四十五步，南二十五步，北一十五步。问为田几何？答曰：三亩奇八十步。术曰：并东西，得八十步。半之，得四十步。又并南北，得四十步。半之，得二十步。二位相乘，得八百步。

①　（明）王廷相：《慎言》卷 9《保傅篇》，（明）王廷相著，王孝鱼点校：《王廷相集》第 3 册，北京：中华书局，2009 年版，第 788 页。

②　《九章算术》卷 1《方田章》，郭书春、刘钝校点：《算经十书》（一），沈阳：辽宁教育出版社，1998 年版，第 2 页。

③　（北周）甄鸾撰，郭书春校点：《五曹算经》卷 1《田曹》，郭书春、刘钝校点：《算经十书》（二），沈阳：辽宁教育出版社，1998 年版，第 1 页。

④　章开沅主编：《中国经济史》，北京：高等教育出版社，2002 年版，第 57 页。注：学界对这个问题有争议。

⑤　复旦大学、上海财经学院编：《中国古代经济简史》，上海：上海人民出版社，1982 年版，第 150 页。

⑥　（北周）甄鸾撰，郭书春校点：《五曹算经》卷 1《田曹》，郭书春、刘钝校点：《算经十书》（二），沈阳：辽宁教育出版社，1998 年版，第 2 页。

以亩法除之，即得。"①很显然，《五曹算经》的计算公式有误，故南宋杨辉在《田亩比类乘除捷法》一书中批评道："田围四面不等者必有斜步，然斜步岂可作正步相并？"②有鉴于此，杨辉给出了更为精确的计算方法，即将四不等田"分两段取用，其一勾股田，其一半梯田"③，得数为"七百六十三步四一八一二五九"④。同样大小的田亩，前者计算的结果为 800 平方步，后者为 763.4181259 平方步，也就是说前者计算的结果较后者多出约 37 平方步。类似的问题还有不少，如《五曹算经》云："今有田，桑生中央。从隅至桑一百四十七步。问为田几何？答曰：一顷八十三亩奇一百八十步。"⑤"一顷八十三亩奇一百八十步"也即 44100 平方步，而杨辉依他所创造的新法算所得结果却是 43218 平方步⑥，二者相差 882 平方步。又如："今有墙田，方周一千步。问为田几何？答曰：二顷六十亩奇一百步。术曰：列田方周一千步，以四除之，得二百五十步。自相乘得六万二千五百步。以亩法除之，即得。"⑦然而，杨辉认为："田形既方，不当曰墙田。只当直云方田"⑧，因为"四除外围不可施于直（田）。恐例将直田（即长方形）外围四而取之，为方面，乘积，岂不利害？往往曾见有人误用此术所以言之"⑨。他举例说："假如有田东西八步，南北六步。本积四十八步。若以外围量之，乃是二十八步。用四除，为七步，自乘即是四十九步。不可用外围两折半之法。"⑩不难想象，采用《五曹算经》的计算方法，算出的农田亩数较实际亩数都大。这说明了什么问题呢？我们说《五曹算经》的编撰者算术水平

①　（北周）甄鸾撰，郭书春校点：《五曹算经》卷 1《田曹》，郭书春、刘钝校点：《算经十书》（二），沈阳：辽宁教育出版社，1998 年版，第 3 页。

②　（宋）杨辉：《田亩比类乘除捷法》卷下，《中国科学技术典籍通汇·数学卷》（一），开封：河南教育出版社，1995 年版，第 1084 页。

③　（宋）杨辉：《田亩比类乘除捷法》卷下，《中国科学技术典籍通汇·数学卷》（一），开封：河南教育出版社，1995 年版，第 1084 页。

④　（宋）杨辉：《田亩比类乘除捷法》卷下，《中国科学技术典籍通汇·数学卷》（一），开封：河南教育出版社，1995 年版，第 1085 页。实为 760.123875 平方步，杨辉也是近似算法。

⑤　（北周）甄鸾撰，郭书春校点：《五曹算经》卷 1《田曹》，郭书春、刘钝校点：《算经十书》（二），沈阳：辽宁教育出版社，1998 年版，第 2 页。

⑥　（宋）杨辉：《田亩比类乘除捷法》卷下，《中国科学技术典籍通汇·数学卷》（一），开封：河南教育出版社，1995 年版，第 1084 页。

⑦　（北周）甄鸾撰，郭书春校点：《五曹算经》卷 1《田曹》，郭书春、刘钝校点：《算经十书》（二），沈阳：辽宁教育出版社，1998 年版，第 2 页。

⑧　（宋）杨辉：《田亩比类乘除捷法》卷下，《中国科学技术典籍通汇·数学卷》（一），开封：河南教育出版社，1995 年版，第 1084 页。

⑨　（宋）杨辉：《田亩比类乘除捷法》卷下，《中国科学技术典籍通汇·数学卷》（一），开封：河南教育出版社，1995 年版，第 1084 页。

⑩　（宋）杨辉：《田亩比类乘除捷法》卷下，《中国科学技术典籍通汇·数学卷》（一），开封：河南教育出版社，1995 年版，第 1084 页。

不高，所采取的算式粗疏，或者因丈量不规则田亩的难度较大，难免所得结果不精确等，固然是比较重要的客观原因，但问题的要害似乎并没有这么纯粹和简单。如前所述，《五曹算经》编撰的年代恰逢战乱之际，当时北方地区的坞堡农业较为发达。而这些坞堡经济体又是北朝统治者征收赋税的主要来源，所以如何丈量农田就不纯粹是一个算术问题，在一定程度上，它更成为封建统治者的一种统治术和维护其政权统治的重要手段之一。从这样的视角看，《五曹算经》的算题里面必定隐藏着某种玄机。表面上看，《五曹算经》的丈量田亩法似无懈可击，可是，采用它所得出的数值都偏大，说明在这些数字背后掩盖着坞主与佃农之间，以及封建统治者与广大农民之间的多重剥削关系，而《五曹算经》在中国经济数学史上的真正价值就体现于此。

　　一方面，"北朝田制，是实行均田制"[1]，这是事实，但从另一方面看，诚如有学者所言："以北魏孝文帝太和中均田制的颁布为界线，前期占统治地位的是坞堡主经济及由此演变而成的宗主督护制经济；后期占统治地位的是以家庭为单位的地主庄园经济。"[2]也就是说，均田制的经济基础仍然没有脱离这个以个体小农为单位的坞堡共同体。当社会动荡时，坞堡的独立性会不断增强，因为它拥有一套有别于州县的管理模式，其内建有基层行政单位，负责组织生产、控制居民、征收赋税等事务。据《魏书·食货志》记载："魏初不立三长，故民多荫附。荫附者皆无官役，豪强征敛，倍于公赋。"[3]当社会稳定，北朝统一政权建立之后，坞堡在形式上虽渐趋衰弱，但其宗族乡里组织依然存在，坞堡农业的生产传统仍在延续。例如，《通典·食货三》引《关东风俗传》云：北齐时，"至若瀛（今河北河间市）、冀（今河北冀州市）诸刘，清河（今河北邢台市）张、宋，并州王氏，濮阳侯族，诸如此辈，一宗近将万室，烟火连接，比屋而居。"[4]在规模如此庞大的坞堡内，如何保证农田的开垦规模与人口的增长数量相适应，这是维持坞堡生存和发展的根本，按照万绳楠先生的理解，对于一般性坞堡，它们"普遍采用屯垦的方式进行生产"。[5]因此，屯田制与均田制并存，遂成为北朝国有土地的两种表现形态。[6]当然，不论是均田制，还是屯田制，农田的形状早已突破《九章算术·方田章》的局限，而更加趋于多样化和分散化。仅从经

---

① 陈秀夔：《中国财政史》，台北：正中书局，1977年版，第206页。

② 陈仲安：《十六国北朝时期北方大土地所有制的两种形式》，《武汉大学学报（哲学社会科学版）》1980年第4期，第15页。

③ 《魏书》卷110《食货志》，北京：中华书局，1984年版，第2855页。

④ （唐）杜佑著，颜品忠等校点：《通典》卷3《食货三》，长沙：岳麓书社，1995年版，第35页。

⑤ 万绳楠：《魏晋南北朝史论稿》，合肥：安徽教育出版社，1983年版，第138页。

⑥ 高敏主编：《中国经济通史·魏晋南北朝经济卷》上，北京：经济日报出版社，1998年版，第320页。

济数学的角度看，随着土地开发程度地不断加深，数学应用于田亩测算的复杂性亦越来越大，《五曹算经·田曹》篇无疑适应了这种相对复杂的田亩丈量需要，并对唐代以后我国实用算术的发展产生了重要影响，如敦煌算书、宋代《杨辉算书》、明代《算学宝鉴》等，都用较大篇幅来讨论非规整几何田亩的计算问题，从而为人们进一步研究我国古代山地农业的发展与演变过程，提供了十分宝贵的历史资料。

二、"集曹"与贸易交换等经济问题

"集曹"是管理众人饮食和粟米交换的官署，其题解云："既有人众，必有食饮，故以集曹次之。"①就本卷所选择的例题而言，确实与《九章算术》"粟米"章相仿，但两者的使用目的却又不同，如《九章算术·粟米》章的主要目的是"以御交质变易"②，而并非是为了"众人食饮"。

魏晋南北朝时期，南北文化相互融合，加上清谈之风盛行，无论贵族还是平民，平常用于社交目的的各种筵席花样繁多，如汤饼宴、凌虚宴、高筵、象筵、浴佛宴、团年宴、宵宴、登高野宴、生育宴、祈福宴、迎亲宴等。较之前代，此时的筵席不但名目增多，而且规模和场面都很铺张。我们知道，从西晋开始，以晋武帝为首的门阀士族集团生活日趋奢华，习尚相沿至南北朝时，大摆筵席之风仍是一个十分普遍的社会现象。③如《五曹算经·集曹》载："今有席一领，坐客一十二人。有席一千五百三十八领，问客几何？答曰：一万八千四百五十六人。""又有席一领，坐客二十三人。有席一千五百领，问客几何？答曰：三万四千五百人。"④虽然这是算术题的内容，未必可靠，但其素材应当有其现实依据，它应是坞堡经济时代的特殊生活景象之一。而就《五曹算经·集曹》所提供的材料而言，南北朝时期的宴会是以五谷为主，辅之以雉、酱、梨等。当然，为了准备每场盛大筵席，都要提前购买或交换筵席所需要的食物，这就需要具备熟练的数学知识了。

先说粮食加工与换算比率，《九章算术·粟米》章载有粟、粝米、粺

①　（北周）甄鸾撰，郭书春校点：《五曹算经》卷3《集曹》，郭书春、刘钝校点：《算经十书》（二），沈阳：辽宁教育出版社，1998年版，第8页。

②　《九章算术》卷2《粟米》，郭书春、刘钝校点：《算经十书》（一），沈阳：辽宁教育出版社，1998年版，第14页。

③　刘爱文：《六代豪华——魏晋南北朝奢侈消费研究》，香港：香港励志出版社，1995年版。

④　（北周）甄鸾撰，郭书春校点：《五曹算经》卷3《集曹》，郭书春、刘钝校点：《算经十书》（二），沈阳：辽宁教育出版社，1998年版，第9页。

米、糳米、御米、小䵂、大䵂、粝饭、粺饭、糳饭、御饭、菽、荅、麻、麦、稻、豉、飧、熟菽、蘖等 20 种谷物之间换算的比率表，自此之后，以至于到《五曹算经》时，人们大都还一直沿用这个比率，但个别也有变化。如"今有粟五百六十斛，凡粟八斗易麦五斗。问得麦几何？答曰：三百五十斛"[①]。在汉代，50 个单位的粟可交换 45 个单位的麦，而这里则是"粟八斗易麦五斗"，这个现象表明，随着石磨和碾的大量出现，尤其是在西晋之后，石磨的磨齿被凿成八区斜纹形，为小麦面粉的大量生产与利用提供了便利。[②]因此，南北朝时期的面食种类愈益丰富，它进而更加刺激了人们对小麦的消费需求。因而，小麦的交换价值也相应地有所增高。当然，这里也不排除在某些年岁里，由于自然灾害或战乱等原因会导致小麦歉收的可能性。又如"今有豆八百四十九斛，凡豆九斗易麻七斗，问得麻几何？答曰：六百六十斛三斗三升三合奇三升"[③]。在汉代，45 个单位的豆可交换 45 个单位的麻，然而，到南北朝时则出现了"凡豆九斗易麻七斗"的现象。麻的增值或麻贵豆贱，似与南北朝时期所推行的均田制有关，如北朝的"功赋"里就有"麻十斤"一项内容。

再说肉、水果及酱等副食品的买卖。有学者认为：《齐民要术》所说"起自耕农，终于醯醢"，正是魏晋南北朝时期坞堡自然经济的社会形态表现。[④]《五曹算经·集曹》篇重点讲解谷米酱果等"食饮"问题，因而比较典型地反映了坞堡经济的生活特点。从这个层面看，《五曹算经》与《齐民要术》具有一定的经济共性。根据《齐民要术》的记载，南北朝时期的肉食可分为两类：家禽家畜和野味。家禽主要有鸡、鸭、鹅等，野味中的飞禽主要有雉、雁、鸽、鹌鹑等。《五曹算经·集曹》载有一道野味算题："今有凡钱五文买雉三只。有钱一万七千五百二十五文，问得雉几只？答曰：一万五百一十五只。"[⑤]文中的"雉"也称野鸡，是一种山禽，《诗经》已有"雄雉于飞，泄泄其羽，雄雉于飞，上下其音"[⑥]的记载。魏晋南北朝的士人喜好吃野味，关于这一点可由上述《齐民要术》载有那么多的野味为证，如图 1 所示，尽管图中所示究竟是指家禽还是飞禽，目前尚难明断，但谓魏晋士人

---

①　（北周）甄鸾撰，郭书春校点：《五曹算经》卷 3《集曹》，郭书春、刘钝校点：《算经十书》（二），沈阳：辽宁教育出版社，1998 年版，第 8 页。

②　邱庞同：《知味难——中国饮食之源》，青岛：青岛出版社，2015 年版，第 65 页。

③　（北周）甄鸾撰，郭书春校点：《五曹算经》卷 3《集曹》，郭书春、刘钝校点：《算经十书》（二），沈阳：辽宁教育出版社，1998 年版，第 9 页。

④　逯耀东：《从平城到洛阳——拓跋魏文化转变的历程》，北京：中华书局，2006 年版，第 107 页。

⑤　（北周）甄鸾撰，郭书春校点：《五曹算经》卷 3《集曹》，郭书春、刘钝校点：《算经十书》（二），沈阳：辽宁教育出版社，1998 年版，第 10 页。

⑥　李立成校注：《诗经·国风·邶风》，杭州：浙江教育出版社，2011 年版，第 24 页。

嗜好吃禽肉，绝非妄言。如《晋书·苻朗传》载："或人杀鸡以食之，既进，朗曰：'此鸡栖恒半露。'检之，皆验。又食鹅肉，知黑白之处。人不信，记而试之，无毫厘之差。时人咸以为知味。"[1]

图1　魏晋砖画像宰杀飞禽图[2]

苻朗"知味"是在大量生活实践基础上所成，所以这则史料从侧面反映了当时士人普遍美食禽肉的客观事实。

《齐民要术》载有枣、李、桃、栗、梅、奈、柿、石榴、木瓜、梨、橘等42种果品，其中梨树的栽培历史悠久，堪称"百果之宗"，如《诗经》《庄子》《韩非子》等先秦典籍都有关于梨的记载。秦汉以后，梨的优良品种遍布大江南北，如《西京杂记》载有紫梨、大谷梨、金叶梨、瀚海梨、细叶梨等10个新品种，而《洛阳花木记》更记录有雨梨、红鹅梨、秘指梨、清沙烂、乳梨、车宝梨等27个新品种。《齐民要术》除了比较详细地记述了梨的栽培技术外，还特别引《汉武内传》之说，称梨为"太上之药"。[3]所以从《五曹算经·集曹》所选取的买梨算题看，它比较真实地反映了当时人们对食梨养生的重视。题云："今有钱二十七贯八百三十二文，凡五文买梨三枚。问得梨几何？答曰：一万六千六百九十九枚奇四文。"[4]在筵席上用梨来招待宾客，不只南北朝如此，像云南的酿宝珠梨、山西吉县梨蒸肉及乡宁梨等，都是现代筵席上颇受食客欢迎的招牌菜。

酱在古代，不仅仅是调味品，还是一种副食品。如《周礼·天官》中就载有肉酱的制作方法，《齐民要术》则分酱为三类，即肉酱（以鸟兽肉为原料者）、鱼酱（以鱼介为原料者）和植物性酱。其中以肉酱和鱼酱为主，各

---

① 《晋书》卷114《苻朗传》，北京：中华书局，1974年版，第2937页。

② 徐寒主编：《中国历史百科全书》第11卷《社会生活》，长春：吉林大学出版社，2004年版，第168页。

③ （北魏）贾思勰，缪启愉、缪桂龙注：《齐民要术译注》卷10《梨》，上海：上海古籍出版社，2009年版，第619页。

④ （北周）甄鸾撰，郭书春校点：《五曹算经》卷3《集曹》，郭书春、刘钝校点：《算经十书》（二），沈阳：辽宁教育出版社，1998年版，第9页。

有 4 种，而植物性酱仅 1 种。由此可见，《五曹算经·集曹》中所见到的酱应当为肉酱。其算题讲到了当时的酱供给制："今有凡酱二升饲五人。有酱三百二十斛，问人几何？答曰：八万人。"①此题又见于唐代韩延所编撰的《夏侯阳算经·计给粮》里，可见，酱在中古时期的民食中占有很重要的地位，甚至唐穆宗在"停淄青、兖、郓等道榷盐诏"中把"理生业者乏蚕酱之具"②上升到国家战略的高度来认识。尽管此处的"乏蚕酱之具"指的是盐，但它在一定程度上也反映了唐代制酱业的兴盛。

三、"金曹"与户调、陌钱及丝价等经济问题

"金曹"是汉朝丞相直辖下的 13 个办事机构之一，具体负责管理货币盐铁事项，置掾、属等官，而《五曹算经·金曹》所载录的算题都是有关财务、货币，以及户调丝帛与物品交易的问题。例如，"今有五百六十五户，户责丝一斤十一两八铢。问计几何？答曰：八石五斤三两八铢。"③又"今有五百六十五户，共责丝八石五斤三两八铢。问户出丝几何？答曰：一斤十一两八铢。"④据考，算题中所出现的户调制首创于曹魏时期。当时令收"户绢二匹而绵二斤"⑤。西晋则"丁男之户，岁输绢三匹，绵三斤，女及次男为户者半输"⑥。这里，户调的实物有绢和绵，却没有丝。入东晋后，东晋统治者则在原来已有绢、绵的基础上，又增加了丝、布两物。故北魏初期的户调制规定："帛二匹、絮二斤、丝一斤、粟二十石。"⑦而在孝文帝改革之后，北魏的户调制又做了重大调整："一夫一妇，帛一匹，粟二石。……其麻布之乡，一夫一妇布一匹。"⑧从形式上，孝文帝改革减轻了农民的经济负担，然而，诚如梁寒冰先生所言："地方官征调绢匹，由原规定每匹长四十尺增至七八十尺"，致使广大农民"陷入破产之绝境"。⑨至于北周的户调

---

① （北周）甄鸾撰，郭书春校点：《五曹算经》卷 3《集曹》，郭书春、刘钝校点：《算经十书》（二），沈阳：辽宁教育出版社，1998 年版，第 10 页。

② 《旧唐书》志 28《食货志上》，北京：中华书局，1975 年版，第 2109 页。

③ （北周）甄鸾撰，郭书春校点：《五曹算经》卷 5《金曹》，郭书春、刘钝校点：《算经十书》（二），沈阳：辽宁教育出版社，1998 年版，第 14 页。

④ （北周）甄鸾撰，郭书春校点：《五曹算经》卷 5《金曹》，郭书春、刘钝校点：《算经十书》（二），沈阳：辽宁教育出版社，1998 年版，第 14 页。

⑤ 《晋书》卷 26《食货志》，北京：中华书局，1974 年版，第 782 页。

⑥ 《晋书》卷 26《食货志》，北京：中华书局，1974 年版，第 782 页。

⑦ 《魏书》卷 110《食货志》，北京：中华书局，1984 年版，第 2852 页。

⑧ 《魏书》卷 110《食货志》，北京：中华书局，1984 年版，第 2855 页。

⑨ 梁寒冰：《中国社会发展史》，天津：天津教育出版社，1993 年版，第 280 页。

制，相对于北魏并未见有减轻的趋势，其制规定："有室者，岁不过绢一匹，绵八两，粟五斛；丁者半之。其非桑土，有室者，布一匹，麻十斤，丁者半之。"[①]对此，有学者评论说："北周的户调规定一室纳麻 10 斤，更比西魏时一夫一妇纳麻 2 斤的定额整整高出 5 倍之多！虽说是统一大业的'国用'所需，但剥削的实质并不因此而改变。"[②]依此观之，上述算题中所说的户调"丝一斤十一两八铢"，比北魏初期的"丝一斤"高出"十一两八铢"，可见，当时农民的负担确实很重。

在中国古代的经济数学里，度量衡制度的变化较为混乱和繁杂。因此，如何熟练掌握古代度量衡之间的计量换算，应是各级金曹管理"货币交质变易"[③]工作的理论基础，而《五曹算经·金曹》中有两道算题讲的就是这方面的计算知识。

其一："今有七百三十八户，共请丝二十七斤五两，问户得几何？答曰：一十四铢二絫一黍，奇一铢二黍。术曰：列丝二十七斤，以十六两乘之，内五两，得四百三十七两。又以二十四铢乘之，得一万四百八十八铢。以七百三十八户除之，即得。"[④]这道算题看似不难，但需要对当时斤、两、铢、絫、黍这些非十进制权衡单位之间的关系有所了解。如众所知，唐宋以降，人们逐渐采用十进制的钱、分、厘分数单位取代先前的非十进制权衡单位铢、絫、黍，而十六两为一斤的进位制却未加改变。据《汉书·律历志》记载："权者，铢、两、斤、钧、石也。二十四铢为两，十六两为一斤，三十斤为钧，四钧为石。"[⑤]又《孙子算经》载："称之所起，起于黍。十黍为一絫，十絫为一铢，二十四铢为一两，十六两为一斤，三十斤为一钧，四钧为一石。"[⑥]由于这些权衡单位在人们的日常经济生活中会经常出现，所以作为"金曹"机构的管理者，倘若对这些基本的权衡知识不了解和不熟练掌握，那么，在实际的"货币交质变易"管理过程中，就很难应对因各种称量误差所造成的超过正常范围的负偏差问题。

其二："今有钱二百三十八贯五百七十三文足，欲为九十二陌，问得几何？答曰：二百五十九贯三百一十八文，奇足钱四分四厘。术曰：列钱二百

①　《隋书》卷 24《食货志·魏晋南北朝》，北京：中华书局，1973 年版，第 679 页。

②　王大华、秦晖：《陕西通史·魏晋南北朝卷》，西安：陕西师范大学出版社，1997 年版，第 4 册，第 211 页。

③　（北周）甄鸾撰，郭书春校点：《五曹算经》卷 5《金曹》，郭书春、刘钝校点：《算经十书》（二），沈阳：辽宁教育出版社，1998 年版，第 14 页。

④　（北周）甄鸾撰，郭书春校点：《五曹算经》卷 5《金曹》，郭书春、刘钝校点：《算经十书》（二），沈阳：辽宁教育出版社，1998 年版，第 14—15 页。

⑤　《汉书》卷 21 上《律历志上》，北京：中华书局，1983 年版，第 969 页。

⑥　《孙子算经》卷上，郭书春、刘钝校点：《算经十书》（二），沈阳：辽宁教育出版社，1998 年版，第 1 页。

三十八贯五百七十二文足，以九十二除之，即得。"①从数学史的角度看，"奇足钱四分四厘"表示不足一文钱的余数，而这个问题的解法"对于十进小数的概念有了新的发展，这是中国数学史一个应予重视的事件"。②当然，从经济学的角度看，我们须要明晰"足钱""陌钱"的关系。

"陌钱"在唐代之前称"短陌"，而"短陌"之名始见于《抱朴子》一书。其"微旨"篇云："取人长钱，还人短陌。"③一般而言，百钱为一陌。故"足钱"就是实足支付的意思。反之，在钱币紧张时，政府准许以不足百数之钱当作百数来使用，或者拿不足贯的钱在市场上通用，这种经济现象即谓"短陌"，或欠陌，也称"陌内欠钱"④，它是民众在钱币紧张状态下所采取的一种应对措施，也是货币运转的一种不规范状态。故《梁书·武帝纪下》载："顷闻外间多用九陌钱，陌减则物贵，陌足则物贱。非物有贵贱，是心有颠倒。……自今可通用足陌钱。"⑤事实上，"武帝不知道，不足陌的习惯，乃因钱少而成，钱少的问题不解决，妄想以法令制止陌减的殊俗，是没有用的。所以武帝诏令，不但没有生效，反而至于末年，遂以三十五为百了"⑥。还有一种说法认为，"短陌"现象的发生或许与梁武帝发行铁钱有关，因为在普通民众看来，"短陌铜钱的文数就是每百文铁钱所能兑到的铜钱数"。⑦虽然李俨先生据《旧唐书·食货志》所言"从今以后，宜每贯一例，除垫八十，以九百二十文成贯"这段史料，推断《五曹算经》中见到的"欲为九十二陌"算题，"显为唐人所窜入"⑧，但我们不排除南北朝时期已经出现"九十二陌"货币现象的可能性。

此外，《五曹算经·金曹》算题中还出现了多种蚕丝与丝织物的交易。南北朝是我国古代丝织业发展的一个转型阶段，如联珠贵字绮及联珠对鸟纹绮品种的出现，纹样格式讲求规则有序的几何分割线，新型束综式提花机的采用，尤其是出现了中亚、南亚流行的纹样和在纬线上起花的新工艺等⑨，都对唐宋丝织业的发展产生深远影响。据《周书·武帝纪下》载：建德六年

① （北周）甄鸾撰，郭书春校点：《五曹算经》卷5《金曹》，郭书春、刘钝校点：《算经十书》（二），沈阳：辽宁教育出版社，1998年版，第16页。

② 钱宝琮编：《中国数学史》，北京：科学出版社，1964年版，第92页。

③ （晋）葛洪：《抱朴子内篇·微旨》，北京：华龄出版社，2002年版，第85页。

④ 李俨：《李俨钱宝琮科学史全集》第10卷《李俨其他科学史论文》，沈阳：辽宁教育出版社，1998年版，第521页。

⑤ 《梁书》卷3《武帝纪下》，北京：中华书局，2000年版，第60页。

⑥ 何兹全：《读史集》，上海：上海人民出版社，1981年版，第175页。

⑦ 刘伟编著：《泉币春秋——中华钱币文化大观》，郑州：中原农民出版社，2015年版，第141页。

⑧ 李俨：《李俨钱宝琮科学史全集》第10卷《李俨其他科学史论文》，沈阳：辽宁教育出版社，1998年版，第521页。

⑨ 陈锋、张建民主编：《中国经济史纲要》，北京：高等教育出版社，2007年版，第126页。

（577 年）九月，周武帝诏令"民庶已上，唯听衣绸、绵绸、丝布、圆绫、纱、绢、绡、葛、布等九种，余悉停断。"[①]而在此政策刺激下，北周官府的丝织业十分发达，民间织绢和织布更是普遍发展。[②]可见，《五曹算经》出现专以丝织物买卖为内容的算题，是与当时整个社会对丝织物的大量需求相适应的。有学者考证，从先秦以降，至两晋时，绢的价格涨至最高点，每匹价值一千二百文，然后逐渐跌落，甚至出现了"匹绢值钱二百"的现象。[③]不过，由《五曹算经》所见诸算题的内容知，丝价有等差之分。例如，"今有丝一两，直钱五文"，又如"今有贵丝一两直钱五十六文，贱丝一两直钱四十二文"。[④]与《九章算术》卷3"衰分"章所载"丝一斤，价直二百四十"（即每两丝值 15 钱）、"丝一斤，价直三百四十五"[⑤]（即每两丝值约 22 钱），以及《居延汉简》所见"自言贳卖系一斤，直三百五十"[⑥]（即每两丝值约 22 钱）相比较，不难看出，从汉代到南北朝时期，随着丝织业的不断发展，丝的平均价格增长了近两倍。如果按照"丝一两，直钱五文"计算，已知"丝九两，得绢一匹"[⑦]，那么，一匹绢值钱四十五文。同理，若"贵丝一两直钱五十六文"，则一匹绢值钱五百四文；若"贱丝一两直钱四十二文"，则一匹绢值钱四百五文。可见，钱价低落或丝绢本身品质优劣，都会对每匹绢价产生高低起伏之影响。

四、结 论

由于《五曹算经》是为地方行政人员编写的经济数学书，所以其应用色彩比较浓厚。我们知道，汉代以降，中国古代数学的发展有两个方向，一个是以《九章算术》为代表的实际应用，另一个则是以《缀术》为代表的理论抽象。在以农业为安身立国之基的社会大背景下，与农业发展关系密切的经济数学优先获得发展是历史发展的必然。魏晋南北朝战乱不断，为了保证庞

① 《周书》卷6《武帝纪下》，北京：中华书局，1997 年版，第104 页。

② 祝慈寿：《中国古代工业史》，上海：学林出版社，1988 年版，第984 页。

③ 张友直：《中国实物货币通论》，北京：中国财政经济出版社，2009 年版，第276 页。

④ （北周）甄鸾撰，郭书春校点：《五曹算经》卷5《金曹》，郭书春、刘钝校点：《算经十书》（二），沈阳：辽宁教育出版社，1998 年版，第15 页。

⑤ 《九章算术》卷3《衰分》，郭书春、刘钝校点：《算经十书》（一），沈阳：辽宁教育出版社，1998 年版，第28 页。

⑥ 谢桂华、李均明、朱国炤编：《居延汉简释文合校》，北京：文物出版社，1987 年版，编号206.3。

⑦ （北周）甄鸾撰，郭书春校点：《五曹算经》卷5《金曹》，郭书春、刘钝校点：《算经十书》（二），沈阳：辽宁教育出版社，1998 年版，第15 页。

大的军费开支，广大民众忍受着各王朝统治者强加在他们身上的沉重税赋，与之相应，诸如"短陌""民财暴贱"①等伴生的非常态经济现象，更是不绝于史书。像《五曹算经·金曹》所出现的"丝一两，直钱五文"算题，恐怕就存在着"民财暴贱"的社会问题。而"短陌"现象则暴露了南北朝诸王朝内部存在着非常严重的财政危机，尽管《五曹算经·金曹》中只有一道关于"短陌"的算题，但它所折射出来的深层社会矛盾具有代表性和典型性。诚如邹大海先生所说，《五曹算经》与南北朝史事有紧密联系，所以"详细考察书中的内容与当时社会、经济、制度之间的联系，不仅有助于我们理解《五曹算经》这部实用算术本身，亦可为了解中古社会史提供新的信息"②，此言甚为公允。事实上，只有这样定位，《五曹算经》才能为我们彰显其真正的学术价值。

---

① （晋）傅玄：《检商贾》，赵光勇、王建域：《〈傅子〉〈傅玄集〉辑注》，西安：陕西师范大学出版社，2014年版，第18页。

② 陈巍、邹大海：《中古算书中的田地面积算法与土地制度——以〈五曹算经〉"田曹"卷为中心的考察》，《自然科学史研究》2009年第4期，第426页。

《洗冤集录》对身体损伤的认识

邱志诚[*]

提　要　《洗冤集录》对身体损伤的认识超迈前代，包括对机械性损伤的认识，对机械性窒息的认识，对高低温、电流损伤及中毒死等方面内容的认识，它是宋代人们对身体认识的一项突出成就。

关键词　《洗冤集录》　宋慈　身体损伤　身体史　法医学

　　《洗冤集录》所体现的刑事检验实践中对身体损伤的认识超迈前代，这是宋代人们对身体认识[①]的一项突出成就。这里所谓的身体损害既包括机械作用、高低温、电流、中毒等导致的人体器官组织结构的破坏或功能障碍，又包括因上述因素引起的死亡。学界对《洗冤集录》的研究主要集中在版本学、作者宋慈生平及其法律思想[②]、宋代司法检验制度[③]等方面，特别是其法医学成就一直是研究的重点。[④]这一取径自然涉及对身体损伤的探讨，如黄

---

　　*　邱志诚，温州大学人文学院副教授，主要研究方向为宋史、科技史。

　　①　所谓身体认识，即关于身体的认识。从广义上说，应包括一切与身体相关的认知与经验、感受，人体解剖学、人体生理学、临床医学、法医学、体质人类学、体育学、心理学等学科相关知识成果都涵盖其中。本文取其狭义，指对身体结构与功能的认识及生命现象终止之后的身体—尸体的认识。换言之，即以本然身体为研究客体而不包含改变或改善身体状况及与身体相关的情感、思维、心理、行为规律等方面的认识。参见邱志诚：《国家、身体、社会：宋代身体史研究》，首都师范大学博士学位论文，2012年，第13页。

　　②　如诸葛计：《宋慈及其〈洗冤集录〉》，《历史研究》1979年第4期；黄瑞亭：《〈洗冤集录〉与宋慈的法律学术思想》，《法律与医学杂志》2004年第2期。

　　③　如黄瑞亭：《宋慈〈洗冤集录〉与宋朝司法鉴定制度》，《中国司法鉴定》2006年第1期；郭东旭、黄道诚：《宋代检验制度探微》，《河北法学》2008年第7期；闫晓君：《出土文献与古代司法检验史研究》第3章，北京：文物出版社，2005年版。

　　④　如张克伟：《从〈洗冤集录〉谈谈宋慈对我国古代法医学的贡献》，《贵州师范大学学报（社会科学版）》1994年第3期；周靖：《"黄光检骨"考》，《自然辩证法通讯》2007年第3期。

瑞亭、陈新山的《对〈洗冤集录〉中特殊方式窒息死亡论述的探讨》①便是个中翘楚。但对《洗冤集录》身体损伤认识进行综合性研究者似尚未见，笔者乃草成此文以为芹献之义云尔。

一、对机械性损伤的认识

机械性损伤包括钝器损伤、锐器损伤、跌坠塌压损伤等。《洗冤集录》认为用钝器（宋代法律典籍中称"他物"）及手足殴伤，伤处肌肤颜色"其至重者紫黯微肿，次重者紫赤微肿，又其次紫赤色，又其次青色，其出限外痕损者，其色微青"。被殴而死者，"其尸口、眼开，发髻乱……两手不拳，或有溺污内衣"，若拍打伤处，可感觉到"皮膜相离，以手按之即响"②，若只是肌肉损伤而未伤骨，"则肉紧贴在骨上，用水冲激亦不去，指甲蹙之方脱"。若骨上"有青晕或紫黑晕，长是他物，圆是拳；大是头撞，小是脚尖"③。若是被打两日后方才身死，则青、黑色晕"分寸稍大"，这是因为"毒气蓄积向里"之故④；若是当场即被打死，则"分寸深重，毒气紫黑"，这是因为毒气"即时向里"之故⑤。若用脚跟踩踏人咽喉致死，"其喉必塌"；若饱食之人被踩踏而死，则尸体"口、鼻、粪门有饮食并粪带血流出"；若发现时尸体已经白骨化，但可见"血粘骨上，有干黑血"或"骨青，骨折处带淤血"，则死者生前必被殴击。⑥

关于锐器损伤，《洗冤集录》指出，不同锐器伤口形状不一样："尖刃斧痕，上阔长，内必狭。大刀痕，浅必狭，深必阔。刀伤处，其痕两头尖小，无起手收手轻重。枪刺痕，浅则狭，深必透簳，其痕带圆。或只用竹枪、尖竹担幹着要害处，疮口多不齐整，其痕方圆不等。"⑦如是用刀刺伤肠肚者，"其被伤处须有刀刃撩划三两痕"，因为"人肠脏盘在左右胁下，是以撩划着三两痕"⑧。如刀从妇人阴门刺入，若"离皮浅则脐上下微有血沁，深则无"⑨。生

① 黄瑞亭、陈新山：《对〈洗冤集录〉中特殊方式窒息死亡论述的探讨》，《中国法医学杂志》2010年第6期。

② （宋）宋慈撰，杨奉琨校译：《洗冤集录校译》，北京：群众出版社，2006年版，第62、63页。

③ （宋）宋慈撰，杨奉琨校译：《洗冤集录校译》，北京：群众出版社，2006年版，第47、48页。

④ （宋）宋慈撰，杨奉琨校译：《洗冤集录校译》，北京：群众出版社，2006年版，第62页。

⑤ （宋）宋慈撰，杨奉琨校译：《洗冤集录校译》，北京：群众出版社，2006年版，第32页。

⑥ （宋）宋慈撰，杨奉琨校译：《洗冤集录校译》，北京：群众出版社，2006年版，第47、48页。

⑦ （宋）宋慈撰，杨奉琨校译：《洗冤集录校译》，北京：群众出版社，2006年版，第66页。

⑧ （宋）宋慈撰，杨奉琨校译：《洗冤集录校译》，北京：群众出版社，2006年版，第66页。

⑨ （宋）宋慈撰，杨奉琨校译：《洗冤集录校译》，北京：群众出版社，2006年版，第19页。

生生前伤和死后伤也不一样："活人被刃杀伤死者，其被刃处皮肉紧缩，有血荫四畔。"①若系死后被肢解，则"筋骨皮肉稠粘，受刃处皮肉（紧缩）骨露"，且"皮不紧缩，刃尽处无血流，其色白"②。人活着时被砍下头，则"筋缩入。死后截下，项长，并不伸缩。"总之，"项下皮肉卷凸，两肩并耸，系生前斫落；皮肉不卷凸，两肩并不耸，系死后斫落"③。如系用锐器自伤，"小刀子自割，只可长一寸五分至二寸，用食刀，即长三寸至四寸以来，若用磁器，分数不大"④。如系用右手自伤，则伤口"必起自左耳后。伤在喉骨上难死，盖喉骨坚也。在喉骨下易死，盖喉骨下虚而易断也。其痕起手重，收手轻。假如用左手把刃而伤，则喉右边下手处深，左边收刃处浅，其中间不如右边。盖下刃太重渐渐负痛缩手，因而轻浅。"⑤如果是刎颈自杀，"只是一出刀痕，若当下身死时，痕深一寸七分，食系气系并断；如伤一日以下身死，深一寸五分，食系断，气系微破；如伤三五日以后死者，深一寸三分，食系断"⑥。如果是自己用刀剁下手掌或手指节，则伤处"皮头皆齐，必用药物封扎……其痕肉皮头卷向里。如死后伤者，即皮不卷向里"⑦。

　　从高处跌死者，尸体"有抵隐或物擦磕痕瘢"；如果是摔跌形成内伤而致命，尸体"口、眼、耳、鼻内定有血出"⑧。如果是被建筑物塌压而死，尸体则"两眼突出，舌亦出，两手微握，遍身死血淤紫黯色。或鼻有血，或清水出。伤处有血荫、赤肿，皮破处四畔赤肿。或骨并筋皮断折。须压着要害致命，如不压着要害不致死。死后压即无此状"⑨。

　　古代因交通事故伤亡者不多，《洗冤集录》指出，凡被马踏死者，"尸色微黄，两手散，头发不慢（乱？），口、鼻中多有血出痕，黑色。被踏要害处便死，骨折、肠脏出"⑩。凡被车轮碾压而死者，伤"多在心头、胸前并两胁肋要害处"，尸体"肉色微黄，口、眼开，两手微握，头髻紧"⑪。

① （宋）宋慈撰，杨奉琨校译：《洗冤集录校译》，北京：群众出版社，2006年版，第67页。
② （宋）宋慈撰，杨奉琨校译：《洗冤集录校译》，北京：群众出版社，2006年版，第67页。
③ （宋）宋慈撰，杨奉琨校译：《洗冤集录校译》，北京：群众出版社，2006年版，第69页。
④ （宋）宋慈撰，杨奉琨校译：《洗冤集录校译》，北京：群众出版社，2006年版，第64页。
⑤ （宋）宋慈撰，杨奉琨校译：《洗冤集录校译》，北京：群众出版社，2006年版，第64页。
⑥ （宋）宋慈撰，杨奉琨校译：《洗冤集录校译》，北京：群众出版社，2006年版，第64页。
⑦ （宋）宋慈撰，杨奉琨校译：《洗冤集录校译》，北京：群众出版社，2006年版，第65页。
⑧ （宋）宋慈撰，杨奉琨校译：《洗冤集录校译》，北京：群众出版社，2006年版，第65页。
⑨ （宋）宋慈撰，杨奉琨校译：《洗冤集录校译》，北京：群众出版社，2006年版，第80页。
⑩ （宋）宋慈撰，杨奉琨校译：《洗冤集录校译》，北京：群众出版社，2006年版，第82页。
⑪ （宋）宋慈撰，杨奉琨校译：《洗冤集录校译》，北京：群众出版社，2006年版，第82页。

二、对机械性窒息的认识

机械性窒息指因机械性暴力作用引起的呼吸障碍所导致的窒息，包括通过缢颈、勒颈、扼颈等方式压迫颈部，压迫胸腹部，用手或各种物体闭塞、堵塞呼吸道，因水、酒、油等液体吸入呼吸道导致的窒息等。宋人指出若是被人勒死，其项下"绳索交过"且"手指甲或抓损"；如是自缢，"即脑后分八字，索子不交。绳在喉下，舌出；喉上，舌不出"。[1]且自缢身死者"两眼合，唇口黑，皮开露齿。若勒喉上，即口闭，牙关紧，舌抵齿不出（又云：齿微咬舌——原注）。若勒喉下，则口开，舌尖出齿门二分至三分，面带紫赤色，口吻两颊及胸前有吐涎沫，两手须握大拇指，两脚尖直垂下。腿上有血荫，如火灸班痕，及肚下至小腹并坠下青黑色。大小便自出，大肠头或有一两点血。喉下痕紫赤色，或黑淤色，直至左右耳后发际"[2]。仰卧床上自缢者，其尸"两眼合，两唇皮开，露齿，咬舌出一分至二分……臀后有粪出……喉下痕迹紫赤，周围长一尺余。结缔在喉下，前面分数较深。曾被救解则其尸肚胀，多口不咬舌，臀后无粪"[3]。若被人勒死而假作自缢，则尸体"口眼开，手散发慢（乱？），喉下血脉不行，痕迹浅淡，舌不出，亦不抵齿，项上肉有指爪痕，身上别有致命伤损去处"[4]。如果死被人隔窗棂、林木之类东西勒死而伪作自缢，则绳不交，喉下痕多平过，却极深，黑暗色，亦不起于耳后发际[5]。如系死后捆缚，则"系缚痕虽深入皮，即无青紫赤色，但只是白痕。有用火篦烙成痕，但红色或焦赤，带湿不干"[6]。如系被人揞口鼻或以衣物闭塞呼吸道而死者，其尸"在身无痕损，唯面色有青黯，或一边似肿……顶上肉硬"、"即腹干胀"。[7]

溺死者尸体最明显的特征是腹胀，如果是生前被溺死，男性则尸体"仆卧"，女则"仰卧"，"头面仰，两手两脚俱向前，口合，眼开闭不定，两手拳握，腹肚胀，拍着响"[8]。如果是落水而死，则"手开，眼微开，肚皮微

---

① （宋）宋慈撰，杨奉琨校译：《洗冤集录校译》，北京：群众出版社，2006年版，第15页。
② （宋）宋慈撰，杨奉琨校译：《洗冤集录校译》，北京：群众出版社，2006年版，第50页。
③ （宋）宋慈撰，杨奉琨校译：《洗冤集录校译》，北京：群众出版社，2006年版，第52页。
④ （宋）宋慈撰，杨奉琨校译：《洗冤集录校译》，北京：群众出版社，2006年版，第54页。
⑤ （宋）宋慈撰，杨奉琨校译：《洗冤集录校译》，北京：群众出版社，2006年版，第54页。
⑥ （宋）宋慈撰，杨奉琨校译：《洗冤集录校译》，北京：群众出版社，2006年版，第55页。
⑦ （宋）宋慈撰，杨奉琨校译：《洗冤集录校译》，北京：群众出版社，2006年版，第19页。
⑧ （宋）宋慈撰，杨奉琨校译：《洗冤集录校译》，北京：群众出版社，2006年版，第56页。

胀"①。如果是投水而死，尸体则"手握，眼合，腹内急胀。两脚底皱白不胀，头髻紧，头与发际、手脚爪缝，或脚着鞋则鞋内各有沙泥，口鼻内有水沫及有些小淡色血污，或有搕擦损处。此是生前溺水之验也"，因为"盖其人未死必须争命，气脉往来，搐水入肠，故两手自然拳曲，脚罅缝各有沙泥，口鼻有水沫流出，腹内有水胀也"。②若是被人殴打杀死后"推在水内，入深则胀，浅则不甚胀"。③若尸体"指甲及鼻孔内各有沙泥，胸前赤色，口唇青班，腹肚胀"④或"身上无痕，面色赤，则是被人倒提，水搵死"⑤。对于水中发现的骷髅，可"取髑髅净洗，将净（热）汤瓶细细斟汤灌从脑门穴入，看有无细泥沙屑自鼻窍中出，以此定是与不是生前溺水身死。盖生前落水，则因鼻息取气，吸入沙土，死后则无"⑥。

三、对高低温、电流损伤及中毒死的认识

高低温损伤指火焰、高温物体或低温寒冷对人体造成的损伤。电流损伤指电流通过人体导致的皮肤及其他组织器官损害及功能障碍，在古代主要是指雷击损伤。中毒指有毒物质进入人体发生毒性作用，使器官组织结构发生改变或功能遭受损害而出现的疾病状态，因中毒发生的死亡称中毒死。宋人认识到，凡生前被火烧死者，其尸"口鼻内有烟灰，两手脚皆蜷缩"，因为"其人未死前，被火逼奔挣，口开气脉往来，故呼吸烟灰入口鼻内"。⑦若系死后烧者，"其人虽手足蜷缩，口内即无烟灰。若不烧着两肘骨及膝骨，手脚亦不蜷缩"⑧。若因老病失火被烧死，其尸体则"肉色焦黑或捲，两手拳曲，臂曲在胸前，两膝亦曲，口眼开，或咬齿及唇，或有脂膏黄色，突出皮肉"⑨。如果是被人勒死抛丢在火内者，其尸则"头发焦黄，头面浑身烧得焦黑，皮肉搐皱，并无搐浆蹚皮去处，项下有被勒着处痕迹"。⑩如系被热汤泼伤死亡者，"其尸皮肉皆拆，皮脱白色，着肉者亦白，肉多烂赤。如在汤火

---

①　（宋）宋慈撰，杨奉琨校译：《洗冤集录校译》，北京：群众出版社，2006年版，第56页。

②　（宋）宋慈撰，杨奉琨校译：《洗冤集录校译》，北京：群众出版社，2006年版，第56页。

③　（宋）宋慈撰，杨奉琨校译：《洗冤集录校译》，北京：群众出版社，2006年版，第55、56页。

④　（宋）宋慈撰，杨奉琨校译：《洗冤集录校译》，北京：群众出版社，2006年版，第20页。

⑤　（宋）宋慈撰，杨奉琨校译：《洗冤集录校译》，北京：群众出版社，2006年版，第20、56页。

⑥　（宋）宋慈撰，杨奉琨校译：《洗冤集录校译》，北京：群众出版社，2006年版，第23页。

⑦　（宋）宋慈撰，杨奉琨校译：《洗冤集录校译》，北京：群众出版社，2006年版，第69页。

⑧　（宋）宋慈撰，杨奉琨校译：《洗冤集录校译》，北京：群众出版社，2006年版，第69页。

⑨　（宋）宋慈撰，杨奉琨校译：《洗冤集录校译》，北京：群众出版社，2006年版，第69页。

⑩　（宋）宋慈撰，杨奉琨校译：《洗冤集录校译》，北京：群众出版社，2006年版，第69页。

内，多是倒卧，伤在手足、头面、胸前。如因斗打或头撞、脚踏、手推在汤火内，多是两后腋与臀腿上或有打损处，其疱不甚起，与其它所烫不同"①。

因雷击而死亡者，尸体"肉色焦黄，浑身软黑，两手拳散，口开眼突。耳后、发际焦黄，头髻披散，烧着处皮肉紧硬而挛缩。身上衣服被天火烧烂（或不火烧——原注）。伤损痕迹，多在脑上及脑后，脑缝多开，鬓发如焰火烧着，从上至下，时有手掌大片浮皮紫赤，肉不损，胸、项、背、膊上，或有似篆文痕"②。

如果是服毒而死者，其尸体"口眼多开，面紫黯或青色，唇紫黑，手足指甲俱青黯，口眼耳鼻间有血出。甚者，遍身黑肿，面作青黑色，唇卷发疱，舌缩或裂拆烂肿微出，唇亦烂肿或裂拆，指甲尖黑，喉、腹胀作黑色，生疱，身或青斑，眼突，口鼻眼内出紫黑血，须发浮不堪洗。未死前须吐出恶物，或泻下黑血，谷道肿突，或大肠穿出"③。系空腹服毒而死，则"腹肚青胀而唇、指甲不青"，若是食饱后服毒，则"唇、指甲青而腹肚不青"。④腹脏虚弱、老病之人"略服毒而便死，腹肚、口唇、指甲并不青"⑤。中毒死后若皮肉已腐烂，则"其骨黪黑色"；倘系死后被喂入毒药假作中毒，则尸体"皮肉与骨只作黄白色"。⑥如果是中虫毒而死，则"遍身上下、头面、胸心并深青黑色，肚胀，或口内吐血，或粪门内泻血"；如果是中植物毒素，如鼠莽草毒而死，则和中虫毒相似，不同点只是"唇裂，齿龈青黑色"，经一昼夜后，"九窍有血出"⑦。如果是被蛇虫咬伤致死者，"其被伤处微有啮损黑痕，四畔青肿，有青黄水流，毒气灌注四肢，身体光肿面黑"⑧。如中金蚕蛊毒，尸体则"遍身黄白色，眼睛塌，口齿露出，上下唇缩，腹肚塌……一云如是：只身体胀，皮肉似汤火疱起，渐次为脓，舌头唇鼻皆破裂"⑨。如食用果实、金石散中毒而死，"其尸上下或有一二处赤肿，有类拳手伤痕，或成大片青黑色，爪甲黑，身体肉缝微有血，或腹胀，或泻血"⑩。中砒霜、野葛毒而死者，一昼夜后即"遍身发小疱，作青黑色，眼睛耸

---

① （宋）宋慈撰，杨奉琨校译：《洗冤集录校译》，北京：群众出版社，2006年版，第71页。
② （宋）宋慈撰，杨奉琨校译：《洗冤集录校译》，北京：群众出版社，2006年版，第83页。
③ （宋）宋慈撰，杨奉琨校译：《洗冤集录校译》，北京：群众出版社，2006年版，第72页。
④ （宋）宋慈撰，杨奉琨校译：《洗冤集录校译》，北京：群众出版社，2006年版，第72页。
⑤ （宋）宋慈撰，杨奉琨校译：《洗冤集录校译》，北京：群众出版社，2006年版，第72页。
⑥ （宋）宋慈撰，杨奉琨校译：《洗冤集录校译》，北京：群众出版社，2006年版，第72页。
⑦ （宋）宋慈撰，杨奉琨校译：《洗冤集录校译》，北京：群众出版社，2006年版，第72页。
⑧ （宋）宋慈撰，杨奉琨校译：《洗冤集录校译》，北京：群众出版社，2006年版，第84页。
⑨ （宋）宋慈撰，杨奉琨校译：《洗冤集录校译》，北京：群众出版社，2006年版，第73页。
⑩ （宋）宋慈撰，杨奉琨校译：《洗冤集录校译》，北京：群众出版社，2006年版，第72页。

出，舌上生小刺疱绽出，口唇破裂，两耳胀大，腹肚膨胀，粪门胀绽，十指甲青黑"①。如果尸体"手脚指甲及身上青黑色，口鼻内多出血，皮肉多裂，舌与粪门皆露出"，则多半是中药毒或菌蕈毒而死。②

我们知道，死亡的标准（如医学标准、生物学标准、法律标准）不同，死亡的含义也就不一样。即或同为医学标准，以呼吸停止为标准的死亡和以脑死亡为标准的死亡也是不一样的。③中国古代是以呼吸停止为死亡标准的，但呼吸停止并不是真正的死亡——所以历史和现实中多有所谓"诈尸""还魂""假死"之类实例——古人对此本应是认识不到的，因脑死亡才是真正死亡的认识，20 世纪中叶才由法国学者莫拉雷（P. Mollaret）和古隆（M. Goulon）首次提出，不过奇怪的是，宋代却有人似对此知识或者说此类事实有所了解，并借以逃脱法律惩罚：

> 林复字端阳，括苍人。学问材具皆有过人者，特险隘忍酷，略不容物。绍兴中，为临安推官……不数年为郎，出知惠州……既知惠，适有诉林在郡日，以酖杀人，具有其实。（庾）［御］史徐安国亦按其家有僭拟等物。于是有旨令大理丞陈朴追逮，随所至致狱鞫问。及至潮阳，遇诸道间。搜其行李，得朱椅、黄帷等物，盖林好祠醮所用者，乃就鞫于僧寺中。林知必不免，愿一见家人诀别。既入室，亟探囊中药，投酒中饮之。有顷，流血满地，家人号泣，使者入视，则仰药死矣，因具以复命。然其所服，乃草乌末及他一草药耳。至三日，乃苏，即亡命入广，其家以空柩归葬。④

可见林复知道呼吸、心跳停止并不意味着真正的死亡，在一定条件下是可以"再生"的。换言之，他对"假死"现象是了解的，虽然可以肯定他并不了解这一现象的生理机制。应当说，这也是宋人对身体认识中的一个闪光点。

---

① （宋）宋慈撰，杨奉琨校译：《洗冤集录校译》，北京：群众出版社，2006 年版，第 73 页。

② （宋）宋慈撰，杨奉琨校译：《洗冤集录校译》，北京：群众出版社，2006 年版，第 73 页。

③ 邱志诚：《宋代官员自杀研究》，四川师范大学硕士学位论文，2009 年版，第 6—8 页。

④ （宋）周密：《齐东野语》卷 1，北京：中华书局，1983 年版，第 14 页。

霍克海默科技思想的演变

周立斌*

提　要　本文详细概述了霍克海默的科技思想的演进三阶段：①形成阶段。20世纪20年代初期，霍克海默担任社会研究所所长后，从批判理论出发，对近代科技进行了初步批判。②发展阶段。20世纪30年代初期至40年代初期，法兰克福学派整体流亡到美国。在美国文化工业的刺激下，霍克海默分别借鉴了本雅明的艺术复制理论和卢卡奇的物化理论，形成了自己独特的技术批判理论和科学批判理论。③成熟阶段。20世纪40年代后期，霍克海默和阿道尔诺合作，从工具理性主义批判出发，对启蒙运动以来科技思维形成的误区与危害进行了揭示。

关键词　霍克海默　法兰克福学派　科技思想　演变

在法兰克福学派思想史上，无论是在学术地位，还是在思想影响上，马克斯·霍克海默（Max Horkheimer，1895—1973年）的科技思想都极为重要。他的科技思想不仅奠定了法兰克福学派科技理论的基础，更是该学派借以批判资本主义社会的强大思想武器。

一、霍克海默科技思想的形成

霍克海默于1895年2月14日出生在斯图加特的犹太家庭，就读于慕尼黑、弗赖堡和法兰克福大学，1922年获哲学博士学位，1923年参与筹建法兰克福大学社会研究所活动。

霍克海默科技思想的形成与法兰克福大学社会研究所的学术转向直接相

---

*　周立斌，东北大学秦皇岛分校社会科学研究院副教授，主要研究方向为西方马克思主义。

关。作为西方马克思主义的主要流派之一——法兰克福学派，其产生的背景是在 20 世纪 20 年代第一次世界大战后的欧洲，资本主义制度又仿佛恢复了生机，但由此产生的社会危机也更为严重。一批左翼学者在革命无望，又不想与资产阶级学术同流合污的情况下，苦觅生活和学术出路，力图在批判资本主义和创新马克思主义理论两个方面有所突破。但由于这些左翼学者大多没有固定的研究场所、稳定的经济收入和学术团队，其研究的成果往往被资本主义学术界边缘化；研究的项目也因缺乏必要的经费支持和人员配备，往往被迫中断。因此，一批左翼学者们渴望有自己的正式研究机构和学术团队。

1923 年 6 月 22 日，法兰克福大学社会研究所（以下简称社会研究所）的成立，满足了这些欧洲左翼学者的上述需求。社会研究所是在有社会主义倾向的百万富翁之子费利克斯·韦尔（Felix Weil）的资助下成立的。第一任所长是卡尔·格吕恩堡（Karl Grünberg），他确立研究所的研究方向是马克思主义与工人运动。1927 年格吕恩堡中风，由经济学家波洛克代管所务。1931 年霍克海默出任所长。

霍克海默上台之后，发表了"就职演讲"——《社会哲学的目前形势和社会研究所的任务》。在"就职演讲"中，他为法兰克福学派制定了新的思想纲领，即以跨学科的批判研究方法全面审视资本主义社会的政治、经济、文化等问题。由此，他完全放弃了格吕恩堡确立的研究方向，使社会研究所的学术研究方向彻底转向。

在《社会哲学的目前形势和社会研究所的任务》一文中，霍克海默以批判理论的视角和方法对近代科技进行了声讨，"在整个 19 世纪，随着科学、技术和工业的进步，人们开始发现社会整体的形成过程对个体而言越来越少了任意性和不正当性，相应地，人们也较少希望出现转变。但是这种希望破灭了，转型的迫切性再次浮现。今日社会哲学的任务，就是尽一切努力满足这种转变的需要。但如今的社会哲学基础却是已不再稳固的哲学概念。当代的知识状况要求不断地将哲学和科学的各种分支熔铸为一体"[①]。

由此可见，正是在社会研究所的学术研究方向的影响下，霍克海默形成了自己初步的科技批判思想。

---

① 〔德〕罗尔夫·魏格豪斯著，孟登迎、赵文、刘凯译：《法兰克福学派：历史、理论及政治影响》上册，上海：上海人民出版社，2010 年版，第 50 页。

二、霍克海默的科技思想发展

1933 年 1 月 30 日，希特勒成为德国总理，纳粹党开始上台执政。纳粹党上台后，法兰克福大学的犹太教授遭解聘，社会研究所也遭查封。法兰克福学派的主要成员陆续流亡到美国，霍克海默也不例外。在此期间（1933—1941 年），虽身处乱世，流落他乡，霍克海默的科技思想却得到了深化和发展。

（一）本雅明艺术复制理论的启发

旅美期间，霍克海默亲眼目睹了以广播、电影、报纸等为代表的文化工业对大众的影响和心理控制，这促使他把理论研究的兴趣转向了文化工业。此时，恰逢瓦尔特·本雅明（Walter Benjamin，1892—1940 年）的《技术复制时代的艺术作品》（1935 年）发表。受启发于本雅明在此书中提出的艺术复制理论，霍克海默把之前对资本主义科技初步的批判思想化为对文化工业的系统批判。

在法兰克福学派的思想家中，本雅明是最早认识到艺术复制技术对大众的影响的。在本雅明时代，欧美的左翼和右翼都以照相机、电影为代表的现代复制技术视作有力的宣传工具，用来推广各自的政治主张。在德国，从1919 年开始，先锋派[①]艺术家们利用绘画、摄影、电影等现代复制技术，推广他们的作品，以期实现他们的政治主张；而到了三十年代初期，这场"文化革命"就已结束。1933 年后，纳粹主义利用现代复制技术推广美其名曰的"美学民族主义"。

因此，本雅明认为，以照相机、电影为代表的现代复制技术对大众会产生双重作用，即物化作用和解放作用，"技术要么在人民大众手中变成表达总体世界欣快经验的客观工具，否则即将来临的便是比第一次世界大战更加可怕的大灾难。这正是要努力辨别的技术革新的负面影响，本雅明相信，这会使人们的洞察力深入到一直延续至今的史前恐怖之中，也会深入到前述建设性倾向之中，这一倾向提出了清除魔力的方法。要么技术变成奴役的工具，要么根本不存在奴役。它能为清除魔力而效力，否则将无法从这些魔力

---

① 先锋派一词源自于法语，特指对艺术、文化和政治有着实验性和创新精神的一些艺术家所成立的派系，是西方艺术中的一个重要概念。

中摆脱出来"①。本雅明的这一论断与他对时代的理解紧密相关，"现代人日益加剧的无产阶级化和大众的形成乃是同一过程的两个方面。法西斯主义试图组织新生的无产阶级大众，却并不触动他们所力求消灭的所有制结构。法西斯主义看到了他们得救的希望：不给予这些大众其权利，而是给予他们表达自我的一个机会。大众有权改变所有制关系，法西斯则试图以维护所有制的条件让他们有所表达。这样，法西斯主义的逻辑结构就是在政治生活中引入美学。法西斯主义以领袖崇拜侵犯大众，强迫他们屈膝下拜；与此对应的正是对机器的侵犯，即强迫机器生产膜拜价值"②。

本雅明要努力提出一个左翼和右翼都无法设想的立场，它拒斥两个极端所提供的种种统一化体系。20 世纪 30 年代诸多艺术家与批评家心甘情愿地为政治而放弃了艺术，与之相反，本雅明却力求找到一条道路，既关注艺术的需要又关注政治的需要，而不牺牲任何一方。他的总体观点是，人类通过某种技术形式可以与总体世界相结合；通过大众媒介可以训练人去掌握已经失控的技术形式；通过历史意识可以让未来从过去中绽出。

（二）霍克海默的文化工业理论

本雅明的艺术复制理论对霍克海默和另一个法兰克福学派的领导人西奥多·阿道尔诺（Theodor Wiesengrund Adorno，1903—1969 年）都产生了深远影响，"本雅明引入一种全新视角：他从艺术生产和接受的变革趋势，来看待现代主义的迅猛崛起。对于社会学家，这恰是一项机构研究方案。迄今为止，我们看到欧洲左派在两个层面分头解读现代主义文艺现象：其一是语言文本研究，其二是艺术机构研究。后者优势是：它将现代派文艺同资本主义文化生产大胆串联。这就为当下研究圈定一个战略交叉点。这一战略交叉点，即文艺表征与文化再生产这两大课题的贯通连接"③。

在霍克海默看来，以广播、电影、报纸杂志、广告、职业运动等为代表的文化工业并不孕育解放的种子，反而是资本主义社会强化政治统治，麻痹大众心智，同化社会力量的有力武器。

在《现代艺术和大众文化》（1941 年）一文中，霍克海默认为，文化工业如同章鱼一样，它的触角——广播、电影、报纸杂志、广告、职业运动等紧紧控制和把握着人们的心理和感受。而文化工业之所以具有这种操纵性、

---

① 〔德〕罗尔夫·魏格豪斯著，孟登迎、赵文、刘凯译：《法兰克福学派：历史、理论及政治影响》上册，上海：上海人民出版社，2010 年版，第 268 页。

② 〔德〕瓦尔特·本雅明著，胡不适译：《技术复制时代的艺术作品》，杭州：浙江文艺出版社，2005年版，第 162 页。

③ 赵一凡：《从胡塞尔到德里达》，北京：生活·读书·新知三联书店，2007 年版，第 18 页。

压抑性的特点，亦是源于大众文化的生产特点。在当代资本主义社会，由于受商业价值的支配，文化的产生变成了文化的生产。文化生产的目的是获得利润，一切成果都是预先计划好的，以便经得起市场的竞争。艺术家成了雇主的奴隶，艺术的创造纳入按照固定框架设计出来的生产过程。这样，现代文化表现为一种文化工业，并起着一种特殊的意识形态作用。

（三）霍克海默的科学理论

霍克海默科学理论包孕于他的《传统理论与批判理论》（1937年）一书中。正是在此书中，霍克海默不仅指出了批判理论和传统理论的区别，而且形成了较完整的科学理论。他认为，传统理论迷信科学逻辑，对社会历史进行排斥。其孤立见解与狭隘认识，集中体现在传统理论的科学活动上，"传统的理论概念以科学的活动为基础，这种科学活动是在劳动分工发展到特定阶段才进行的。这一概念与学者的活动相一致，学者的活动与社会的其他活动同时进行，但又与这些活动没有直接的、明显的联系。因此，从这种理论观来看，科学的真实社会作用并没有说明白；它并没有说明理论在人类生活中的意义，而只是说到理论在某个独立领域内的意义——理论由于某些历史原因出现在这一领域"①。

那么，霍克海默为什么对近代科学采取如此激烈的批判态度呢？细读此书就会发现，卢卡奇在《历史与阶级意识》中的物化理论和对科学的批判思想深深地影响了此时的霍克海默。

卢卡奇在1923年写成的《历史与阶级意识》一书，一直被奉为西方马克思主义的"圣经"。该书不仅充满了创造性，即以总体性的辩证法为主题全面对马克思主义的基本理论进行全新的解读，而且思想深刻，对物化的表现、根源、后果等的分析都鞭辟入里。在《历史与阶级意识》中，卢卡奇为了从思想上探究资本主义社会物化的根源，对德国古典哲学进行了仔细梳理和系统批判。在梳理和批判德国古典哲学中，他认识到近代科学思想的实质：数学化。

霍克海默对卢卡奇的物化理论推崇备至，并赞同他对科学的物化机理分析。霍克海默认为，近代科学的"目的在于建立纯数学的符号系统。作为理论和结论的组成部分，实验对象的名称越来越少，而数学符号则越来越多。逻辑运算本身也已经相当地理性化了，至少在自然科学的许多领域内，理论

---

① 〔德〕霍克海默著，曹卫东编选，渠东等译：《霍克海默集》，上海：上海远东出版社，1997年版，第174页。

形式已经变成了数学结构"①。

三、成熟期的理论成果：工具理性主义批判

在美国期间，霍克海默和阿道尔诺合作完成了《启蒙辩证法》（1947年）一书。该书所要解决的主要问题是：为什么人类为了自我生存而进行的斗争会导致自我毁灭？为什么那号称可以给人们带来物质福利的工业文明却把人类引向战争的深渊？那种努力使人获得自由的民主制度为什么会导致灭绝人性的法西斯主义？这些问题的答案都与工具理性主义有关，而工具理性主义就其根源来说，就是近代科技思维迷误所致。

由此，霍克海默和阿道尔诺在《启蒙辩证法》对工具理性主义展开了系统而深入的批判。工具理性概念是霍克海默在借鉴并改造马克斯·韦伯（Max Weber，1864—1920 年）的合理性理论的基础上形成的。

（一）对韦伯的合理性理论的改造

韦伯将合理性分为两种，即价值合理性和形式合理性。价值合理性相信的是一定行为的无条件的价值，强调的是动机的纯正和选择正确的手段去实现自己意欲达到的目的，而不管其结果如何；而形式合理性是指行动者纯粹从效果最大化的角度考虑，行动借助理性达到自己需要的预期目的，而漠视人的情感和精神价值。

韦伯对形式合理性的定义使得行为是可以计算的。"从工具角度看，形式合理性就是可使用手段的有效性；从策略角度看，形式合理性则意味着，在一定的优先条件下选择手段的正确性"②。

霍克海默赞同韦伯的观点，认为形式合理性是现代工业文明的基础，并把形式合理性等同于工具理性，随后又把工具理性理解为主观理性。"霍克海默认为工具理性是'主观理性'，并把它和'客观理性'对立起来。这样就形成了一种视角，它超越了自身内部已经发生分化的理性同一性而一直回溯到形而上学；不是康德，而是形而上学与意识，真正构成了对立关系：这种意识只允许形式合理性能力，即'计算偶然性，并用正确的手段来实现一

---

① 〔德〕霍克海默著，曹卫东编选，渠东等译：《霍克海默集》，上海：上海远东出版社，1997 年版，第 169 页。

② 〔德〕哈贝马斯著，曹卫东译：《交往行为理论》第 1 卷，上海：上海人民出版社，2004 年版，第 326 页。

定目的的能力'"①。主观理性本质上关心的是手段和目的，关心为实现那些多少被认为是理所当然的，但它却很少关心目的本身是否合理的问题。而所谓客观理性，用霍克海默的话来说，指的是一个包括人和他的目的在内的所有存在的综合系统或等级观念。

霍克海默认为，客观理性具有一种本体论上的意义，是内在于现实中的本质性的结构。作为世界的客观秩序，它决定着万事万物的存在与发展，承担着决定人类美好生活的任务。

（二）启蒙运动和工具理性主义

在《启蒙辩证法》中，霍克海默和阿道尔诺指出，启蒙的历史是一部客观理性不断暗淡的历史。

在《启蒙辩证法》的导言中，他们说："这个彻底启蒙了的世界却笼罩在一片因胜利而招致的灾难之中。"②随着科学技术的一路凯歌，工具理性主义的思潮越加强势，逼迫客观理性交出了它作为伦理、道德和宗教智慧的发言权。正义、平等、幸福、忍耐等在中世纪以来就被认为是理性所固有的内涵都失去了它的知识依存根据。这一论断构成霍克海默和阿道尔诺工具理性主义批判的基调。为了对工具理性主义进行彻底批判，霍克海默对近代人类理性的思想发展史进行了回顾。

霍克海默指出，在 17 世纪人类理性的时代，科学技术获得了快速的发展。由此，哲学意义上的工具理性在近代科学技术的发展中得到了淋漓尽致的体现。

实际上，以哥白尼为开端的实验自然科学在伽利略那里已形成了作为科学基础的工具理性的基本模式。伽利略的划时代业绩不仅是为古典动力学奠定了基础，而且更重要的是创立了数学—实验方法，从而确定了整个自然科学方法论的基本目标与构架。伽利略深信自然这部大书是用数学的语言写成的，他与哥白尼、开普勒一样都把追求自然对象的数学和谐作为宗旨，但是他所追求的已不再是凌驾于自然之上的"天体的音乐"、神秘的原因、数的形式这类先验的形而上学，而是存在于自然对象之中的现实的数学关系与永恒的自然法则。

在 18 世纪末，科学的启蒙作用日甚一日，以至于科学发现的组织形式成为国家和社会的样板制度。用孔多塞的话说，启蒙是一个政治概念，说明

---

① 〔德〕哈贝马斯著，曹卫东译：《交往行为理论》第 1 卷，上海：上海人民出版社，2004 年版，第 327 页。

② 〔德〕霍克海默著，曹卫东选编，渠东等译：《霍克海默文集》，上海：上海远东出版社，1997 年版，第 43 页。

的是哲学对公众舆论的影响过程。

不仅如此，启蒙还成了一个精神纽带，把科学进步观念与认为科学也致力于道德完善的信念联系在一起，"启蒙运动就是人类脱离自己所加之于自己的不成熟状态。不成熟状态就是不经别人的引导，就对运用自己的理智无能为力。当其原因不在于缺乏理智，而在于不经别人的引导就缺乏勇气与决心去加以运用时，那么这种不成熟状态就是自己所加之于自己的了。要有勇气运用你自己的理智！这就是启蒙运动的口号"①。

然而，霍克海默和阿道尔诺却不这样认为。他们认为，启蒙运动充满了诡诈，不但没有带来光明，而且带来了灾难。启蒙过程是同一性思想强化过程，即工具理性的不断强化过程。因为主体与外在自然相处的目的是为了自我捍卫，保持自己的同一性，即自我持存。

四、结　语

霍克海默的科技思想，尤其是他和阿道尔诺的工具理性主义批判理论，对法兰克福学派的其他思想家都有启发，马尔库赛的"单面人"理论，弗洛姆的"逃避自由"思想，哈贝马斯的"交往行为"理论，都与他的科技思想有直接关系。可以说，霍克海默的科技思想确立了法兰克福学派科技批判的整个基调。

不仅如此，霍克海默的科技思想对我们也有借鉴意义。在科技迅猛发展的今天，我们更应警惕各种科技异化的现象，防止科技成为一种意识形态，使人不自觉地成为科技的奴隶或集权主义话语的一种牺牲品。

① 〔德〕康德著，何兆武译：《历史理性批判文集》，北京：商务印书馆，1990 年版，第 23 页。

《城垣做法册式》介绍与整理[*]

王茂华　赵子辉^{**}

提　要　《城垣做法册式》是现存中国古代官方制定的城墙单位工程量所需的工料消耗指标的唯一文本，至少有 6 个藏本、3 个版本，全文约一万两千字有余，开列城墙、炮台、楼墩台、门楼墩台、连楼墩台、水关、马道等的单位工程量、所需工料消耗量和工料费用，对古城复建具有较高参考价值。

关键词　《城垣做法册式》　单位工程量　工料消耗　版本　整理

城市城池修筑是中国古代主要施政之一，其工程的计量与预算技术也达到较为成熟的水平。中国古代城池的工程设计、工料分析方面的官方文本，至迟可追溯至宋朝。宋朝《营造法式》为官方颁布的修城等工程设计、施工所遵循的技术规范，曾几次编订、颁发，如《元丰法式》（或称《元丰条格》）、《元祐营造法式》和崇宁二年颁印《营造法式》等。《元丰法式》因原书亡佚，具体内容不得而知，但它在很长一段时间里，是宋朝修筑城池所依据的技术标准。自崇宁二年《营造法式》可看出，与筑城有关的有砖作制度、窑作制度、壕寨制度和泥作制度等，并制定相关的劳动定额、材料消耗定额等标准。[1] 也有专门为城池工程制定的《修城法式条约》2 卷，成书约在熙宁八年，由判军器监沈括、知监丞吕和卿等所修，涉及敌楼、马面、团、

---

* 本文为 2014 年度教育部人文社会科学规划基金项目（项目编号：14YJA770014）、2014 年度中国博士后科学基金资助项目（资助编号：2014M552474）的阶段性成果。

** 王茂华，河北大学宋史研究中心副研究员、西北大学历史学院博士后工作站研究人员，主要从事城市史与军事史研究；赵子辉，北华航天工业学院暨河北航天遥感信息处理与应用中心教研人员，主要从事地理信息系统研发与城镇地理研究。

本文中所有计量单位均指相对应的历史时期的度量衡值。

[1] 王茂华、姚建根、吕文静：《中国古代城池工程计量与计价初探》，《中国科技史杂志》2012 年第 2 期，第 206、212、216 页。

敌式样、修城女墙法，并有申明条约。明朝《工部厂库须知》规定都重城墙单位工程的人工消耗量等方面的内容。清朝多次颁布并修订工程做法，议定物料价值。各类官版工程做法与则例有涉及多种工程的《工程做法》《钦定工部则例》，还有多种专项工程做法册如《城垣做法册式》《内庭工程做法》《圆明园内工则例》《照房等丈尺做法细册》《中海木瓦石作做法》《正蓝旗兵房做法》《神厨库做法册》《崇陵工程做法册》《妃园寝工程做法册》《风水围墙做法册》等，还有不同卷本的《物料价值则例》《九卿议定物料价值》《各省物料价值则例》等。

　　《城垣做法册式》是现存的中国古代官方制定的城墙单位工程量所需的工料消耗指标的唯一文本，至迟问世于雍正十二年。赵尔巽《清史稿》志121《艺文二》政书类考工之属记载，"城垣做法册式一卷，官本"。《城垣做法册式》馆藏至少有六处，国内 4 处：国家图书馆藏本、中国人民大学图书馆藏本、北京大学图书馆藏本、复旦大学图书馆藏本，日本 1 处：东京大学东洋文化研究所藏本，美国 1 处：加利福尼亚大学伯克利分校藏本。此外，东三省中的某省图书馆当也有一藏本，但找寻无果。国家图书馆藏本独立成册，9 行，每行 20 字，双栏，白口，单鱼尾，半叶版框 21.3 厘米×16 厘米。复旦大学图书馆藏本与简明做法一道附在清允礼等撰 80 卷本《工程做法》（清雍正十二年刻本）之后。中国人民大学图书馆藏本附在清允礼等撰74 卷本《工程做法》（清雍正十二年允礼等奏疏、乾隆元年迈柱等奏疏）之后，9 行，每行 20 字，双栏，白口，单鱼尾，半叶版框 22 厘米×15.7 厘米。北京大学图书馆藏本附在 4 卷本《物料价值》之后。东京大学东洋文化研究所藏本《城垣做法册式》1 卷和《工部简明做法册》1 卷均附在 4 卷本《九卿议定物料价值》（乾隆刊本）之后。美国加利福尼亚大学伯克利分校藏本与《工部简明做法册》一道附在清迈柱等撰 8 卷本《九卿议定物料价值》（清乾隆元年刊本）之后。伯克利分校藏本 9 行，行 20 字，双栏，白口，单鱼尾，半叶版框 22 厘米×16.2 厘米。伯克利分校藏本上有"今关天彭之印"签章，据虞云国先生识别并介绍，关天彭（名寿磨，1882—1970 年），曾任日本早稻田大学教授。南京沦陷期间，他曾由汪伪图书专门委员会聘为顾问，并参与掠夺中国珍稀图书文物。国家图书馆藏本、中国人民大学图书馆藏本与美国加利福尼亚大学伯克利分校藏本均尺寸不同，但排版一致，可知该书曾多次刻印颁行。据同治《宣恩县志》卷 6 记载，乾隆四十五年，该县曾奉谕颁《御制朋党论》1 本、《御制乐府》1 本、《御制补笙诗乐谱》2 本、《钦定工部城垣做法》1 本、《钦定工部简明做法》1 本、《钦定工部则例总目》21 本。可见城垣做法当颁行至州县，作为日常修建遵循的规范。《钦定工部城垣做法》是否为《城垣做法册式》别称，或另有其书，则不得而知。

《城垣做法册式》其内容为长 10 丈，高 2 丈 4 尺，底宽 3 丈 4 尺，顶宽 2 丈 4 尺、地基深 1 尺的城墙，及相应规格的炮台、楼墩台、门楼墩台、连楼墩台、水关、马道、戗桥各一座所需工料消耗指标。其工程类目划分非常细致，包括木工、钉铰、城墙基础、马道、水关、底面灌浆、城墙、墙顶批水、城顶海墁、搬运上城、抹灰、拘抿、搭脚手架、刨槽、清渣、打夯等项。涉及的工种有木匠、锯匠、锭铰匠、石匠、瓦匠、砍砖匠、搭材匠、灌浆夫、挑水上城夫、搬运上城夫、上高壮夫、清理出渣土夫、夯碣夫、刨夫、壮夫等。以上各项均遵照先交代工程量，再给出材料消耗量和人工消耗量的顺序，一一开列各自的工程量、所需工料消耗量、工料费用。[①]兹以品相最优的国家图书馆藏本为底本，与中国人民大学图书馆藏本、美国加利福尼亚大学伯克利分校藏本互校，整理如下。

《城垣做法册式》

如城墙一段，长十丈，身高二丈四尺，底宽三丈四尺，顶宽二丈四尺，埋头深一尺。炮台一座，面阔四丈八尺，进深二丈。门楼墩台一座，高二丈八尺，面阔八丈；外券中高一丈五尺六寸，口宽一丈四尺，进深一丈四尺；里券中高二丈二尺三寸，口宽一丈七尺；连楼墩台共进深五丈三尺三寸。水关一座，券口中高八尺八寸，宽九尺七寸，进深三丈四尺。马道一座，长十丈，宽一丈五尺，顶高二丈四尺。外皮上砌堞墙垛口，里皮女儿墙。安装券内城门一合、马道栅栏二扇。所有应用物料、匠夫数目开列于后。

计开：

城门二扇，各高一丈五尺三寸，宽七尺八寸，厚五寸。转身二根，各长一丈七尺，宽一尺，厚五寸。错缝门板十六块，各长一丈五尺三寸，宽九寸，厚五寸。榆木穿捎十二根，各长七尺八寸，宽五寸，厚二寸。计用：长一丈七尺五寸，径一尺四寸松木一根；长一丈五尺八寸，径一尺三寸五分松木八根；长八尺，径一尺三寸榆木一根半。平面折见方尺二百三十八尺六寸，每十尺用匠一工，计用木匠二十三工八分。

连楹一根，长二丈三尺，宽一尺二寸，厚一尺。计用长二丈三尺五寸，径一尺五寸五分松木一根。四面折见方尺一百一尺二寸，每三十尺用匠一工，计用木匠三工三分。

① 王茂华、姚建根、吕文静：《中国古代城池工程计量与计价初探》，《中国科技史杂志》2012 年第 2 期，第 206、212、216 页。

横拴一根，长一丈八尺，径七寸。计用长一丈八尺五寸，径八寸松木一根。周围折见方尺三十七尺八寸，每四十尺用匠一工，计用木匠九分四厘。

马道栅栏上下槛二根，各长一丈三尺，宽六寸，厚五寸。计用长一丈三尺五寸，径七寸五分松木二根。四面折见方尺五十七尺二寸，每四十尺用匠一工，计用木匠一工四分。

门框二根，各长一丈，宽六寸，厚五寸。计用长一丈，宽一尺，厚七寸橔木一料。四面折见方尺四十四尺，每四十尺用匠一工，计用木匠一工一分。

过木一分，计板三块，各长一丈三尺，宽九寸，厚七寸。计用长一丈三尺，径一尺松木三根。三面折见方尺八十九尺七寸，每四十尺用匠一工，计用木匠二工二分。

栅栏门二扇，各高一丈二寸，宽四尺七寸。边抹八根，内四根，各长一丈二寸；四根各长四尺七寸。横棍四根，各长四尺七寸，俱宽五寸，厚三寸。直棍十二根，各长四尺一寸，宽四寸，厚三寸。计用长一丈五尺，径一尺一寸松木一根；长一丈，宽一尺，厚七寸橔木一料九分八厘。四面共折见方尺一百九十四尺三寸，每四十尺用匠一工，计用木匠四工八分。

共计木匠三十七工五分四厘，每一百工外加安装木匠十工、锯匠二十八工。计用：木匠三工七分、锯匠十工五分。二共木匠四十一工二分四厘。每一百工外加壮夫十五名，计用壮夫六名一分八厘。

城门二扇，计用：寿山福海八件，计重八十觔，长一尺，宽六寸，厚一分五厘，铁叶五百四块，计重一千七百一觔，包锭铁叶处连折面压头，均凑长三丈三尺六寸，宽九尺，长四寸；蘑菇钉三千五百二十八个，计重一百四十一觔一两，径二寸五分；门泡钉一百六十二个，计重一百六十二觔。长五寸锅一百十二个，计重九十一觔。

横拴一根，计用：长二尺一寸，宽七寸，厚一分五厘。铁叶四块，计重三十三觔一两。包锭铁叶处凑长二尺八寸，宽二尺一寸。头号两点钉一百个。长一尺钉锦二副，计重二斛。长九寸曲须二个，计重二觔十两。长一尺鼻头三个，计重三觔。长一尺五寸虾米锁一把。

连楹一根。计用：长一尺，宽七寸，厚一分五厘，铁叶十二块，计重四十七觔四两；包锭铁叶处凑折长二尺四寸，凑宽三尺五寸；头号雨点钉二百五十二个。

马道栅栏门二扇，计用：长三尺，宽四寸，厚一分五厘；铁叶十二块，计重八十一觔；包锭铁叶处凑长三丈六尺，宽四寸；长四寸蘑菇钉一百五十六个，计重六觔三两；长一尺二寸高锔二个，计重三觔八两；长五寸直钉锦一付，计重五两。

以上锭门泡钉一百六十二个，每十二个用匠一工，计用锭铰匠十三工五分；长四寸蘑菇钉三千六百八十四个，每一百个用匠一工，计用锭铰匠三十六工八分；寿山福海二副，每三副用匠一工，计用锭铰匠七分；长五寸锔一百一十二个，每四十个用匠一工，计用锭铰匠二工八分；头号两点钉三百五十二个，每二百五十个用匠一工，计用锭铰匠一工四分；长一尺钉锦二付，每十六付用匠一工，计用锭铰匠一分；长五寸直钉锦一付，每二十四付用匠一工，计用锭铰匠一分；长一尺鼻头三个，每十六个用匠一工，计用锭铰匠二分。

城墙长十丈，根脚砌豆渣石，连埋头，高四层。每层计二十块，长十丈，宽二尺，厚一尺。五面做糙。共享豆渣石折宽厚一尺，长八十丈；做糙，折宽一尺，长二百三十二丈；安砌，凑长四十丈；底面灌浆，折宽一尺，长八十丈。

炮台一座，面阔四丈八尺，进深二尺。根脚豆渣石四层，每层计十八块，凑长八丈八尺，宽二尺，厚一尺，五面做糙。共享豆渣石折宽厚一尺，长七十丈四尺；做糙，折宽一尺，长二百四十丈八尺；安砌，凑长三十五丈二尺；底面灌浆，折宽一尺，长七十丈四尺。

楼墩台一座，面阔八丈，进深六丈七尺三寸。城门里券平水墙二道，每道根脚石四层。内下一层，计十一块，凑长五丈三尺五寸；中二层，每层除角柱顶石分位，计十块，连榫净凑长四丈七尺五寸；上一层，计十一块，凑长五丈三尺三寸。丁石四块，各长五尺，俱宽二尺①，厚一尺，五面做糙。角柱一块，连榫长二尺五寸，见方二尺，六面做糙。二道共享豆渣石折宽厚一尺，长九十丈七尺二寸；做糙，折宽一尺，长二百六十六丈六尺；做角柱半榫八个；凿半眼八个；安砌，凑长四十四丈八尺六寸；底面灌浆，折宽一尺，长八十九丈五尺二寸。

外券平水墙二道，每道根脚石四层。内下一层，计三块，凑长一丈四尺二寸；中二层，每层除角柱丁石分位，计二块，连榫凑长八尺四寸；上一层，计三块，凑长一丈四尺。丁石二块，各长五尺，俱宽二尺，厚一尺，五面做糙。角柱二根，各连榫长二尺五寸，见方二尺，六面做糙，二道共享豆渣石折宽厚一尺，长二十六丈；做糙，折宽一尺，长七十七丈。做角柱半榫十六个，凿半眼十六个；安砌，凑长十二丈。

---

① 中国国家图书馆藏本、美国加利福尼亚大学伯克利分校藏本为"十四块，各长伍尺，俱宽二尺，宽二尺"，据中国人民大学图书馆藏本。

底面灌浆折宽一尺，长二十三丈六尺。

券内铺墁地面，里券计二十七路，内二十五路，每路计用石四块，凑长一丈七尺，宽二尺；一路计三块，除门枕分位，凑长一丈四尺，宽二尺；一路计四块，凑长一丈七尺，宽一尺五寸。俱厚八寸，五面做糙。共享豆渣石折宽厚一尺，长七十二丈二尺八寸；做糙，折宽一尺，长一百九十七丈二尺三寸；安砌，凑长四十五丈六尺；底面灌浆，折宽一尺，长九十丈三尺五寸。

门枕二个，各长五尺，宽二尺，厚一尺，四面做糙。共享豆渣石折宽厚一尺，长二丈；做糙，折宽一尺，长四丈四尺；凿海窝二个；安砌，凑长一丈；底面灌浆，折宽一尺，长二丈。

牙子石一道，计四块，长一丈八尺，宽一尺五寸，厚八寸，五面做糙。共享豆渣石折宽厚一尺，长二丈一尺六寸；做糙，折宽一尺，长七丈八尺；安砌，凑长一丈八尺；底面灌浆，折宽一尺，长一丈四尺四寸。

外券内地面计八路。内六路，每路计用石三块，凑长一丈四尺，宽二尺；一路计三块，凑长一丈四尺，宽一尺二寸；一路计用石二块，除将军石分位，凑长一丈二尺八寸，宽一尺。俱厚八寸，五面做糙。共享：豆渣石折宽厚一尺，长十五丈八尺八分；做糙，折宽一尺，长四十四丈一尺四寸四分；安砌，凑长十一丈八寸；底面灌浆，折宽一尺，长十九丈七尺六寸。

牙子石一道，计三块，凑长一丈五尺，宽一尺五寸，厚八寸，五面做糙。共享豆渣石折宽厚一尺，长一丈八尺；做糙，折宽一尺，长六丈四尺二寸；安砌，凑长一丈五尺；底面灌浆，折宽一尺，长一丈二尺。

将军石一块，长三尺，宽一尺二寸，厚一尺，五面做糙。共享豆渣石折宽厚一尺，长三尺六寸；做糙，折宽一尺，长一丈四尺四寸；安砌，凑长三尺；底面灌浆，折宽一尺，长一尺二寸。

拴眼二个，各见方二尺，厚一尺，五面做糙。共享豆渣石折宽厚一尺，长八尺；做糙，折宽一尺，长二丈四尺，凿透眼二个；安砌，凑长四尺；底面灌浆，折宽一尺，长八尺。

拴架二个，各高二尺，宽一尺，厚八寸，六面做糙。共享豆渣石折宽厚一尺，长三尺二寸；做糙，折宽一尺，长一丈七尺六寸；凿椀口二个。

外券两边楼墩台墙身下根脚石四层。内二层，每层计用石十二块，凑长六丈二尺；二层，每层计用石十二块，连榫长六丈二尺四寸，俱宽二尺，厚一尺，五面做糙。共享豆渣石折宽厚一尺，长四十九丈七尺六寸；做糙，折宽一尺，长一百四十三丈六尺；做半榫四个；凿半眼四个；安砌，凑长二十四丈八尺八寸；底面灌浆，折宽一尺，长四十九丈七尺六寸。

里券两边楼墩台墙身下根脚石四层。内下一层，计用石二十二块，凑长十丈九尺。中二层，每层计用石二十一块，除角柱凑长十丈五尺八寸；上一层，计用石二十二块，凑长十丈八尺六寸。俱宽二尺，厚一尺，五面做糙。角柱二根，各连榫长二尺五寸，见方二尺，六面做糙。共享豆渣石折宽厚一尺，长八十七丈八尺四寸；做糙，折宽一尺，长二百五十四丈六尺；做半榫八个；凿半眼八个；安砌，凑长四十三丈四尺二寸；底面灌浆，折宽一尺，长八十六丈六尺四寸。

马道一座，长十丈，宽一丈五尺。墙下根脚石一层，计用石二十三块，凑长十一丈三尺，宽二尺，厚一尺，五面做糙。共享豆渣石折宽厚一尺，长二十[①]二丈六尺；做糙，折宽一尺，长六十五丈七尺；安砌，凑长十一丈三尺；底面灌浆，折宽一尺，长二十二丈六尺。

门枕二个，各长一尺八寸，宽八寸，厚五寸，五面做糙。共享豆渣石折宽厚一尺，长一尺四寸四分；做糙，折宽一尺，长八尺八分；凿海窝二个；安砌，凑长三尺六寸；底面灌浆，折宽一尺，长二尺八寸八分。

水关一座，两边平水墙二道，每道砌豆渣石高三层。内一层，计用石七块，凑长三丈四尺；二层，每层计用石六块，除丁石分位，净凑长二丈八尺；丁石共六块，各长四尺。俱宽二尺，厚一尺，五面做糙。二道共享豆渣石折宽厚一尺，长四十五丈六尺；做糙，折宽一尺，长一百三十六丈四尺；安砌，凑长二十二丈八尺；底面灌浆，折宽一尺，长四十五丈六尺。

券内铺墁地面，计十七路。每路计用石二块，凑长九尺七寸，宽二尺，厚八寸，五面做糙。共享豆渣石折宽厚一尺，长二十六丈三尺八寸四分；做糙，折宽一尺，长七十丈二尺四寸四分；安砌，凑长十六丈四尺九寸；底面灌浆，折宽一尺，长三十二丈九尺八寸。

券石十一路。内十路，每路计用石七块，凑长三丈四尺，宽二尺，厚一尺四寸。一路计用石七块，凑长三丈四尺，宽一尺七寸，厚一尺四寸。五面做细，后口做糙。共享豆渣石折宽厚一尺，长一百三丈二尺九寸二分；做细，折宽一尺，长二百二十一丈三寸二分；做糙，折宽一

①　国家图书馆藏本无"二十"，据上下文、中国人民大学图书馆藏本、美国加利福尼亚大学伯克利分校藏本加。

尺，长七十三丈七尺八寸；安砌，凑长三十七丈四尺；灌浆，折宽一尺，长七十三丈七尺八寸。

以上共豆渣石做细折宽一尺，长二百二十一丈三寸二分，每丈用匠一工，用石匠二百二十一工；做糙折宽一尺，长一千七百九十一丈一尺二寸六分，每一丈五尺用匠一工，用石匠一千一百九十四工；做角柱半榫三十六个，每二个用匠一工，用石匠十八工；凿半眼三十六个，每四个用匠一工，用石匠九工；凿海窝四个，每四个用匠一工，用石匠一工；拴眼二个，每二个用匠一工，用石匠一工；做椀口二个，每四个用匠一工，用石匠半工；安砌，凑长三百五十丈三尺九寸，每丈用匠一工，用石匠三百五十工三分；拽运抬石，折宽厚一尺，长六百九十八丈二尺六寸八分，每丈用壮夫一名，用壮夫六百九十八名二分。底面灌浆，折宽一尺，长六百九十丈八尺三寸八分，每丈用白灰四十觔、江米二合、白矾四两，用白灰二万七千六百三十三觔、江米一石三斗八升一合六勺、白矾一百七十二觔①十一两；灌浆，凑长三百五十丈三尺九寸，每四丈用夫一名，用灌浆夫八十七名半。券洞拉角柱，用生铁银锭八个，每凿槽四个，用匠一工；用生铁银锭八个，各长五寸，均宽二寸，厚一寸，石匠二工。

水关平水墙二道，每道按缝下银锭二十二个，每凿槽四个，用匠一工二，共享生铁银锭四十四个、石匠十一工。

券石按缝下铁锔，计用长八寸，宽一寸，厚三分铁锔一百三十六个。

生铁闸棍一扇；上下枕二根，各长一丈一尺三寸，见方五寸；棍子十根，连榫各长八尺三寸，见方三寸；凿枕槽四个，每二个用匠一工。用长一丈一尺三寸，见方五寸，生铁枕二根；长八尺三寸，见方三寸；生铁棍子十根；石匠二工。

楼墩台门洞两边平水墙根脚石下铺底，每边长六丈七尺三寸，内长一丈四尺，宽八尺三寸。城砖一层，计十一进，用砖一百二个三分，长五丈三尺三寸，宽六尺八寸；计九进一层，用砖三百十九个五分。墩台两边墙身根脚石下铺底。内一边，里外二面，净凑长八丈二尺四寸，宽四尺五寸。计六进一层，用砖三百二十九个四分；又一边，除马道分位，里外二面，净凑长六丈八尺四寸，宽四尺五寸。计六进一层，用砖二百七十三个六分。每层俱高四寸四分，共享旧样城砖一千四百四十六个。

---

① 国家图书馆藏本为"斤"，据中国人民大学图书馆藏本、美国加利福尼亚大学伯克利分校藏本改。

券内地面石下铺底城砖一层，高四寸四分，凑宽六丈六尺七寸五分，计八十九路；内宽五丈二尺五寸，长一丈七尺二寸五分，计七十路，每路砖十一个半。宽一丈四尺二寸五分，长一丈四尺二寸五分，计十九路，每路砖九个半。共享旧样城砖九百八十五个。

两边平水墙下根脚石背后，每边长六丈二尺九寸，高四尺。内一段长一丈一尺八寸，宽六尺三寸。城砖计八进半，高九层，每层砖六十六个三分。又一段长五丈一尺一寸，宽四尺八寸，城砖计六进半，高九层，每层砖二百二十一个。墩台两边墙身根脚石背后，内一边除墙身份位，净凑长七丈七尺；一边除马道分位，净凑长六丈三尺二寸。共凑长十四丈二寸，宽二尺五寸，高四尺。城砖计三进半，高九层。每层砖三百二十六个九分，共享旧样城砖八千一百十三个。

外券两边平水墙二堵，每堵均长一丈三尺六寸，除根脚石外，净高四尺四寸，宽八尺三寸，砌旧样城砖计十一进，高十层，每层砖九十九个，二堵共享旧样城砖一千九百八十个。

上发五伏五券，俱深一丈三尺六寸。内头券上口围长二丈五尺六寸九分，砍细旧样城砖计十路，每路砖七十八个；头伏上口围长二丈六尺五寸八分，计十路，每路砍细旧样城砖三十八个。每券高七寸，厚三寸三分，每伏高三寸三分，宽七寸，以下俱同。共享砍细旧样城砖一千一百六十个。

二券上口围长二丈八尺二寸八分，计十路，每路砍细旧样城砖八十六个；二伏上口围长二丈九尺一寸六分，计十路，每路砍细旧样城砖四十二个。共享砍细旧样城砖一千二百八十个。

三券上口围长三丈八寸五分，计十路，每路砍细旧样城砖九十三个；三伏上口围长三丈一尺七寸四分，计十路，每路砍细旧样城砖四十五个。共享砍细旧样城砖一千三百八十个。

四券上口围长三丈三尺四寸三分，计十路，每路砍细旧样城砖一百一个；四伏上口围长三丈四尺三寸二分，计十路，每路砍细旧样城砖计四十九个。共享砍细旧样城砖一千五百个。

五券上口围长三丈六尺一分，计十路，每路砍细旧样城砖一百九个；五伏上口围长三丈六尺九寸，计十路，每路砍细旧样城砖五十三个。共享砍细旧样城砖一千六百二十个。

两边撞券二堵，每堵底宽四尺，顶宽一丈五尺三寸，均宽九尺六寸五分，进深一丈二尺三寸，高一丈二尺三寸。旧样城砖糙砌，均计十三进，高二十八层，每层砖一百六个六分，二堵共享旧样城砖五千九百六十九个。

里券两边平水墙二堵，每堵均长五丈二尺三寸五分，除根脚石外，净高九尺六寸，宽六尺八寸。砌旧样城砖计九进，高二十二层。每层砖三百十四个一分，二堵共享旧样城砖一万三千八百二十个。

上发五伏五券，俱深五丈二尺三寸五分。内头券上口围长三丈二寸一分，砍细旧样城砖计三十七路半，每路砖九十二个；头伏上口围长三丈一尺八分，计三十七路半，每路砍细旧样城砖四十四个。共享砍细旧样城砖五千一百个。

二券上口围长三丈二尺七寸九分，计三十七路半，每路砍细旧样城砖九十九个；二伏上口围长三丈二尺六寸六分，计三十七路半，每路砍细旧样城砖四十七个。共享砍细旧样城砖五千四百七十五个。

三券上口围长三丈五尺三寸七分，计三十七路半，每路砍细旧样城砖一百七个；三伏上口围长三丈六尺二寸四分，计三十七路半，每路砍细旧样城砖五十二个。共享砍细旧样城砖五千九百六十二个。

四券上口围长三丈七尺九寸五分，计三十七路半，每路砍细旧样城砖一百十五个；四伏上口围长三丈八尺八寸二分，计三十七路半。每路砍细旧样城砖五十五个。共享砍细旧样城砖六千三百七十五个。

五券上口围长四丈五寸三分，计三十七路半，每路砍细旧样城砖一百二十三个；五伏上口围长四丈一尺四寸，计三十七路半，每路砍细旧样城砖五十九个。共享砍细旧样城砖六千八百二十五个。

两边撞券二堵，每堵底宽二尺五寸，顶宽一丈三尺八寸，均宽八尺一寸五分，进深五丈一尺一寸，高一丈三尺八寸。旧样城砖糙砌，均计十一进，高三十一层，每层砖三百七十四个，二堵共享旧样城砖二万三千一百八十八个。

外券上过河砖高一尺，长一丈四尺，均宽一丈二尺。旧样城砖计十六进，高二层，每层砖一百四十九个，共享旧样城砖二百九十八个。

过河砖上拔檐连背后，高一尺三寸，长一丈四尺，均宽一丈二尺八寸。旧样城砖计十七进，高三层，每层砖一百五十八个，共享旧样城砖四百七十四个。

拔檐上门头平水墙旧样城砖糙砌，面阔三丈六寸，进深一丈二尺，高五尺七寸。计十六进，高十三层，每层砖三百二十六个四分，共享旧样城砖四千二百四十三个。

里券两边楼墩台墙身旧样城砖糙砌。内一边根脚石一头接砌，长四尺五寸，宽五尺三寸，通高四尺八寸五分，计七进，连铺底，高十一层，每层砖二十一个；根脚石上身二面，底长五丈六尺六寸，顶长五丈三尺八寸，均长五丈五尺二寸，宽四尺五寸，高二丈二尺八寸，城砖计六进，高五十二层，每层砖二百二十个八分；又一边根脚石上身底长四丈一尺九寸，顶长三丈九尺一寸，均长四丈五寸，宽四尺五寸，高二丈二尺八寸，城砖计六进，高五十二层，每层砖一百六十二个；门脸两边平水墙上接砌护券斜墙二段，每段长六尺八寸，底宽一尺六寸，顶宽一寸，均宽八寸五分，城砖计一进，高二丈一尺六寸，计四十九层，每层砖四个半。共享旧样城砖二万五百七十七个。

外券两边楼墩台墙身旧样城砖糙砌，每边根脚石上身底长三丈二尺六寸，顶长二丈九尺八寸，均长三丈一尺二寸。内除平水墙后口分位，净长二丈二尺九寸，宽四丈五寸，高二丈二尺八寸，城砖计六进，高五十二层，每层砖九十一个二分；门脸两边平水墙上接砌护券斜墙二段，每段长八尺三寸，底宽一尺六寸，顶宽一寸，均宽八寸五分，城砖计一进，高一丈六尺七寸，计三十八层，每层砖五个半。共享旧样城砖九千九百二个。

楼墩台两肋在城身顶步灰土上接砌栏土墙二道，凑长六丈三尺，宽四尺五寸，城砖计六进，连拔檐高四尺八寸，计十一层，每层砖二百五十二个，共享旧样城砖二千七百七十二个。

城墙一段，长十丈，根脚石下铺底，宽四尺五寸，高四寸四分，旧样城砖一层，计六进，用旧样城砖四百个。

城脚石背后，长十丈，宽二尺五寸，高四尺，沙滚砖计五进，高十八层，每层砖五[①]百个，共享沙滚子砖九千个。

城墙身长十丈，高二丈六寸，厚三尺七寸五分，旧样城砖计五进，连拔檐高四十七层，每层砖三百三十三个三分，共享旧样城砖一万五千六百六十五个。

垛口十个，每个长七尺，共凑长七丈，高二尺二寸，厚一尺五寸，旧样城砖计二进，高五层，每层砖九十三个二分。垛口压顶，凑长七丈，高四寸四分，厚七寸五分，计一进，高一层，计砖四十六个六分。共享旧样城砖五百十二个。

垛口下堞墙长十丈，高三尺一寸，厚一尺五寸，旧样城砖计二进，高七层，每层砖一百三十三个二分，共享旧样城砖九百三十二个。

女墙长十丈，高三尺一寸，厚二尺，沙滚砖糙砌，计四进，高十四层，每层砖四百个，用沙滚砖五千六百个。

墙顶披水长十丈，宽二尺，高二寸二分，沙滚砖计四进，高一层，用沙滚砖四百个。

---

① 国家图书馆藏本为"二"，据中国人民大学图书馆藏本、美国加利福尼亚大学伯克利分校藏本改。

扣脊筒瓦一层，用二号筒瓦一百五个。

城顶海墁长十丈，净宽一丈九尺三寸，通高八寸八分。上墁城砖一层，计二十六路，每路砖六十六个六分。下铺底沙滚砖二层，每层计三十九路，每路砖一百个。共享旧样城砖一千七百三十一个，沙滚砖七千八百个。其楼墩台、炮台、海墁亦同此例。

炮台一座，根脚石下铺底，凑长八丈八尺，宽四尺五寸，高四寸四分，旧样城砖计六进，高一层，用旧样城砖三百五十一个。

根脚石背后长八丈八尺，宽二尺五寸，高四尺，沙滚砖计五进，高十八层，每层砖四百四十个，共享沙滚砖七千九百二十个。

炮台身凑长八丈八尺，高二丈六寸，厚三尺七寸五分，旧样城砖计五进，连拔檐高四十七层，每层砖二百九十三个三分，共享旧样城砖一万三千七百八十五个。

马道一座，底长十丈，宽一丈五尺，根脚石下铺底，二面凑长十一丈一尺三寸五分，宽三尺七寸五分，高四寸四分，旧样城砖一层，计五进，共享旧样城砖三百七十一个。

根脚石背后凑长十一丈一尺三寸五分，宽一尺二寸，高九寸，沙滚砖计二进半，高四层，每层砖二百七十八个三分，共享沙滚砖一千一百十三个。

马道象眼墙外皮折长五丈七尺五寸，宽三尺，高二丈四尺二寸，旧样城砖糙砌，计四进，连拔檐高五十五层，每层砖一百五十三个三分，共享旧样城砖八千四百三十一个。

扶手斜墙一道，长十丈五尺，宽二尺，高三尺三寸，沙滚砖糙砌，计四进，连拔檐高十五层，每层砖四百二十个，共享沙滚砖六千三百个。

屯莺不落墙顶，长十丈五尺，凑宽三尺，高二寸二分，砌沙滚砖，计用沙滚砖六百三十个。

扣脊筒瓦一层，用二号筒瓦一百十件。

马道铺墁石姜石察面，长九丈五尺五寸，宽一丈二尺，厚七寸五分。旧样城砖立墁，计二百十七路，每路砖八个，共享旧样城砖一千七百三十六个。

安栅栏垛子两个，各长六尺，宽三尺，城砖计四进，高一丈一尺，计二十五层，每层砖十六个；过木两头找砌，凑长三尺宽三尺，高八寸八分，城砖计四进，砖十六个；拔檐凑长四丈八尺，宽一尺五寸，高九寸，计二层，每层城砖六十四个。共享旧样城砖九百四十四个。

屯顶长一丈二尺，进深六尺，沙滚砖计十二进，折高七寸，计三层，每层砖一百四十四个，共享沙滚砖四百三十二个。

头停抹饰青白灰，长一丈二尺，坡深七尺二寸，计抹饰青白石灰见方丈八尺六寸四分。

栅栏门台基包砌，凑长一丈六尺，均宽七寸五分，厚一尺五寸，立砌旧样城砖一路，计砖三十六个；门内均长一丈四尺，宽六尺，厚四寸四分，平墁城砖一层，计八路，每路砖九个三分。共享旧样城砖一百十个。

城门券插灰泥苫背砑抹光平，外券进深一丈二尺，围长二丈四尺；里券进深五丈四寸，围长二丈八尺五寸，共折苫背砑抹光平见方丈十七丈二尺四寸四分。

青灰抅抿城墙身，长十丈；炮台凑长八丈八尺，俱高二丈六寸；垛口二面，凑长十四丈，高二尺二寸；蹀墙、女墙二面，凑长四十丈，高三尺一寸；楼墩台一座，里外墙身凑长十八丈六寸，高二丈四尺；马道象眼墙一堵，折长五丈，高二丈三尺；扶手墙一堵，二面共凑长二十二丈一尺，高三尺三寸；栅栏门腿二个，四面共凑长三丈六尺，高一丈二尺。共折勾抿见方丈一百二十丈七尺六寸五分。

以上共享：

砍细券伏旧样城砖三万六千六百七十七个。每个长一尺四寸，宽七寸，厚三寸三分，用灰三觔。每二十八个，用砍匠一工、瓦匠一工、壮夫二名。计用白灰十一万三十一觔、砍砖匠一千三百九工八分、瓦匠一千三百九工八分、壮夫二千六百十九名六分。

旧样城砖十三万八千七百三十五个。每个长一尺五寸，宽七寸五分，厚四寸，用灰三觔。每砌二百个，用匠一工、壮夫二名。计用白灰四十一万六千二百五觔、瓦匠六百九十三工六分、壮夫一千三百八十七名二分。

沙滚砖三万九千一百九十五个。每个长九寸五分，宽四寸七分，厚二寸，用灰一觔。每砌七百个，用匠一工、壮夫二名。计用白灰三万九千一百九十五觔、瓦匠五十五工九分、壮夫一百十一名八分。

二号筒瓦二百十五件。每件长九寸五分，口宽三寸八分，用灰一觔八两、麻刀二钱二分。每宽二百件，用匠一工、壮夫二名。计用白灰三百二十二觔，麻刀二觔十五两，瓦匠一工，壮夫二名。

扶饰透骨青白灰，见方丈八尺六寸四分，厚四分。每丈用青白灰一百六十觔。每灰一百觔，用麻刀三觔。每二丈用匠一工、壮夫二名。计用青白灰一百三十八觔、麻刀四觔、瓦匠四分、壮夫八分。

插灰泥苫背砑抹光平，见方丈十七丈二尺四寸四分。每丈用苇箔二块，俱每丈用白灰一百觔、宽黄土六尺二寸五分、麦余二十觔、瓦匠一工、壮夫二名。计用白灰一千七百二十四觔；长一丈，宽五尺苇菭三十四块；宽黄土见方尺一百七尺七寸；麦余三百四十四觔；瓦匠十七工二分；壮夫三十四名四分。

拘抿见方丈一百二十丈七尺六寸五分。每丈用白灰三十觔。每灰一百觔，用麻刀三觔。每三丈，用匠一工、壮夫二名。计用白灰三千六百二十二觔、麻刀一百八觔、瓦匠四十工二分、壮夫八十名四分。

以上垛口，堞墙，女墙，海墁共享城砖三千一百七十五个。每八十个，用搬运上城夫一名。沙滚子砖一万三千八百个。每三百二十个，用夫一名。筒瓦一百五件。每一千件，用夫一名。又随砖瓦用灰二万三千四百八十二觔八两。每二千觔，用夫一名。共享搬运上城夫九十四名七分。

又每瓦匠十工，加挑水夫三名，共合瓦匠三十六工，计用挑水上城夫十名八分。

城身墩座等项共享城砖十七万二千二百三十七个、沙滚子砖二万五千三百九十五个、筒瓦一百十件，共合瓦匠八百九十八工。每瓦工一工，随上高夫一名。计用上高壮夫八百九十八名。

城墙长十丈。每丈用清理出渣土夫二名半。垛口、堞墙长十丈。每六丈，用夫一名。马道墙长十丈。每十五丈，用夫一名。共享清理出渣夫二十七名三分。

搭拆脚手架子，城墙里外凑长二十丈，炮台四面凑长十三丈六尺，俱高二丈四尺；楼墩台一座，里外凑长二十丈五尺，高二丈八尺。共折见方丈一百三十八丈四寸。每丈用架木四根、揪棍四根、扎缚绳八条。每三丈，用匠一工、拆卸半工。每匠十工，随夫二名。计用架木五百五十二根、揪棍五百五十二根、扎缚绳一千一百四条、搭材匠六十九工、壮夫十三名八分。

楼墩台扎缚券洞架子。外券面阔一丈四尺，进深一丈四尺，中高一丈五尺六寸，折见方丈三丈五寸；里券面阔一丈七尺，进深五丈三尺三寸，中高二丈二尺三寸。四座共折见方丈二十丈二尺二，共见方丈二十三丈二尺五寸。每丈用架木三十六根、揪棍三十六根、扎缚绳七十二条、搭材匠七工、拆卸三工五分。每匠十工，随夫二名。计用架木八百三十七根、揪棍八百三十七根、扎缚绳一千六百七十四条、搭材匠二百四十四工一分、壮夫四十八名八分。

水关一座，扎缚券洞架子。面阔九尺七寸，进深三丈四尺，中高八尺八寸，折见方丈二丈九尺。每丈用工料同上。计用架木一百四根、揪棍一百四根、扎缚绳二百八条、搭材匠三十工四分、壮夫六名。

戗桥一座，长五丈，宽四尺。每长一丈，用架木十根、楸棍十根、扎缚绳二十条。计折见方丈二丈。每二丈，用匠一工、拆卸半工。每匠十工，随夫二名。计用架木五十根、楸棍五十根、扎缚绳一百条、搭材匠一工半、壮夫三分。

城墙地脚刨槽土牛，下计长十丈，宽三丈二尺，深三尺五寸，计折刨深一尺，见方丈一百十二丈。土牛下筑打大夯碣灰土五步。每步折见方丈三十二丈，筑灰土每步深五寸，以下俱同。五步共折大夯碣灰土见方丈一百六十丈。

外皮墙身下刨槽，长十丈，宽一丈一尺，深五尺，共折刨深一尺，见方丈五十五丈。

外皮墙下筑打大夯碣灰土八步。每步折见方丈十一丈，八步共折大夯碣灰土见方丈八十八丈。

墙身里皮灰土计四十六步，长十丈，宽二尺八寸，共折大夯碣灰土见方丈一百二十八丈八尺。

中心土牛长十丈，均宽二丈三尺一寸三分，净筑素土三十三步。每步折见方丈二十三丈一尺三寸，筑素土每步深七寸，以下俱同。三十三步共折大夯碣素土见方丈七百六十三丈二尺九寸。

顶上筑打灰土长十丈，共宽二丈一尺二寸一分，计筑灰土二步。每步折见方丈二十一丈二尺一寸，二步共折大夯碣灰土见方丈四十二丈四尺二寸。

城墙里外皮压槽长十丈，凑宽九尺，计筑灰土二步。每步折见方丈九丈，二步共折大夯碣灰土见方丈十八丈。

楼墩台一座，平水墙下两边凑长十五丈四尺六寸，宽一丈六尺八寸；墩台里面除门口，凑长四丈九尺四寸；两转角凑长四丈九尺六寸；外券两边凑长四丈九尺四寸，共长十四丈八尺四寸，宽一丈一尺，深五尺。计折刨深一尺，见方丈二百十一丈四尺八寸四分。

门券墩台并两头转角筑打大夯碣灰土八步，每步折见方丈四十二丈二尺九寸六分八厘，八步共折大夯碣灰土见方丈三百三十八丈三尺七寸四分。

墩台两边厢内凑长十一丈六寸，内长六丈一尺，计宽二丈四尺七寸，长四丈九尺六寸，计宽一丈三尺七寸，深三尺五寸，共计折刨深一尺[①]，见方丈七十六丈五尺一寸七分。

---

① 国家图书馆藏本为“丈”，中国人民大学图书馆藏本、美国加利福尼亚大学伯克利分校藏本均为“尺”，据上下文改。

墩台厢内土牛筑打大夯硪灰土五步，每步折见方丈二十一丈八尺六寸二分二厘，五步共折大夯硪灰土见方丈一百九丈三尺一寸一分。

墩台券内中心凑长七丈七尺三寸，宽七尺，深二尺五寸，计共折刨深一尺，见方丈十三丈五尺二寸七分。

墩台券内中心筑打大夯硪灰土共三步，每步折见方丈五丈四尺一寸一分，三步共折大夯硪灰土见方丈十六丈二尺三寸三分。

楼墩台两边拦土墙下均凑长四丈七尺五寸，宽三尺七寸五分，计筑素土三十三步，灰土二步，每步折见方丈一丈七尺八寸一分，共折大夯硪灰土见方丈三丈五尺六寸二分，大夯硪素土见方丈五十八丈七尺七寸三分。

炮台一座，土牛下净长三丈六尺，宽二丈，深三尺五寸，计折刨深一尺，见方丈二十五丈二尺。

炮台土牛下筑打大夯硪灰土五步，每步折见方丈七丈二尺，五步共折大夯硪灰土见方丈三十六丈。

炮台外皮墙身下刨槽长八丈八尺，宽一丈一尺，深五尺，计折刨深一尺，见方丈四十八丈四尺。

炮台外皮墙下筑打大夯硪灰土八步，每步折见方丈九丈六尺八寸，八步共折大夯硪灰土见方丈七十七丈四尺四寸。

炮台一座，均长三丈七尺五寸，均宽二丈，计筑素土三十三步。每步折见方丈七丈五尺，三十三步，共折大夯硪素土见方丈二百四十七丈五尺。

炮台一座，均长三丈四尺九寸，宽二丈，计筑灰土二步。每步折见方丈六丈九尺八寸，二步共折大夯硪灰土见方丈十三丈九尺六寸。

马道一座，刨槽长十丈，宽一丈五尺，深三尺五寸，计折刨深一尺，见方丈五十二丈五尺。

马道筑打大夯硪灰土五步，每步折见方丈十五丈，五步共折大夯硪灰土见方丈七十五丈。

马道中心净凑长八丈八尺二寸五分，宽一丈二尺，计筑素土三十四步，折十七步。每步折见方丈十丈五尺九寸，十七步共折大夯硪素土见方丈一百八十丈三寸。

以上共享：

大式大夯硪灰土见方丈一千一百七丈一尺，每丈用白灰三百五十觔、虚黄土二分二厘四毫、夯夫四名、壮夫二名，计用白灰三十八万七千四百八十五觔、高二尺五寸虚黄土二百四十七方九分九厘、夯硪夫四千四百二十八名四分、壮夫二千二百十四名二分。

大夯硪素土见方丈一千二百四十九丈五尺九寸三分，每丈用虚黄土四分，内四百八十六丈三尺三分，每丈用夯夫二名，壮夫一名。土牛见方丈七百六十三丈二尺九寸，每丈夯夫二名半、壮夫一名半，共享高二尺五寸虚黄土四百九十九方八分三厘、夯硪夫二千八百八十名八分、壮夫一千六百三十一名二分。

刨槽折深一尺，见方丈五百九十四丈六尺二寸八分，每丈用刨夫二名，计用刨夫一千一百八十九名二分。

人与自然关系的环境美德伦理学视角分析

——"活熊取胆"引发的伦理反思

提 要 科学技术给人类带来福祉的同时，也会给非人类存在物带来伤害。例如，"活熊取胆"技术给企业带来了利益，却使黑熊遭受了巨大的痛苦。人类利用科学技术进行生产是为了满足人类的需要，使人类生活更加幸福。从环境美德伦理学视角来看，真正的幸福需要在既包括人类也包括非人类实体的生物共同体中实现。因此，人们需要培养环境美德，关爱自然。

关键词 环境美德 活熊取胆 环境美德伦理学

当今时代，科学技术迅猛发展，人类征服自然界的力量更加强大。但是，科学技术在给人类带来福祉的同时，人与自然之间的矛盾也更加凸显。人类在利用科学技术满足自身需要的同时，却没有考虑自己的行为是否会给其他非人类存在物乃至整个自然界带来伤害。在自然面前，人类缺少对自然的人文关怀，体现出一种"人文精神的失落"，"在人的精神生活领域，拜金主义的横行、物欲主义的泛滥、精神家园的迷失、人文关怀的淡漠、宗教信仰的冲突、行为方式的失范等种种现象被叫作人文精神的失落"。[①]例如，"活熊取胆"技术给企业带来了利益，却使黑熊遭受了巨大的痛苦。"活熊取胆"是直接从黑熊身上抽取胆汁，这种残忍的生产方式引发了人们的广泛关注。关爱动物的人一致呼吁停止这种残忍的做法。但是放弃这种产业，又会影响一些人的利益。如何解决这种冲突是人们不得不面对的难题。

20 世纪 80 年代初，美国兴起的环境美德伦理学开始从美德伦理学角度探寻解决环境问题之道。环境美德伦理学（Environmental Virtue Ethics，简称 EVE））是以传统的美德伦理学（主要是亚里士多德的伦理学）方法探索人与自然之间关系的环境伦理学理论。它"并不是一种很新的理论，而是 50 多

---

* 王希艳，东北大学秦皇岛分校社会科学研究院副教授，主要研究方向为科技哲学。

① 李建珊、贾向桐、张立静等：《欧洲科技文化史论》，天津：天津人民出版社，2011 年版，第 247 页。

年前人们对美德伦理学进行哲学反思的一部分。但是最近 20 多年来，越来越多的环境哲学家开始从这个视角研究环境问题。"①传统的美德伦理学研究的是人与人之间的美德，而环境美德伦理学则将美德延伸到了自然中，它研究的是"与自然有关的人类的卓越和幸福"②，这大大扩大了人类美德的范围。

一、什么是环境美德伦理学

美国科罗拉多州立大学哲学副教授菲利浦·卡法罗（Philip Cafaro）指出，环境美德伦理学"是一种体现对自然的尊敬、从广义上构思'人类利益'、把环境保护视为我们开明的利己主义的学说"③。美国拉斯维加斯南内华达社区学院（community college）哲学教授杰弗里·弗雷泽（Geoffrey B. Frasz）则对环境美德伦理学的特征作了初步概述。弗雷泽指出："任何人要试图阐述环境美德伦理学，就要阐述它的第一个基本特征，即要解释环境美德是什么。"④ 因此，环境美德是环境美德伦理学的核心概念。什么是环境美德？弗雷泽认为环境美德是："某种性格品质、行为习惯，是一种拥有它就会在某种程度上让人过环境美好的生活（environmentally good life）的品质。"⑤ 在他看来，"环境美好的生活"就是"需要人在生物共同体中获得幸福（flourishing）。"⑥ 这里的"幸福"是以亚里士多德阐述的幸福的意义为基

---

① Geoffrey B. Frasz . What is Environmental Virtue Ethics That We Should Be Mindful of It? . *Philosophy and the Contemporary World*，2001，8（2）. http: //csn.academia.edu/Geoffrey Frasz/Papers/811909/_What_is_Environmental_Virtue_Ethics_That_We_Should_Be_Mindful_Of_it_.

② Philip Cafaro. Thoreau，Leopold，and Carson: Toward an Environmental Virtue Ethics. *Environmental Ethics*，2001，22: 3-4.

③ Philip Cafaro. Thoreau，Leopold，and Carson: Toward an Environmental Virtue Ethics. *Environmental Ethics*，2001，22: 3-4.

④ Geoffrey B. Frasz . What is Environmental Virtue Ethics That We Should Be Mindful of It? . *Philosophy and the Contemporary World*，2001，8（2）. http: //csn.academia.edu/Geoffrey Frasz/Papers/811909/_What_is_Environmental_Virtue_Ethics_That_We_Should_Be_Mindful_Of_it_.

⑤ Geoffrey B. Frasz . What is Environmental Virtue Ethics That We Should Be Mindful of It? . *Philosophy and the Contemporary World*，2001，8（2）. http: //csn.academia.edu/Geoffrey Frasz/Papers/811909/_What_is_Environmental_Virtue_Ethics_That_We_Should_Be_Mindful_Of_it_.

⑥ Geoffrey B. Frasz . What is Environmental Virtue Ethics That We Should Be Mindful of It? . *Philosophy and the Contemporary World*，2001，8（2）. http: //csn.academia.edu/Geoffrey Frasz/Papers/811909/_What_is_Environmental_Virtue_Ethics_That_We_Should_Be_Mindful_Of_it_.

础的，即幸福是"合乎德性的灵魂的实现活动"。① 不过，亚里士多德所阐述的"幸福"是立足于人与人、人与社会之间而言的，而弗雷泽所说的"幸福"则需要在既包括人类也包括非人类实体的生物共同体中实现。在他看来，人只是这个共同体中的"居民"。此外，弗雷泽认为，在阐述环境美德时还必须解释环境恶习，他指出，环境恶习是指"人们拥有它就会阻止人们走向环境美好的生活的那些品质"②。

环境美德伦理学把人从"人是万物的尺度"的高度拉回到了与其他非人类实体平等的地位，人不仅要对其他人有高尚的品德，对于其他非人类实体同样要有美德，这无疑是人类文明的一大进步。虽然劳动把人从自然界中提升出来，但是人并没有成为孤立于自然之外的生物，而是与自然息息相关，血肉相连，正如马克思所说，自然界是"人的无机的身体"③。自然养育了人类，但人类却并没有因此而倍加珍爱自然，而是不断地伤害自然。这充分说明了人类缺少的恰恰是对自然应有的美德。人类只有具备了环境美德，才会珍视自然，懂得如何去爱护自己的"无机的身体"。

二、"活熊取胆"：以动物痛苦换来的人类幸福

我们从"活熊取胆"的案例来看，人们之所以会长年累月的用管子从活熊身上取胆汁是因为人们需要用熊胆药品来治疗疾病。据《法制日报》报道，"熊胆作为中药记载，已有一千多年的历史。现代医学也证明，熊胆汁里的熊去氧胆酸有药用价值"④。可见，通过"活熊取胆"，人类能够满足自身的利益，对于企业来说，能获得经济利益，对于病人来说，能医治病痛，获得健康。总之，人类利用科学技术进行生产是为了满足人类的需要，使人类生活更加美好幸福。

什么是幸福？亚里士多德指出，幸福是生活优裕、行为优良。幸福是合

① Geoffrey B. Frasz . What is Environmental Virtue Ethics That We Should Be Mindful of It？. *Philosophy and the Contemporary World*，2001，8（2）. http：//csn.academia.edu/Geoffrey Frasz/Papers/811909/_What_is_Environmental_Virtue_Ethics_That_We_Should_Be_Mindful_Of_it_.

② Geoffrey B. Frasz . What is Environmental Virtue Ethics That We Should Be Mindful of It？. *Philosophy and the Contemporary World*，2001，8（2）. http：//csn.academia.edu/Geoffrey Frasz/Papers/811909/_What_is_Environmental_Virtue_Ethics_That_We_Should_Be_Mindful_Of_it_.

③ 《马克思恩格斯选集》第1卷，北京：人民出版社，1995年版，第45页。

④ 李吉斌.专家谈"活熊取胆"建议加快修改野生动物保护法.法制日报，2012-02-20. http：//gongyi.cn.yahoo.com/ypen/20120220/874041.html.

乎德性的实现活动。① 这就表明，幸福不仅仅是生活富足，而且要品德高尚，是通过良好的行为实现幸福的。亚里士多德的幸福观是关于人类自身的幸福。上文已经说过，环境美德伦理学所阐述的"幸福"需要在既包括人类，也包括非人类实体的生物共同体中实现，也就是说只有在人与自然的和谐关系中，才会实现真正的幸福。以牺牲动物的自由生活，以其巨大的痛苦所换得的幸福，不是真正意义上的幸福。

因此，从满足人类自身的利益来看，"活熊取胆"好像无可厚非。但是，如果我们从环境美德伦理学的视角重新加以审视，就会发现人们的品质出了问题，因为人类关心的只是自身的利益，却无视非人类存在物的利益，所以这是一种道德的缺失，是"人文精神的失落"。正是人本身出了问题，才会残忍地对待动物，漠视动物所遭受的痛苦，并且还会以人自身的需要为借口继续从动物身上追逐利益，却没有丝毫的良心不安。

毫无疑问，在对待动物的问题上，我们缺少一种仁慈之心。根据弗雷泽的观点，仁慈美德包括四种品质：同情、友谊、善良和慷慨。具有仁慈美德的人"会积极地、始终如一地关怀人类和其他非人类的幸福、繁荣、健康、利益或福利"②。他们会将自身的幸福放在更大的生物共同体之中，追求的是人类与非人类共同的幸福。如果我们具有了弗雷泽所阐述的仁慈的环境美德，还会忍心看着动物在痛苦中无助地挣扎而无动于衷吗？相反，具有仁慈的环境美德的人，会对受到伤害的动物表现出无限的同情。而他们自己的生活也会更加幸福。弗雷泽指出，具有良好环境品质的人把环境美德看作自身与自然界之间关系的完美品质，这样的人在这样的关系和个人发展中会更充分地实现幸福。③

中医药是我们国家发展了几千年的医学文化，虽然我们要发扬光大这种优秀文化，但是，从环境美德伦理学的角度来看，我们不能用牺牲动物来换取人类的健康和幸福。这样的幸福代价太大，不是人类真正的幸福。真正的幸福应当是人类与非人类的共同繁荣。古人因为受技术水平的限制，只能从动物身上来获取药品原料。但是在科技发达的今天，我们已经有能力用其他的药品来取代熊胆。北京林业大学人文社会科学学院法学系教师、环境法博士杨朝霞认为："熊胆入药只是我国劳动人民在医学科技水平不发达状况下

---

① 《尼各马科伦理学》，苗力田编：《亚里士多德选集（伦理学卷）》，北京：中国人民大学出版社，1999 年版，第 17—18 页。

② Geoffrey B. Frasz. Benevolence As An Environmental Virtue. *In*：Ronald Sandler，Philip Cafaro. *Environmental Virtue Ethics*. Lanham，Md.：Rowman & Littlefield Publishers，2005. 125-126.

③ Geoffrey B. Frasz .What is Environmental Virtue Ethics That We Should Be Mindful of It？. Philosophy and the Contemporary World，2001，8（2）.

应对疾病的一种经验总结，并非不可替代。现代的科技和医疗水平已十分发达，熊胆汁中的有用成分，完全可以人工合成。事实上，国际上用的熊去氧胆酸药物大都是合成的，我国现在也完全拥有这样的科技研发和生产能力，只是需要成本和时间。"①由此可见，在今天，如果人们依然继续进行"活熊取胆"，只能说明人们的环境保护意识仍然处于沉睡当中。因此，我们需要追寻环境美德，以内在的优秀品质来约束人们的行为，不要仅仅为了人类的利益而任意地伤害其他生物，更要想到不仅人类需要关怀，需要健康和幸福，其他生物同样需要关怀，需要健康和幸福。

我们既需要利用科学技术造福人类，又要防止其带来的消极后果，不能以给其他生物带来伤害或以破坏环境为代价。因此，我们需要正视自己在自然界中的位置，关怀非人类存在物、关怀自然，只有如此，人类才能实现真正的幸福。

三、环境美德伦理学对我国环境保护的启示

人们利用科学技术进行生产活动是为了获得自身利益的满足，使自己生活幸福。而人们的生产活动都必须在自然界中进行，不可能脱离自然界而生存。自然界是人类的生命之源。在与自然接触时，我们需要有环境美德，不仅想着人类的利益，而且要时刻想着其他非人类的最大利益；不仅要追求人类的幸福，而且也要实现其他非人类的幸福。因此，对环境美德的追求会减少人与自然之间的矛盾，使人与自然逐渐走向和谐。这对于我国的环境保护具有重要的启示意义。

人与自然和谐发展也是我国"科学发展观"的指导思想。而要改善人与自然的关系，不仅需要法律的外在约束，在物质欲望膨胀的今天，提高人们的内在品质显得尤为重要。

第一，如果人们具有了环境美德，即使没有法律的强制约束，人们受内在品质的驱使，也不会去做有损于环境健康的事情。因为有环境美德的人知道自己只是自然界中的普通一员，知道人与自然的不可分离性。因此，有环境美德的人会慎重地做出自己的每一个行动，会关怀自然中的非人类实体，会从生态的健康和完整方面来考虑问题。

第二，有环境美德的人能更好地执行法律法规。正如罗纳德·桑德勒所

① 李吉斌.专家谈"活熊取胆"建议加快修改野生动物保护法.法制日报，2012-02-20. http://gongyi.cn yahoo.com/ypen/20120220/874041.html.

说："环境美德可能为行为导向的（action-guiding）规则和原则在具体情况中的应用提供必要的敏感性（sensitivity）或智慧。至少，这种敏感性需要确定哪些规则或原则适用于哪些情况，也需要确定在那些使用它们的情况中它们所建议的做法。但是，在裁决相互冲突的道德要求或者解决产生于众多的价值根源和理由的道德困境时，这种敏感性可能是必不可少的。实际上，许多道德哲学家论证过：认为有某套有限的规则或原则能被任何人类道德主体在任何情况下应用于确定在那种情况下正确的做法是什么，是令人难以置信的和不合理的。如果他们是正确的——如果行动指南不可能总是仅仅由道德规则和原则来完成——那么智慧和敏感性［它们是美德（包括环境美德）的一部分］对于确定或鉴别正确的行动（包括正确的环保行动）在某些情况下就是不可缺少的。"① 也就是说，在我们的道德生活中，不存在一种在任何情况下都适用的规则或原则，我们需要环境美德来对我们的行为做出判断，指导我们正确地行动。

毋庸置疑，人们在自然界中生存就必然会与自然产生矛盾。而科学技术的飞速发展，使人类认识和改造自然的能力也与日俱增。人们在应用科学技术时，必须做出长远和正确的判断。有美德的人能够根据具体的情况做出正确的判断，因此能够执行正确的行为。亚里士多德说，选择性是"德性所固有的最大特点，它比行为更能判断一个人的品格"②。我国学者陈根法指出："德性道德的根本意义在于指导人们亲自经历事件本身，并依据事件之不同而作出不同的选择。"③

因此，如果人们具有了环境美德，就不会为了追求眼前或局部的利益而伤害其他非人类存在物，不会付出破坏环境的沉重代价。那些伤害非人类存在物，破坏环境者恰恰是那些缺少环境美德的人。没有美好、健康、繁荣的生态环境，同样也不会有人类的幸福与繁荣。人类的健康与繁荣只能立足于整个自然界的健康与繁荣。因此，我们需要不断地提升我们的道德品质，以便加快我国生态文明建设的步伐。

---

① Ronald Sandler. Introduction：Environmental Virtue Ethics. *In*：Ronald D Sandler，Philip Cafaro. *Environmental Virtue Ethics.* Lanham，Md.：Rowman & Littlefield Publishers，2005：6-7.

② 陈根法：《论德性的意义和价值》，《复旦学报》2002年第3期，第105页。

③ 陈根法：《论德性的意义和价值》，《复旦学报》2002年第3期，第105页。

清朝山西民间经济数学抄本《算法实例》研究

吕变庭　　吴长富[*]

提　要　人们在整理山西民间契约文书的过程中，发现了一部抄于光绪十八年的民间算书《算法实例》，全书总计 119 道算题，包括的内容比较广泛，书中所选择的例题都与日常生活应用紧密相关，具有明清商业数学的典型特征。仅从学术层面看，这部算书不仅为清代民间数学的发展提供了许多新的史料，而且对清代经济史和科学史的研究也有比较重要的参考价值。

关键词　清朝　民间算书　经济数学　算法

《算法实例》封面题"刘相成"抄于光绪十八年（1892 年）十月，不分卷，尾页并附抄写者的一封家书，不足 200 字。书中主要讲解了"今有术"、差分数法、盈不足、倒飞归、算地图式法以及算利息歌、同乘除歌和算地歌。其中"今有术"重点介绍了银两串钱、米面、肉糖、药材等日用货物的换算；在"算地图式法"中，出现了多种形式的几何田亩，如钱田、眉田、火炉田、钱田、五不等田等。这些几何田亩的出现，比较真实地反映了清代晚期土地开垦已日趋多样化和复杂化的发展状况。该手抄本共载算题 119 道，分为提问式算题、歌诀式算题和几何算题三类，其中提问式算题 86 道，歌诀式算题 14 道，几何算题 19 道，其算题多抄自明代刘仕隆的《九章通明算法》及程大位的《算法统宗》等书，但有个别算题的来源不详。

一、提问式算题及其主要内容和价值

提问式算题是《算法实例》的主体内容，包括我国传统数学中的"今有

---

　* 吕变庭，河北大学宋史研究中心教授，博士生导师，主要研究方向为宋代科技；吴长富，河北大学宋史研究中心硕士研究生，主要研究方向宋代科技。

术"（比例算法）、盈不足术、十进位值制、交换比率、小数及分数运算等。在三种类型的算题中，这类题相对比较简单，但内容却非常丰富。

（一）"今有术"及除率算题

1. 比率换算

（1）两种货币之间的换算

纹银与铜钱是清代流通的两种货币，在日常商贸活动中，经常会遇到两种货币之间的换算，因此，熟练掌握纹银与铜钱之间的计算方法，对于提高民间日用商品的流通和交换效率具有积极意义。为此，《算法实例》共选择了 8 道这类算题。如第 1 题云："假如今有纹银壹两，换钱壹串捌佰五十文。今有银壹两贰钱五分，问该若干？答曰：该换钱贰串叁佰壹拾贰文半。法曰：置银壹两贰钱五分于左，为实；另以个头壹串捌佰五十于右，为法，因之，即是。"按：古代一两银等于 1000 文钱，设"该换钱"为 x，依法，则有 $\dfrac{1两}{1850分} = \dfrac{1.25}{x}$，$x=1.25 \times 1850=2312.5$ 分，合问。通观《算法实例》所有算题均采用自《九章算术》以来传统中算的"问""答""法"体例（见图 2），易学易懂，操作比较方便。

（2）粮食与副食品的买卖和价格计算

米面、肉、糖、铁、铜、花生、红花等物质，与民众日常生活联系密切，且人们每天都要同上述商品打交道，故此，无论是大宗商品贸易还是零散销售，价格计算必不可少。在《算法实例》抄本中，共计有 10 道有关粮食与副食品买卖和价格的算题，题型不复杂，算法也简单。如第 23 题云："假如有花生壹斤，价钱壹佰五拾贰文，今称了壹拾贰斤拾壹两，问该钱若干？答曰：该钱壹千玖佰贰拾捌文半。法曰：以拾贰斤拾壹两于左，为实；拾贰斤不动，将十一两化为六八七五毫（即 0.6875 两），另以每斤价钱壹五二于右，为法。因之，即是。"按：古代 1 斤=16 两，设"该钱"为 x，则依法分两步：第一步先求出 11 两"该钱若干"，$\dfrac{11两}{16} \times 152文 =104.5文$；即第二步再求出 12 斤"该钱若干"，即 $\dfrac{1斤}{152文} = \dfrac{12斤}{x}$，算得 $x=12 \times 152$ 文=1824 文。两者相加，得 1928.5 文，合问。

2. 除分法算题

清代商业发展的重要变化之一，应是雇主和雇工之间"共坐共食，彼此平等相称"①关系的出现，它有力地促进了清代工商业的发展。随着雇主和雇工之间在法律上的平等关系逐步建立，各行各业的雇工人数和规模都有了迅猛发展。例如，富荣盐场的王三畏堂有雇工人1200多名。②而《算法实例》编有多道"雇工人"的算题，也当是以此为背景的，内容见后。在这种情形下，把收益的钱银在雇工人之间等量分配，就需要进行除分法计算。南宋数学家杨辉解释除分法曰："以人数为法，钱数为实。有分者通之，实如法而一。"③在《算法实例》抄本中，这类算题计有5道。如第11题云："假如今有钱壹仟串文，作五佰一十二人分之，问每人该分若干？答曰：该每人分钱壹串玖佰五拾叁文一分贰毫五丝。法曰：以钱壹仟串文于左，为实；另以五佰一十二人于右，为法，除之，即是。"依法，则 $\dfrac{1000\text{文}}{512}=1.953125$ 串

文，合问。第12题亦云："假如今有钱叁仟串文，作壹仟五佰叁拾人分之，问该每人分钱若干？答曰：每人分钱壹串九佰六拾叁文贰毫五丝。法曰：以钱叁仟串文于左，为实；另以壹仟五佰叁拾人于右，为法，除之，即是。"

不过，此题算得结果有误，　因为 $\dfrac{3000\text{串文}}{1530\text{人}}=1.96078$ 串文，而非 1.96325 串

文这两道题的意义主要表现在：第一，有成百上千人来共同分钱的例题，在南宋《杨辉算书》和元代朱世杰《四元玉鉴》及明代王文素《算学宝鉴》里，都没有出现，而这部手抄于光绪年间的《算法实例》，却出现了两道超过 500 人分钱的算题，应当说这些算题的编选是有现实依据的，它至少可以反映出当时的商品经济活动，不断投入大量雇工生产已经属于一种比较普遍的现象了。第二，在"钱"下增设"分厘毫丝忽"（均为十进位制），理论上在现传世的《孙子算经》中虽然已经出现，但作为一种衡制单位，并兼作重量单位用，在社会上广泛推行，一般认为是始于宋代。元明清一直沿用，如元代《丁巨算法》有"言钱分厘毫丝忽"之说，明朝政府在嘉靖年间对民田每亩"科钞"最低为 5 分 6 厘 8 毫 9 丝 6 忽等。④由于种种社会原因的制约，即使到清朝晚期，也仍有许多农民不能熟练掌握"分厘毫丝忽"的算法，所以《算法实例》的实用性和针对性都非常强。

　　① 怀效锋主编：《清末法制变革史料　下　宪法、行政法、诉讼法编》，北京：中国政法大学出版社2010年版，第226页。

　　② 罗筱元：《自流井王三畏堂兴之纪要》（续），中国人民政治协商会议四川省委员会四川省省志编辑委员会：《四川文史资料选辑》第8辑，1979年版，内部资料，第195页。

　　③ （宋）杨辉原著，吕变庭释注：《增补〈详解九章算法〉释注》，北京：科学出版社，2014年版，第14页。

　　④ 胡元福主编，奉化市土地志编纂委员会编：《奉化市土地志》，上海：上海科学技术文献出版社，1999年版，第226页。

（3）今有术在"贯称法"中的应用

此处的"贯"是古代衡器的单位，学界一般认为，为了与"钱分厘毫丝忽"的衡制单位相适应，北宋的刘承珪创制了等秤，因而使我国衡制的精度有了很大提高。不过，在日常的商品贸易活动中，因物种的不同，当时各行商人所采用的衡器，类型较多，重量不一。其并存的衡器主要有十六两秤（亦谓"天平秤"）、十八两秤、二十两秤、二十四两秤、二十八两秤、二十二两四钱秤、二十五两五钱秤，以及三十二两秤等。那么，如何在两种衡器之间进行换算，确实需要作专门练习。故《算法实例》共选择了10道在不同衡器之间相互换算的问题，主要内容涉及当时各行商人所采用的6种秤（十六两秤、十八两秤、二十四两秤、二十二两四钱秤、二十八两秤及二十两秤）。如第27题云："假如今有廿四两称上壹佰八十七斤半，问到天平秤上若干？答曰：该贰佰捌拾壹斤肆两正。法曰：以廿四两称上壹佰八十七斤半于左，为实；另以加五于右，为法，因之，得二佰八十一斤二两五钱（即281.25斤）。二佰八十一斤不动，将二两五钱用六加之，即是。"文中"以加五"，相当于"借一斗，还一斗五升"，所以"加五"就是乘以"1.5"，即187.5斤×1.5=281.25斤。此外，还可以用比例法来计算，设"天平秤上"为 x，先求 $\dfrac{16}{187.5 斤}=\dfrac{24}{x}$，$x=281.25$ 斤，由于 0.25 斤是二十四两秤上的量值，换算成十六两秤上的量值，则为 0.25 斤×16=4 两，合问。

同样的重量在不同的衡器上，得出的结果有差，这是一种情形。

还有一种情形，即同样的东西，已知两种称上的重量不同，求其所用为何种衡器。如第32题云："假如有天平秤上秤了叁斤半，到别处称了贰斤半，不知是何称？答曰：该贰拾贰两四钱称。法曰：以贰斤半于左，为实；另以参斤半于右，为法，因之，得八斤七两五钱，用六加之得壹佰四十两，以六加之，即是。"文中"用六加之"和"以六加之"是指乘以 1.6 两，故有 $[(2.5 斤×3.5 斤)×1.6 两]×1.6 两=22.4$ 两。此外，用比例法计算，可设称为 x，则有 $\dfrac{16 两}{2.5 斤}=\dfrac{x}{3.5 斤}$，$x=22.4$ 两，合问。

衡器除了"称"之外，还有"斗"。斗的情形也比较复杂，当时并存十六甬（斛）、二十甬、二十四甬等衡器，其算法与上述衡器的算法类同，故不再赘述。

（4）乘除之理与"算利息法"

① 总法。据《算法实例》记载，无论晋商还是徽商，当时商人普遍采用的计算利息方法是："不论年月日子多寡，总以每月化为三十天为实，用本钱以因，再变利钱以因。如每月壹分八厘，行息用三除之。如每年壹分八

厘，用三六除之。毫无差错，余者放此，可也。"其"算利息法歌"云："年月化为日，乘本又乘利，年利三六除，月利三除之。"此诀通俗易懂，十分便于背诵和记忆。

② 例题。《算法实例》计有 5 道关于利息算法的问题，分两种情形：月利息和年利息。如第 37 题云："假如今有本钱叁佰串文，每年壹分八厘行息，用了七个月十五天，问该利钱若干？答曰：该利钱叁拾叁串七百五十文。法曰：以七个（月）十五天化为二百二十五天于左，为实；另以本钱三千于右，为法，因之，得六七万五千文。再以壹分八厘于右，为法，因之，得一百二十一万五文，再以三十六于右，为法，除之，即是。"除题中的算法之外，还可用下法计算：已知年行息 1.8 分，设"该利"为 x，先以月为单位，求得 $= \dfrac{15天}{30天} = 0.5$ 月，故"七个月十五天"=7.5 个月。然后，求出每个月的利息，即 $\dfrac{(300串文 \times 1000文) \times (1.8分 \div 10文)}{12} = 4500文$ 。所以 7.5×4500 文=33750 文 =33 串 750 文，合问。又如第 39 题云："假如今有本钱壹串五佰文，每月壹分五厘行息，用了拾个月，共还来钱壹串壹佰五十文，问该收本利钱若干？答曰：本钱壹串文，利钱壹佰五十文。法曰：以十个月于左，为实；另以每月壹分五厘，为法，因之，得十五，以前再添一子，共得一百一十五为法，再以共钱壹串壹佰五十文于左，为实，除之，得本钱一千，余钱一百五十文，即是利也。"设本钱为 x，依题意，则有 $x = \dfrac{1500}{10 \times 0.15} = 1000$ 文，故本钱为 1000 文，利钱为 1150 文－1000 文=150 文。这是一道"救本抽利"的知识题，当投资款项出现难以收回的情况时候，投资者往往会通过第三方去替自己讨要，而第三方从归还的本利中抽取部分利润作为报酬。在该算题中，第三方从中获利 350 文。

（5）分数运算与"差分歌法"

明代程大位《算法纂要》书中载有"贵贱差分歌"[①]，《算法实例》则对其个别字做了改动，基本保持了《算法纂要》中"贵贱差分歌"的原貌。由此可见，《算法实例》的部分内容可能取材于《算法纂要》。然《算法实例》所编各题却是根据自身的实践经验总结出来的，它们来源于生活，都是当时现实生活中常见的实例。因此，该手抄本算书具有清朝民间"日用型"算书的显著特点。

不过，在书中总共才有 5 道"贵贱差分"算题，即第 40 题至 43 题及第 52 题。问题虽然不是太多，但每道算题却很有典型性，其内容尤其重要。例

---

① （明）程大位著，李培业校释：《算法纂要校释》，合肥：安徽教育出版社，1986年版，第 126 页。

如，第 42 题云："假如今有雇工人说就，每年身价钱壹串八佰文，今做了五个月十贰天，问该钱若干？答曰：该钱八佰壹拾文。法曰：以每年钱一千八百文于左，为实；另以十贰个月于右，为法，除之，得每月该钱一百五十文于右，为法。再以五个月十贰天于左，为实，五个月不动，将十贰天用叁归除之，四个小月因之，即是。"设"该钱"为 x，依题意，则有

$$x = \left(\frac{1800}{12}\right) \times 5 + \left(\frac{12}{30}\right) \times \left(\frac{1800}{12}\right) = 750 + 60 = 810 \text{文}$$

。又如第 43 题云："假如今有工人每年言明身钱八串四佰文，今做了七个月十五天，问该钱若干？答曰：该钱五串贰佰五十文正。"具体算法同前，故略。这里有两个问题需要说明，第一，前揭清朝的"雇工人"人身自由已经有了法律保障，而"雇工人"一方面按照合约付出劳动，另一方面，又可根据市场环境的变化，随时去留，这种弹性较强的劳动约定应是商品经济发展到一定阶段的产物。第二，不同"雇工人"的身钱高低有差，在本例题中，前者身钱"壹串八佰文"，而后者的身钱却为"八串四佰文"，表明工种及岗位不同，对"雇工人"的素质要求不一样，故其身钱就有了高低之分别。

需要说明的是，第 52 题出现了用银两来计算工钱现象。题云："今有四人来做工，八日价银玖钱，贰十四人做半月，问君工价几多数？答曰：该银两壹拾两零壹钱贰分五厘。"设"君工价"为 x，依题意，则有 $x = \left[\left(\frac{9}{8}\right) \div 4\right]$

$\times 24 \times 15 = 101.25$ 钱，合问。后面讲到，清代后期山西省银两与制钱的比价至少为 1 两：1700 文。据此推算，此处雇工人每月工价为 1434 文，与前面算题所给出的身价相比，这在当时已经属于高薪了。

（6）"折猪首法"与数学发展的源泉

"折猪首法"既不见于唐代修订的"十部算经"，也不见于宋元明传世的数学著作，因此，这种算法的来源尚待考证。《算法实例》手抄本共有两道"折猪首法"算题，即第 31 题和第 32 题。在抄本"折猪首法"的标题下面，有一段文字

"六折　壹拾折六斤　壹斤折 ⎡＿＿＿＿＿＿＿＿＿＿＿⎤"

因字是写在折缝的边缘，又经过了长时期的磨损，很多字今已无法辨认。但两道算题字迹尚清晰，故通过整个算题的陈述，我们能大致理解"折猪首法"的内容。

第 31 题云："假如有猪头重捌斤，问该净肉若干？答曰：该折净肉四斤拾贰两八钱整。法曰：以八斤化为壹贰捌于左，为实；另以六斤于右，为法，因之，得七六八。再以天平十六两为法，除之，得四斤八两，四斤不

动，将八两用六加之，得四斤十贰两八分，即是。"第 32 题与此相类，略。

此类题的计算并不复杂，如第 31 题的过程是先将 8 斤换算成两，得 8×16 两=128 两，然后以 6 斤乘之，为 768 两，将此结果再除以 16 两，得 4 斤 8 两。又 0.8 两×16 两=12 两 8 钱。两者相加得 4 斤 12 两 8 钱，合问。用完整的数学式表达，若设"该净肉"为 x，则有 $x=[(8×16)×6÷16]=4$ 斤 8 两 =4 斤+0.8×16 两=4 斤 12 两 8 钱。在上式中，关键的"壹拾折六斤"这个数据无疑是从实际经验中总结归纳出来的。

（二）乘除法的应用与"折扣银色法"等算题

民间日用商品交换常常会用到大量的乘除法，而在清朝大大小小的商品交换中，制钱与银两的交换以及银两不同成色之间的换算等，是当时很多商民十分关注的问题。因此，《算法实例》为了适应这种需要，共编选了 41 道例题，显见此类问题之复杂和多变。

1. 不同类型的银两换算及其他

清朝币制实行银钱并用，通常是大数用银，小数用钱，两者的比价为 1 两银比 1 千文。如众所知，因清朝对铸造银两采取比较放任的态度，且对银两成色又没有统一规定，故各地银两的版别甚多，既成色（以百分比表示）不齐，又计算烦琐，致使经商者不得不花费更多的时间来学习不同类型之间的银两换算。从《算法实例》所编算题看，主要有足色银、纹银、85 银等。但实际情形却更加复杂，例如，乾隆五年（1740 年）六月十六日总管内务府谨奏，在查获"私刨安图入房内埋藏银两一案"中，所见银两即有纹银、九八（即 98%，下同）色银、九七色银、九五色银、九三色银、九成色银、八成色银、六成色银等。[①]由于清朝以纹银为标准银，所以形式各异的成色银两都需要折成纹银，为此，《算法实例》第 44 题以问题形式给出了具体的折算方法。其题云："假如今有八五成色银六拾叁两，折足色纹银，问该折若干？答曰：该足色银五拾叁两五钱五分。法曰：以共银为实，另以 85 为法，因之，即是。"设"该折"为 x，依法，则有 $x=63$ 两×0.85=53.55，合问。第 45 题又说："假如今有足色纹银六两四钱六分，倾出成色银七两六钱，问该色几何？答曰：该八五色。法曰：将纹银为法，以出色银柒两六钱除之，即是。"设"该色"为 x，依法，足色纹银的成色为 100（实际上为 93.5374），则有 $\dfrac{100}{7.6}=\dfrac{x}{6.46}$，算得 $x=85$，合问。

① 中国第一历史档案馆编：《清代档案史料——圆明园》上编，上海：上海古籍出版社，1991 年版，第 45 页。

此外，还有制钱与银以及银两与赤金的换算题，如第 57 题云："假如今有钱壹串九佰四拾五文，换银壹两整，共有钱五十串零六十四文三分，问该换钱（银）若干？答曰：该换银贰拾五两七钱四分。法曰：将钱五拾串双零六十四文三分（即 50064.3 文）为实，钱壹串九佰四拾五文（即 1945 文）为法，除之，即是。"依法，则 $\frac{50064.3}{1945} = 25.74$ 两，合问。第 74 题又云："假如今有银壹两，换钱九佰九拾九文，今有银九钱九分九厘，问该换钱若干？答曰：该换钱玖佰玖拾八文零零壹钱。法曰：将个钱九佰九拾九文为法，以银九钱九分九厘为实，因之，即是。"设"换钱"为 x，依法，则有 $x = 0.999$ 两 $\times 999$ 文 $= 998.001$ 文。

上面两道题恰好反映了清朝前期和中后期出现的"钱贵银贱"和"银贵钱贱"两种金融现象。一般认为，银两与制钱得比较低于 1：1000，即可视为"钱贵银贱"，相反，银两与制钱的比较高于 1：1000，则称之为"银贵钱贱"。清朝在嘉庆中期之前，银钱比价一般低于 1：1000 呈"钱贵银贱"之势。此时，大量白银从国外输入，使银价维持在较低的水平上，波动不大。然而，从嘉庆后期开始，银价不断增昂，尤其是鸦片战争之后，大量鸦片输入，导致白银外流，遂使银两铜制钱的比价居高不下。上面所举第 57 题，其制钱与银两的比值为 1945：1，而第 82 题则出现了"有银壹两换钱玖串五佰七十文"的高危局面，即制钱与银两的比值为 9570：1，它表明清朝后期由"银荒"所导致的"银贵钱贱"局面十分严重，而山西省则是受害最重的灾区之一。因为"银贵钱贱"对商人利益的影响较大，如有朝臣早在嘉庆十三年（1808 年）的奏文中即已发声"钱贱银昂，商民交困"[①]，可惜，一直到清朝灭亡，清政府都没有能够较好地解决这个问题。

又第 72 题云："假如今有银七分五厘，换赤金贰分，今有银四钱八分，问该换赤金若干？答曰：该银壹钱贰分八厘整。法曰：置银四钱八分为实，以每赤金贰分为法，因之，得 96 为实，以银七分五厘为法，除之，即是。"设"该银"为 x，依法，则有 $x = \frac{48 分 \times 2}{7.5 分} = 12.8$ 分，合问。此题中银两与赤金得比价为 3.75：1，从理论上讲，赤金与纯金的意思接近，故有"七青八黄九紫十赤"之说，但实际成色一般在 99.2%～99.6% 之间。

2. 货物与银两之间的交换

在清朝，无论购买货物还是雇佣劳动，经常会出现与银两交换的现象，

① （清）梁廷枏总纂，袁钟仁校注：《粤海关志校注本》卷 17《禁令一》，广州：广东人民出版社，2002 年版，第 346 页。

由于银两在买卖过程中，往往会遇到"两以下钱、分、厘、毫"的计算，稍有不慎就会出错。因此，《算法实例》选编了多道涉及"分、厘"等较小计量单位的银两算题，其目的是想通过这些比较简单的乘除法算题使那些精明的商人能举一反三，以助提高商品交换的效率。如第 50 题云："假如今有银七佰八十六两六钱，买到米麦共玖佰贰拾石，米每石价九钱三分，麦每石价银六钱八分，问该米、麦银若干？答曰米六佰四十四石，麦贰佰七十六石。价银：米银五佰九拾八两九钱贰分，麦壹佰八拾七两六钱八分。"因原文"法曰"部分较长，故此省略。设米银为 x，麦银为 y，依题意，则有 $y=[(920 \times 9.3)-7866] \div (9.3-6.8) \times 6.8 = 276 \times 6.8$ 钱 $=1876.8$ 钱 $=187.68$ 两，故 $x=786.6-187.68=598.92$ 两。同理，已知"麦每石价银六钱八分"，所以麦 $=\dfrac{1876.8 \text{钱}}{6.8 \text{钱}}=276$ 石，故有米 $=920$ 石 -276 石 $=644$ 石。由此可见，《算法实例》的算题本身并不复杂，然而，它却通过算题的形式告诉了我们清朝后期各种生活物质的价格变化，从而进一步拓宽了清朝经济史研究的史料范围。兹将《算法实例》所涉及的各种物价列表于下：

题序	物名	价格	货币	原题
第 16 题	猪肉	232 文 / 斤	制钱	假如今有猪肉壹斤，价钱贰佰叁拾贰文，问每两该钱若干？答曰：该钱壹拾四文半。
第 18 题	白糖	112 文 / 斤	制钱	假如今有白糖壹斤，价钱壹佰壹拾贰文，共称了叁斤七两，问该钱若干？答曰：该钱叁佰八拾五文。
第 19 题	冰糖	136 文 / 斤	制钱	假如有冰糖壹斤，价钱壹佰叁拾六文，今有钱叁佰零六文，问该买冰糖若干？答曰：该买冰糖贰斤四两整。
第 21 题	白铁	392 文 / 斤	制钱	假如今有白铁，每斤价钱叁佰玖拾贰文，今买了叁斤七两，问该钱若干？答曰：该钱壹串叁佰四拾七文半。
第 22 题	红花	504 / 斤	制钱	假如有红花，每斤价钱五佰零肆文，今有钱五佰叁拾五文半，问该买若干？答曰：该买壹斤壹两整。
第 23 题	花生	152 文 / 斤	制钱	假如有花生壹斤，价钱壹佰五拾贰文，今称了壹拾贰斤拾壹两，问该钱若干？答曰：该钱壹串玖佰贰拾八文半。
第 24 题	铜	240 文 / 斤	制钱	假如有铜壹斤，价钱贰佰四拾文，今有钱叁佰文，问该买若干？答曰：买壹斤四两整。

续表

题序	物名	价格	货币	原题
第 54 题	水	4 文 / 担	制钱	假如今有水卅壹担壹甬半，每担钱四文，问该钱若干？答曰：该钱壹佰贰拾七文。
第 9 题	米	0.013 两 / 升	银两	假如今有米五石八斗肆升，卖银肆两叁钱八分，今有米壹石七斗贰升，问该卖银若干？答曰：该银壹两贰钱九分。
第 56 题	粮米	2468 合 / 两	银两	"假如今有银叁拾伍两八钱，每银壹两，粮米贰石四斗六升八合，问共粮米若干？答曰：该粮米八拾捌石叁斗五升四合四勺。"此题不仅明确了每石粮米与银两的价格关系，而且还能帮助人们熟悉掌握粮米容量"斗、升、合、勺"单位的计算。
第 62 题	绫	741 厘 / 匹	银两	假如今有绫壹佰六拾壹匹，每七匹价银五两，问该共银若干？答曰：该绫壹佰壹拾五两整。
第 68 题	绢	11 钱 / 匹	银两	假如有银贰佰玖拾四两八钱，买绢每匹价银壹两壹钱，问该绢若干？答曰：该绢贰佰六拾捌匹。
第 69 题	珍珠	11 钱 / 颗	银两	假如今有珍珠贰佰六拾八颗，每颗价银壹两壹钱，问该银若干？答曰：该银贰佰玖拾四两捌钱整。

关于如何正确认识和利用算术题中的史料问题，王仲荦在其研究中国物价史专著《金泥玉屑丛考》①一书里，即征引了不少中国古代算题中的物价资料。之后，严敦杰、钱宝琮、李迪及比利时的李倍始等著名学者，都对宋元算书中的经济史料进行了多层面的发掘和探究，他们一致将秦九韶的数学著作看作是能够真实反映南宋经济发展史实的重要文献。②在此基础上，吕兴焕博士不仅将李迪的《〈数书九章〉与南宋社会经济》③一文扩展为一部 12 万字的专著，而且还开创了把中国古代数学著作与经济史相结合起来进行系统研究的成功范例。事实上，除了传世的经典数学著作之外，那些大量流散于民间的"日用型"算书同样可以为我们的断代经济史研究提供生动、可靠的实证资料，《算法实例》即是一例。所以我们只要从这样的高度来认识《算法实例》史料价值，那么，中国古代经济史的研究视野将会被大大拓展。

----

① 王仲荦遗著，郑宜秀整理：《金泥玉屑丛考》，北京：中华书局，1998 年版。

② 李俨、钱宝琮：《李俨、钱宝琮科学史全集》，沈阳：辽宁出版社，1998 年版；李迪：《〈数学九章〉与南宋社会经济》，载吴文俊主编：《秦九韶与〈数学九章〉》，北京：北京师范大学出版社，1987 年版，第 454—466 页；等等。

③ 吕兴焕：《〈数学九章〉与南宋社会经济》，北京：军事谊文出版社，2002 年版。

3. 乘除法在社会经济生活领域的广泛应用

前面讲过，明清民间"日用型"算书的大量出现，实与当时社会生活的"数学化"发展趋势尤其是珠算的普及密不可分。社会生活离不开数学，而数学的发展也离不开现实生活，因为现实生活为其提供丰富的题材和内容。就《算法实例》所选择的问题而言，虽然显得很具体、细小，属于"小法"，但它所折射出的社会面相，不仅复杂，而且深刻。

随着商贸的繁荣和发展，清朝的旅馆遍布全国各地，等级分明，有供商人住的客店、有供工人住的井窝子与大车店、有供小商贩住的鸡毛店等。如《算法实例》第53题就是一道有关商人住店的算题。其题云："假如今有客十五人住店，住了十贰天，用白米叁石六斗，问每人吃米若干？答曰：每人该吃米贰升。"设"每人该吃米"为 x，依题意，则 $x = (360 \text{升} \div 12) \div 15 \text{人} = 2$ 升。从这个例题中，我们可以推算出当时商人阶层每人每月的食米量是5升（1升等于0.75公斤，不包括副食），它表明这不是体力劳动者的食量，很可能是当时商人消费的主食量。

由于商业经营的需要，资金之间的合伙是清代最为普遍的形态，多数情况下，合伙人不是平均出资，而是出资不均，多少不一。如《算法实例》第49题云："假如今有张李二人合伙卖姜，张卖姜叁仟八佰四拾贰斤，李卖姜贰仟六佰叁拾八斤，二人共卖姜六仟四佰八拾斤，共卖银五拾四两肆钱叁分贰厘，问该张、李该银若干？答曰：张该银叁拾贰两贰拾七钱二分八厘，李该银贰拾贰两壹钱五分九厘贰毫。"

粮油加工，涉及北方农作物的出油率和出面率问题。一般而言，因粮食颗粒大小及干燥程度和具体的加工方式不同，其出面率或出油率高低会有所差异。如《算法实例》第65题云："假如有麦叁斗五升，磨面二十五斤，今用面贰佰贰拾五斤，问该麦若干？答曰：该麦叁石壹斗五升。"以一升等于1.5斤计，算得小麦的出面率为 $\dfrac{25}{35 \times 1.5} = 48\%$，可见，用石磨磨小麦的加工效率较低。当然，就面粉本身的质量讲，此出面率相当于特等特级面粉的抽粉率。至于芝麻的出油率，《算法实例》第67题载："假如今有芝麻六拾七石，榨得油叁仟零壹拾五斤，问：每石该油若干？答曰：该油肆拾五斤。"以一升等于1.82斤计，算得芝麻的出油率为 $\dfrac{3015}{6700 \times 1.82} = 25\%$。按：现代白芝麻的平均出油率为40%～45%，[①]依此标准来看，清代山西民间榨芝麻油的

---

① 中国技术经济研究会主编：《技术经济手册：农业卷》，沈阳：辽宁人民出版社，1986年版，第1105页。

效率很低。

二、歌诀式算题及其主要内容

与提问式算题相比，歌诀式算题都是传统数学中内容较为复杂和颇有趣味的典型例题，那么，如何能牢牢记忆这些算法，并能举一反三，我国古代创造了"算术歌诀"，融情景于各种数学问题之中，用生动形象的语言将抽象、枯燥的算法、算理、法则等非常巧妙地表达出来，好学易懂，遂成为我国算学的一大特色。

《算法实例》所载歌诀计有 13 道题，大致可分为两种类型：一般算法的总结性歌诀，如"差分歌法""救本抽利发歌""同乘异除歌""算地歌"等；个别特殊算题歌诀，如"小秦王暗点兵""鸡兔同笼""哑巴割肉""推车问里"等。下面简单介绍一下第二种类型的歌诀：

"小秦王暗点兵"又称"物不知数""鬼谷算""大衍求一术""韩信点兵"等，国外将其称为"中国剩余定理"，它是数论中的一个重要命题。自《孙子算经》首先提出"物不知数"算题之后，直到南宋的秦九韶才在《数书九章》里给出了该题的完整解法。在此基础上，南宋杨辉《续古摘奇算法》、周密的《志雅堂杂钞》，以及明代程大位的《算法统宗》等都载录有解此题的歌诀，并在民间广为流传。而《算法实例》的"小秦王暗点兵"歌诀即出自《算法统宗》，其歌诀云："三人同行七拾稀，五树梅花念（廿）一枝，七子团圆正月半，余（除）百零五便得知。解曰：九三数剩一个，下七十个；剩二个，下一百四十个，九五数；剩三个，下六十三个，九七数；剩一个，下十五个；剩二个，下卅个；剩三个，下四十五个；剩四个，下六十个。"文中的"余"应为"除"即"减去"的意思，依题解，则能被"五"和"七"整除，同时被"三"除于"一"的数，是"七十"；被"三"和"七"整除，同时被"五"除余"一"的数，是"二十一"；被"三"和"五"整除，同时被"七"除余"一"的数，是"十五"。因此，所求数被"三"除余"二"，故取数 70×2=140；所求数被"五"除余"三"，故取数 21×3=63；所求数被"七"除余 2，故取数 15×2=30。又 140+63+30=233，这个数学式的含义是说，140 与 233，被"三"除均余 2；63 与 233，被"五"除均余 3；30 与 233，被"七"除均余 2，所以 233 便是满足题意的一个数。而 3、5、7 的最小公倍数是 105，由于 233 加减 105 的若干倍，仍然是解，故 233 减去 105 的 2 倍，即为该题的最小解。

用现代数学表示，设最小数为 N，上面的解法就等于求解一次同余式组

$$N\equiv 2(mod3)\equiv 3(mod5)\equiv 2mod7$$

也即"小秦王暗点兵"歌诀可列为算式

$$N=70\times 2+21\times 3+15\times 2-2\times 105=23。$$

"鸡兔同笼"算题亦最早见载于《孙子算经》，它可采用列表法和假设法求解。《算法实例》载"鸡兔同笼"算题的歌诀及解法如下：

鸡兔同笼不知数，三十六头笼中漏，看看脚有一百只，几个鸡儿几个兔？答曰：鸡贰拾贰只，兔壹拾肆只。法曰：先将三十六头为实，另以兔四足为法，因之，得壹四四，内减去壹佰只脚，余四十四，为实；再以兔四足内减去鸡足二条，余二，为法，除之，得鸡二十二只。另以三十六头内减去鸡二十二头，余兔壹拾肆个，即是。[①]

用式子表达，则为：兔头数＝(总脚数－2×总头数)÷2，而鸡头数＝总头数－兔头数。

若用假设法，则假设全是鸡：$2\times 36=72$ 只脚；比总脚数少：$100-72=28$ 只脚；因此，兔：$28\div(24-2)=14$ 个，鸡：$36-14=22$ 头。

"哑巴割肉"算题的解法，也很巧妙。其歌诀云："有一哑巴来割肉，不知钱来不知数，九两秤之多十六，一斤秤之少四十。问君拿钱、割肉若干？答曰：该拿钱八十八文，割肉一十一两。法曰：以一斤十六两内减去九两，余七两，为法；以少四十多十六共五十六，为实。归之，得每两价钱八文，为法，以十六为实，乘之，得每斤价钱一百二十八文，内减去四十两，得拿钱八十八文，又实，又以每两八文为法，归之，即是。"[②]依法，设"拿钱"为 x，"割肉"为 y，用数学式表达，则为 $x=[(40+16)\div(16-9)]\times 16-40=88$ 文，$y=88\div 8=11$ 两。这道题见载于明代刘仕隆《九章通名算法》（1424 年）的 33 道"难题"里，但只有题录，内容阙失。李兆华先生曾在《残本〈九章正明算法〉录要》一文中认为此题，"以卷首残缺少许"，故"已不可辑录"。[③]然，《算法实例》手抄本正好载有"哑巴割肉"或称"哑子买肉"的原文，以之可补其所阙。

"推车问里"亦见于《九章通明算法》之"难题"中，歌诀与《算法实例》手抄本同，但其"法曰"有异。《算法实例》抄"推车问里"题云："二人推车忙且苦，半径轮该尺九五，每日推转二万遭，问君里数如何数？答曰：该壹佰叁拾里。法曰：将半径尺九五，倍之，成叁尺九寸，为法；用三因之，得壹佰一十七寸，为一转。再以贰万遭因之，得二十三万四千尺，为

①　李兆华：《残本〈九章正明算法〉录要》，《中国科技史料》2001 年第 1 期，第 68 页。

②　《算法实例》手抄本，刘秋根教授提供，见图 21。

③　李兆华：《残本〈九章正明算法〉录要》，《中国科技史料》2001 年第 1 期，第 68 页。

实，用五除之，成四万六千八佰尺，再用每里叁佰六十步除之，即是。"[1]设里数为 x，则有

$$x = \left\{ \left[(1.95\text{尺} \times 2) \times 3 \right] \times 20000 \div 5 \right\} \div 360 = 130\text{里}$$

式中 $(1.95\text{ 尺} \times 2) \times 3 =$ 周长 $= 2\pi r$，其中取 $\pi = 3$，按古代 1 里 $= 360$ 步，1 步 $= 5$ 尺。严格讲来，"推车问里"的得数并不准确，因为早在南朝刘宋时期祖冲之就已经得到了圆周率的精确值，可惜，直到明代的算书里，还没有被普遍应用。当然，在《算法实例》所载录的

三、几何算题及其主要内容

《算法实例》载有 19 道几何算题，都是关于田亩计算的题型，名为"算地图式法"。这些算题多见于《九章算术》、杨辉算书及《算法统宗》等数学典籍里，例如，"方田""直田""圆田""环田""弧田"，见于《九章算术·方田章》；而"勾股田""三角田""梯田""三广田""牛角田""梭田""圭田""钱田"，见于杨辉的《田亩比类乘除捷法》；其他如"眉田""火炉田""五不等田""斜圭田"等，见于明代程大位的《算法统宗》。下面仅以"五不等田"为例，略作阐释。

《算法实例》"五不等田"题云："假如今有五不等田，一垣截作二段，量之，一段梭形中，长四十贰步，东阔一十八步，西阔一十五步；一段圭田形，长贰拾一步，径八步，问：共该步、亩若干？答曰：积步七佰七十七步，该地叁亩贰分叁厘七毫五丝。法曰：先置东西二阔，并，得卅三步，折半，得十六步半，乘长四十贰步，得积六佰九十三步。又置圭长贰拾一步，径八步乘之，得壹佰六十八步，折半，得积八十四步，二共并，得积七佰七十七步，合问。"参见图 36。

首先说明，无论是《五曹算经》和《杨辉算法》对"四不等田"的求解，还是《算法统宗》对"五不等田"的求解，严格说来，其计算皆有误，因为在微积分未出现之前，我国古代利用平面几何的方法来处理由曲线围成的面积问题，所得只能是一个很粗疏的结果。然而，这里采取分段（一段梭形田，一段圭田）求积法，却符合"五不等田"的求解规律，是一种正确的方法。

由于《算法实例》已有关于"梭田"和"圭田"的求解方法，故可利用其公式分别算出"五不等田"中两段几何形地块的面积来，参见图 35。

---

① 《算法实例》手抄本，刘秋根教授提供，见图 26。

（1）梭田面积 $S = \dfrac{东阔 + 西阔}{2} \times 中长 = \dfrac{33}{2} \times 42 = 693步$。

（2）圭田面积 $S = \dfrac{长 \times 阔}{2} = \dfrac{21 \times 8}{2} = 84步$。

两者相加，即五不等田的面积 $= 693+84=777$ 步，因古代 1 亩=240 步，所以 777 步=3.2375 步。从理论上讲，上述结果并不精确，但是，诚如题中所言，"一垣截作二段，量之"，也就是说，题中所采用的各种数据，都是经过实际测量得到的。这样，我国古代数学家们便用具体的实践过程弥补了那些可以称之为"先天性"的理论缺陷，并形成了中国古代数学的一个重要特征。

四、简 短 结 论

李俨先生曾在《十三、十四世纪中国民间数学》一书中，明确指出民间算书的特点是满足"日用需要"，而从宋代以后，"民间另有一种'小法'，并应用'俗称'和歌诀，又在筹法计算法范围内尽量应用小数"[1]。依此观之，无论从内容还是从形式方面看，人们在整理山西民间契约文书过程中所发现的这部手抄本《算法实例》完全符合"小法"算书的特点。

清代农商经济较为发达，随着珠算的普及和商品交换的日益繁荣以及交换形式的日渐多样，人们对日常商用数学的需求亦越来越迫切，而官方算书刊印量显然已无法满足广大民众的这种需求，所以民间手抄本算书的大量涌现，就是一种客观必然的社会现象和历史发展趋势，而《算法实例》即是其中之一例。

"日用型"算书的最大特点是实用，通观整个《算法实例》所选编的算题，绝大多数与广大民众的日常生活密切相关，如银两与制钱的交换、普通物品与银两及制钱的折算、不同衡制单位的换算等，涉及的算法虽然比较简单，主要是比率和乘除加减运算，但其十进小数的算法，相对要复杂一些，稍有不慎，就会出错。另外，从算题的来源看，《算法实例》多取材于明代的算学著作，与生活实践联系紧密，如"折猪首法"即是典型的实例。

歌诀算题是明代算书的惯用体例，如明代《一鸿算法》所载 108 道题，多采用先歌后题的形式，《算法实例》中的歌诀算题亦是先歌后题，两者显

---

① 李俨：《十三、十四世纪中国民间数学》，北京：科学出版社，1957 年版，第 1 页。

然存在一定的前后相承关系。为了与民间商用珠算的普及相适应,《算法实例》抄录了一些珠算歌诀,如"倒飞归""算地歌""二十四用飞归"等,这些珠算歌诀在清朝非常流行,如清初方中通的《数度衍》[①]及梅文鼎的《方田通法》[②]等,都载有"二十四用飞归"歌。

"算地图式法"选择了 19 道"方田类"算题,基本上包括了常见的田块形状,有些是《九章算术》早已讨论过的,如"方田""直田""圭田""圆田""环田""弧田",有些见于《杨辉算法》,如"勾股田""梯田""牛角田""三广田""梭田""钱田",有些见于《算法纂要》,如"三角田""眉田""斜圭田""方减圭田""五不等田",这表明选编者参考了不少民间流行的实用算书,而从另一个侧面讲,清朝的基本农田形制十分复杂,以不规则形田块居多,所以"算地图式法"无疑是对这种客观现实状况的真实反映。

最后,特别需要指出的是,《算法实例》手抄本中还载有像"算盘打生男生女乾坤法"这样的封建糟粕,我们在研读时应予批判下面是《算法实例》的原文照片,供读者参考。

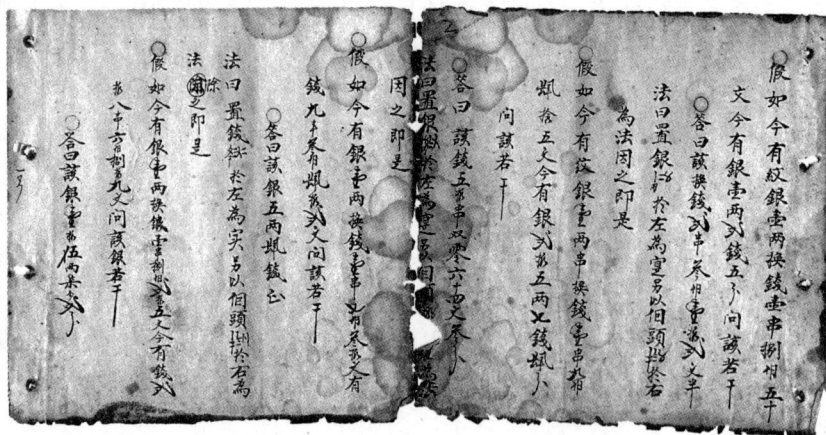

图 2[③]

---

①　(清)方中通撰:《数度衍》,清光绪十六年太原王室刻本。

②　(清)梅文鼎撰:《方田通法》,《梅氏丛书辑要》,上海:龙文书局,1988 年版。

③　图来自《算法实例》中,但因第 1 页图毁损,故本文从第 2 页图开始序号。

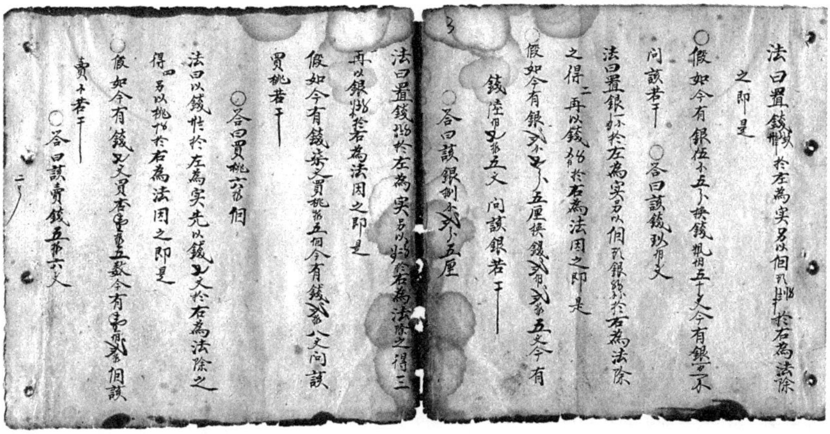

图 3

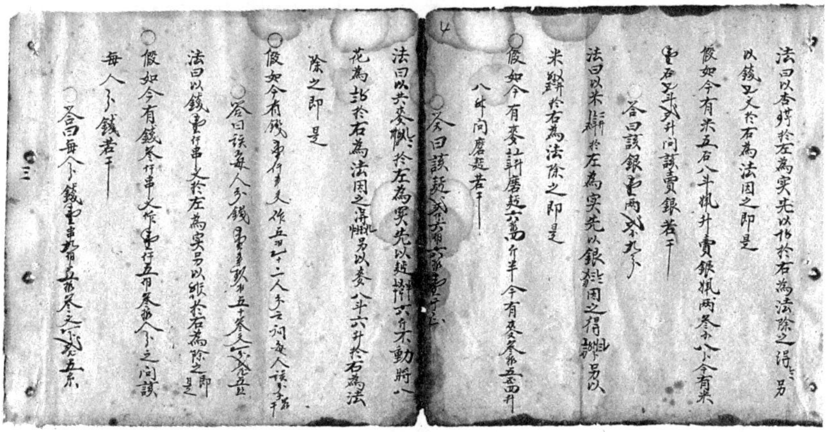

图 4

图 5

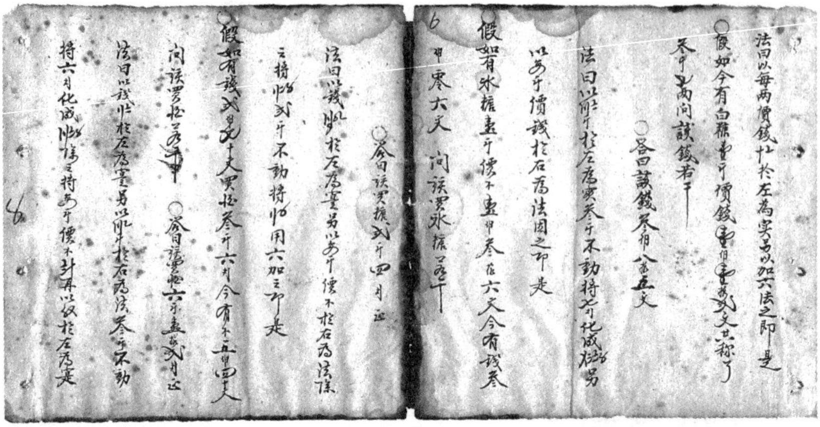

图 6

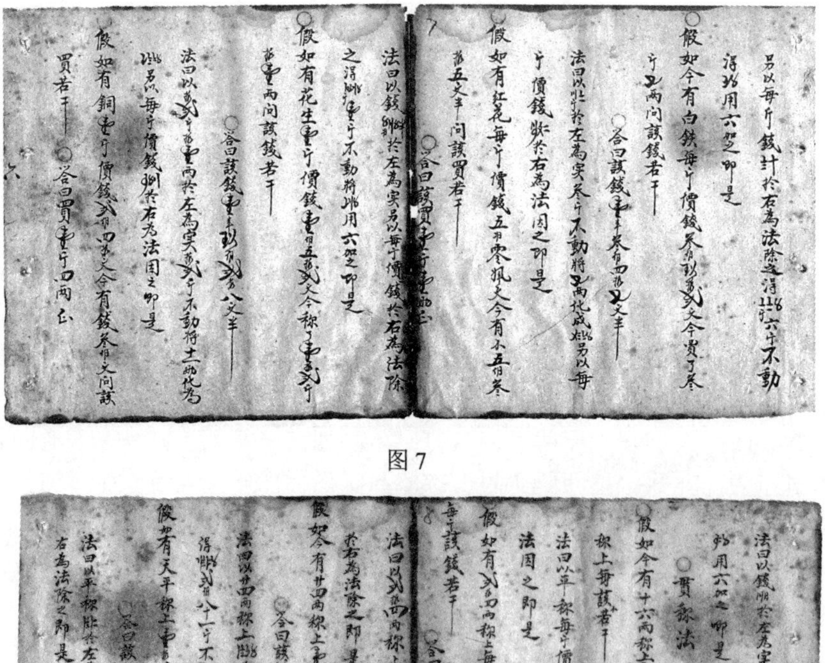

图 7

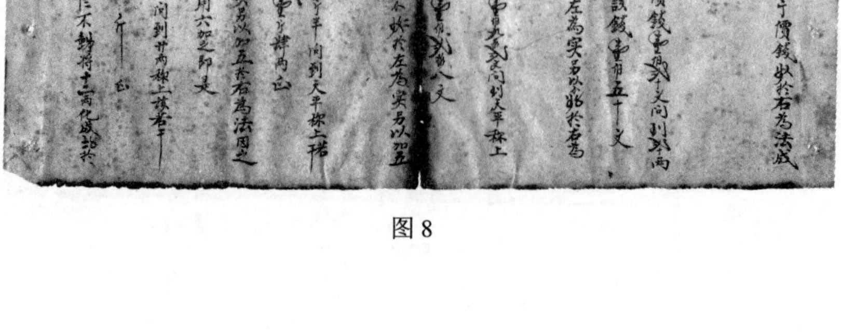

图 8

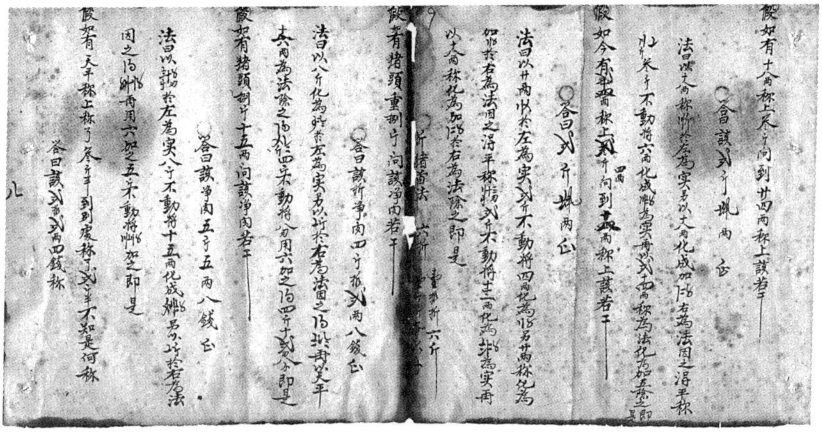

图 9

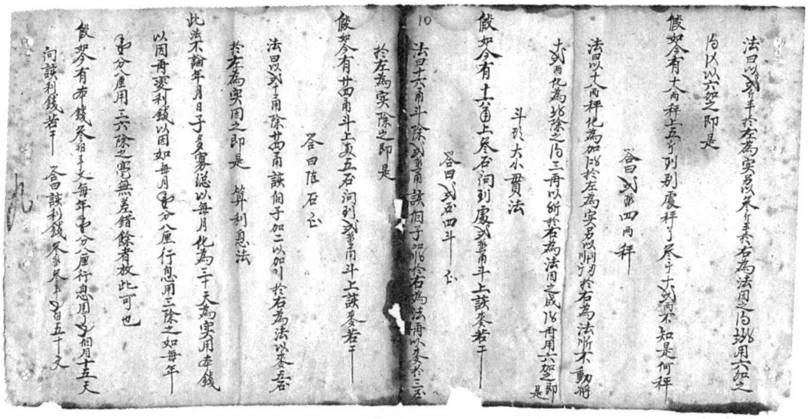

图 10

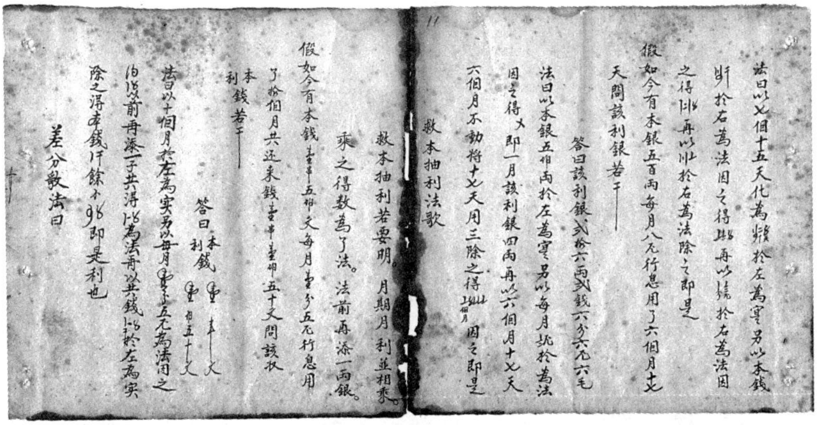

图 11

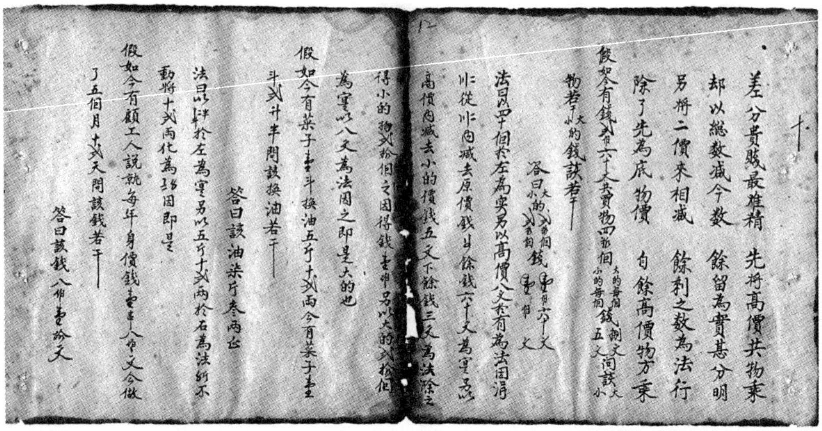

图 12

图 13

图 14

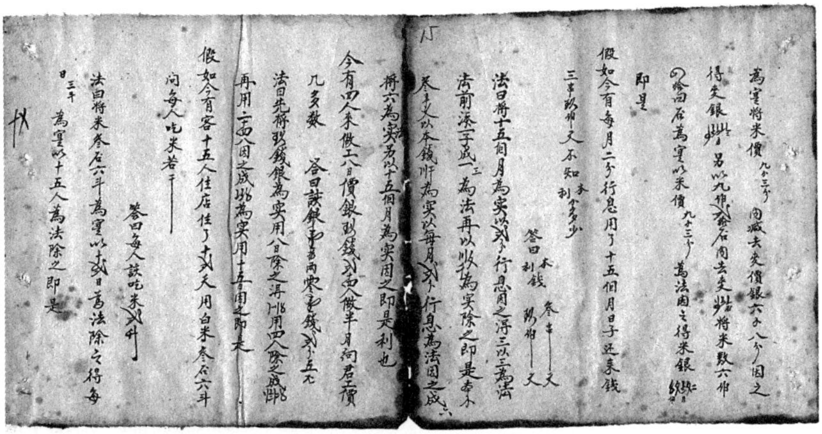

图 15

图 16

图 17

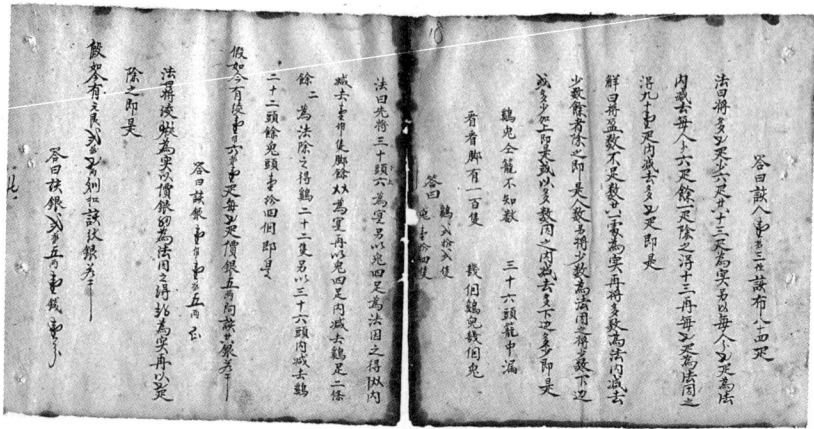

图 18

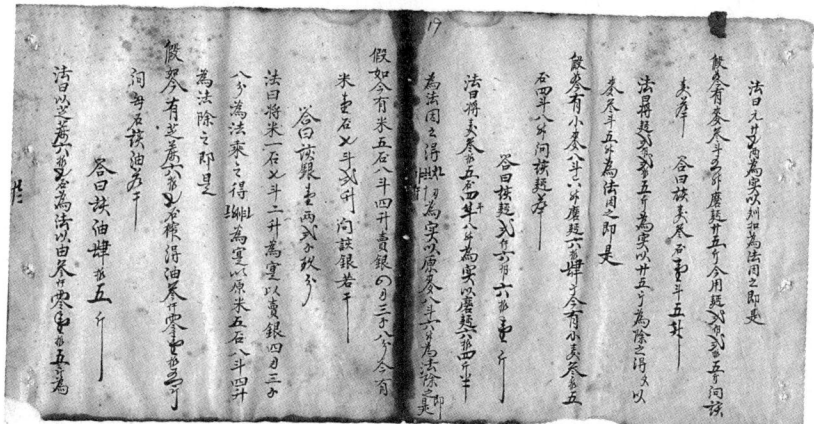

图 19

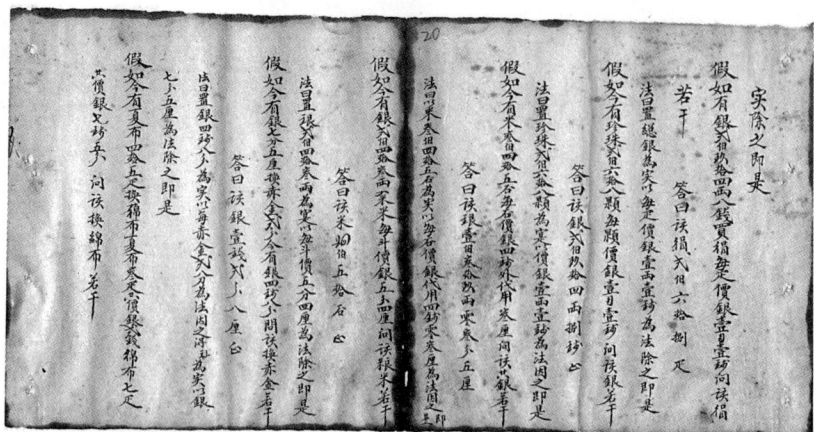

图 20

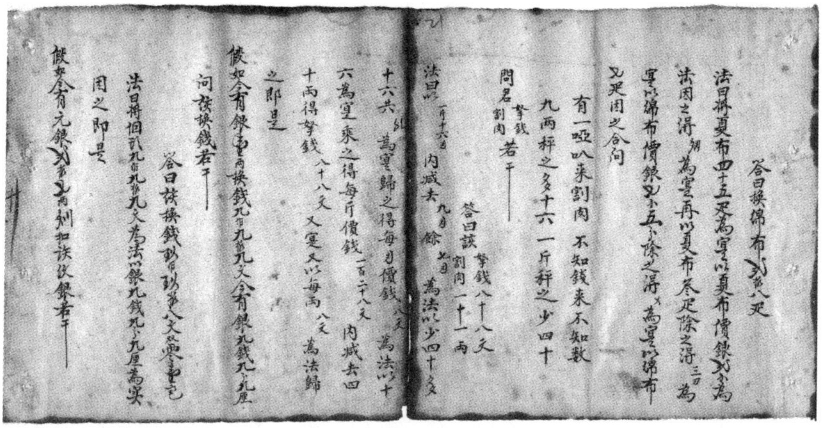

图 21

图 22

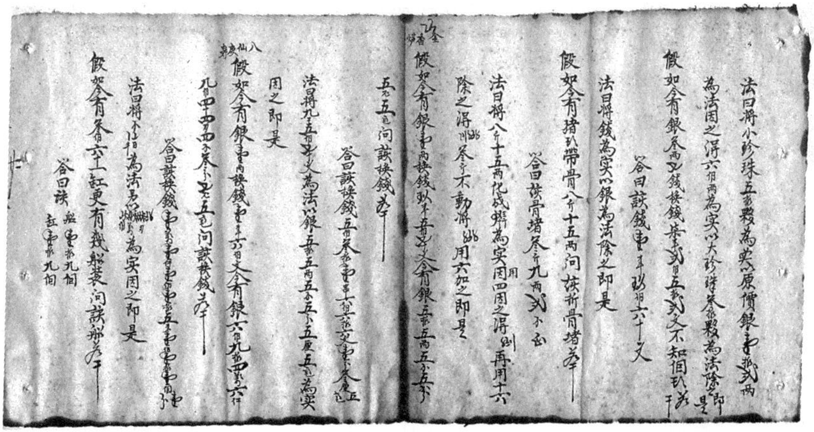

图 23

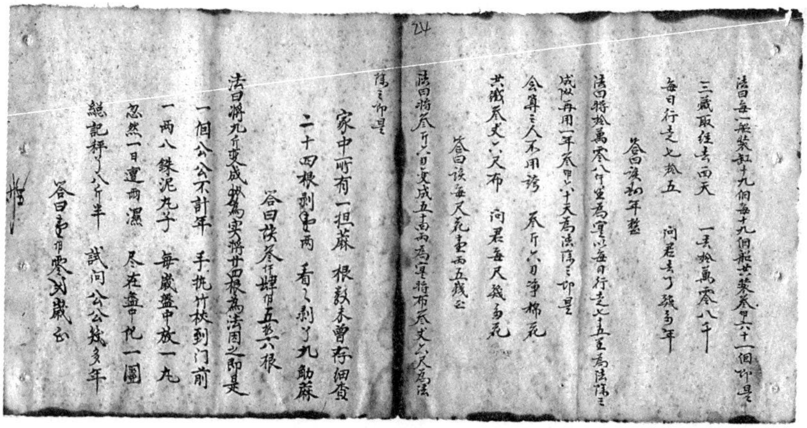

图 24

图 25

图 26

图 27

图 28

图 29

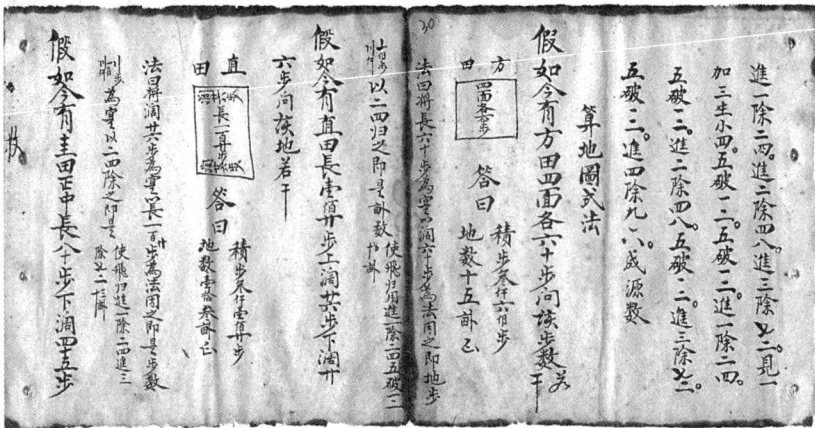

图 30

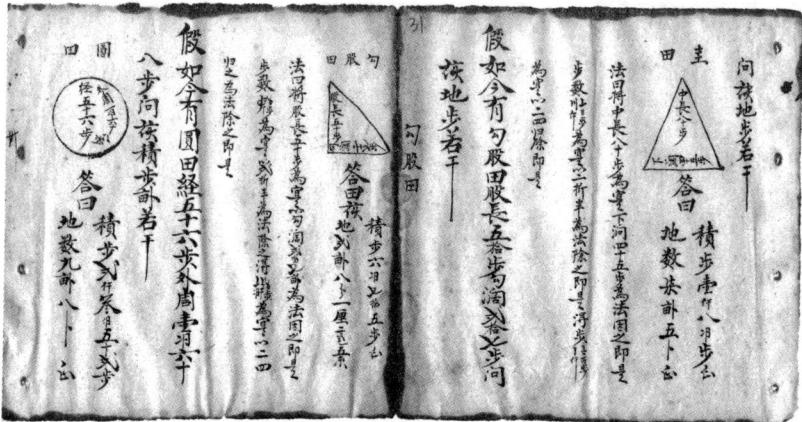

图 31

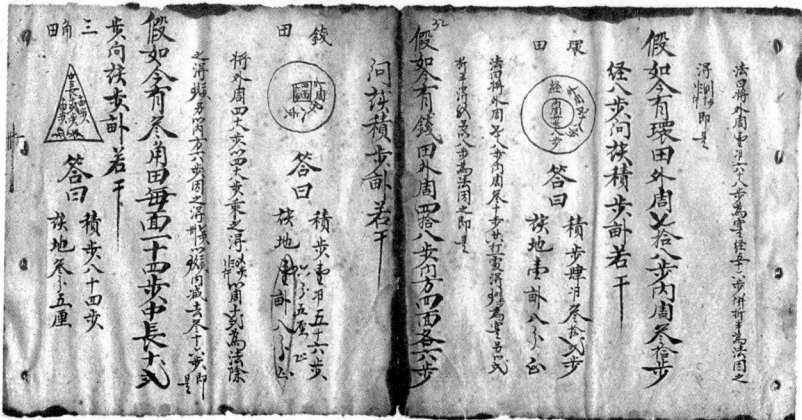

图 32

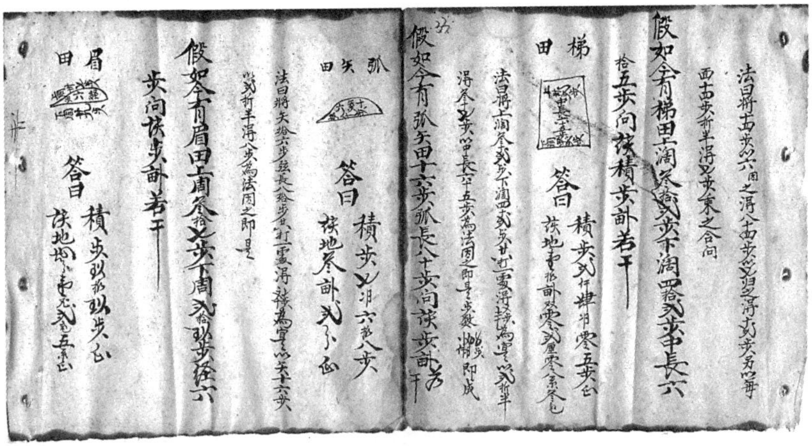

图 33

图 34

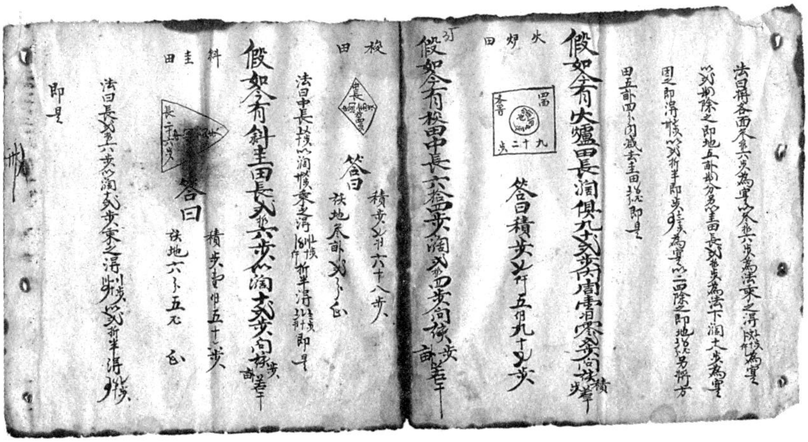

图 35

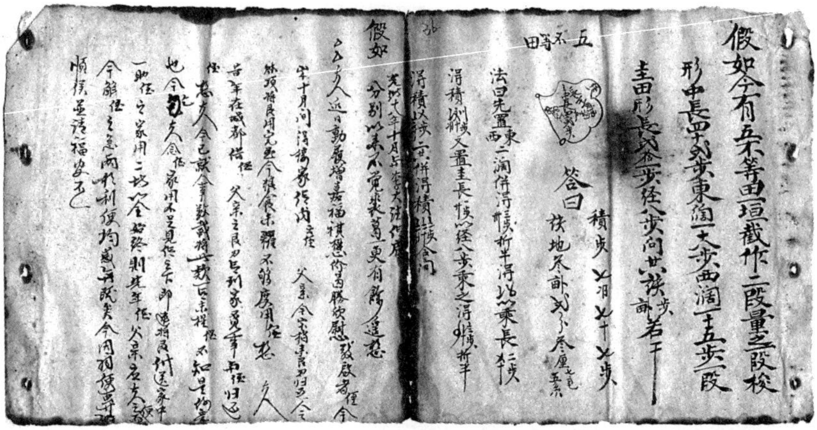

图 36

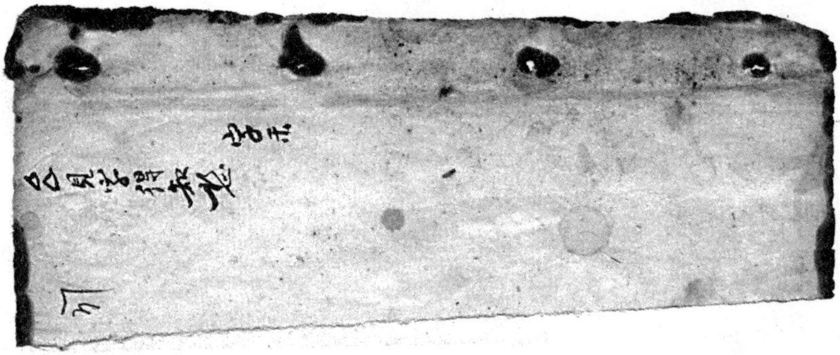

图 37

公众理解医学:中医科学的"未来史"视角*

李振良** 刘立莉

提 要 关于中医科学问题,有从中医的生存论角度进行讨论,有从积极的发展论角度进行探讨。中医科学的问题,从某种程度上是如何定义和理解科学的问题,而不仅仅是中医本身的问题。探讨中医科学问题的重要背景之一是中西医的关系,而中西医互补应当是一个最终的选择。而从中医的"未来史"视角来看,中医科学未来发展的一条必经之路是中医科学的大众化,公众理解与公众参与医学将是中医发展的重要途径。

关键词 中医科学 中西医互补 公众理解医学

近代以降,随着西学的全面进入和现代科学技术的发展,拥有五千年传统的中医学从个体化的医疗方式走向社会化的社会健康保障系统、从师徒传承的教育方式走向现代化的医学教育体系、从手工作坊式的医药加工方式走向现代化大规模的生产制药业、从以阴阳五行的指导的传统中医学术走向拥有现代化分析测试仪器设备和现代化中医科学研究建制的现代中医学术。然而伴随着中医学从理论到实践内容的不断丰富、社会荣誉与地位越来越显著,随之而来的却是一系列的尴尬问题,其中中医是不是科学的问题,始终是中医界乃至文化界的一个心结。对中医科学的探讨多是在科学哲学的视阈之内,而从"未来的历史"的视角来考察,中医的科学问题则会有不同的解释。

---

* 本文得到河北省社会科学基金项目"全面小康社会背景下我省健康文化实践模式与主体研究"的(HB16ZX002)资助

** 李振良,河北北方学院教授,主要研究方向为医学哲学、健康文化。

一、科学中医的难题

中医是不是科学，这是一个历史问题，至迟到西医传入中国并建制化便普遍存在了。关于中医的科学问题，一直存在着两个阵营：一个是持肯定态度，一个是持否定态度。持"中医不科学""不知科学""不是科学"论断者不乏声名显赫的文化名人，如陈独秀、胡适、梁启超、梁漱溟、丁文江、严复、余云岫、傅斯年、鲁迅等一大批早期知识分子和文化名人，也有当今的反伪科学卫士、网络名人以及科学哲学学者。而持肯定态度的又可以分为两种基本基调：一个是生存论的，一个是发展论的。

1. 消极的生存论

如果仅仅从学理上理解和讨论"中医是否是科学"的问题，或者说将讨论限制在学术界范围之内，那么这个问题是一个比较容易理解的问题，也是一个比较好的争鸣题材。但是，在"中医是不是科学"这个问题的背后却隐含着一个深层次的命题，那就是"科学构成存在的基础"：中医如果是科学，那它就是可靠的、可信的、应被保留的；中医如果不是科学，那它就是可疑的，甚至是迷信的、应当被废弃的。事实上，从民国时期屡次提出"废止中医案"，到解放初期有关中医科学的讨论，再到 20 世纪初 "废止中医药"的网络签名活动，都明显具有利用行政权力冲击和评判学术争鸣的意味，这些争论事实上已经成为关系中医"生死存亡"的问题，这着实加强了中医界和中国知识界的危机感和责任感。

在此背景下，以中医界为主体的中国知识界开展了关于中医科学性的大讨论，从历史事实、理论体系、科学发展方向等方面对中医科学进行了论证，其中的主流认为中医是科学的，进而认为中医是万万不能取缔的。本人也曾就此问题提出一些拙见（《中西医学互补的哲学基础》，2005 年中国人民大学硕士论文）：从静态看，中医是一个知识系统，中医学是人类社会所特有的一种防病治病的活动，中医的理论系统保证医疗活动在一种可控的、可预见的和可操作的范围内进行。从科学的结构与功能看，中医学具有科学的内涵与形式，具有卓越的解释功能和对疾病及健康的预测功能；中医学为现代医学科学提供有价值的思想和方法论指导，具有与现代系统科学、复杂性科学相似的形式，对解决现代医学科学遇到的困难具有指导意义。中医学理论不仅具有其他科学理论所具有的美感与和谐属性；而且，中医学以人为本的价值观体现了自然科学与社会科学的结合与融通，符合现代医学模式。但从总体上看，以上论述还是停留在中医的"生存论"层面上。

2. 积极的发展论

持"中医是科学"的论断的另一种力量是从中医本身的发展来谈的。例如，20 世纪末有学者认为中西医学"犹如两位巨人从山顶下山，……结果下山后两人位置相距甚远！东西方医学未来发展趋势应该是：西方医学在继续重视局部分解、不遗余力地纠正局部病理变化的同时，完善对机能的调节整合；东方医学在继续强调整体统一、尽最大努力调节整体机能活动的同时，逐步走上形态研究的道路，最终将中医学建立在人体形态结构学之上"[①]。该文在承认中医学的历史功绩和中医理论的合理性的基础上讨论了中医的发展问题，并将向现代科学医学——西医学学习，作为中医学不断向前发展的动力与手段。

显然，要把"科学中医的复兴"视为中医复兴的根本，首先需要中医人真正将中医当作科学来看待。[②]科学中医，就是将中医和与疗效有关的问题放到科学的"篮子"中来解决。中医的科学发展论首先肯定的是中医的科学性。其次，它也认为中医是不完善的科学。再次，科学不仅包括科学知识和科学方法，还包括科学精神。具备以上三个基本认识，中医在科学的轨道上发展的理论障碍就应该少了不少。事实上，在中医学的实践中，自觉地利用现代自然科学成果的事例并不鲜见，比如利用西医的化疗结果帮助诊断，将西医的消毒、麻醉等手段用于中医治疗，中医制剂的科学化、规范化和质量控制等等。事实上，西医可资借鉴的东西有很多，就像西医离开了希波克拉底还是西医一样，中医做些稍许尝试仍不能改变中医的本质。

---

① 蔡定芳：《变亦变、不变亦变——论中医学发展大势》，《上海中医药杂志》1999 年第 5 期，第 4—7 页。

② 皋永利：《中医复兴首先是科学中医的复兴》，《中国中医药报》2013 年 4 月 22 日第 3 版。

3. 中医的科学形式

虽然我们承认中医的"科学性"或"科学形式"，但是与西方部分社会学科如心理学科、经济学科在学化过程中试图跟随和模仿自然科学传统中的成熟学科特别是物理学科的路径不同，中医学的科学论证绝大多数是在中医学体系内部进行的。一般认为引入现代科学形式与理念的道路属于"中西医结合"，而中医学的科学论证并没有走一条"实证化"的科学形式的道路，中医学在中医科学论证下走上了一条调整和突破科学观的"非主流"道路，它试图通过不改变中医学自身而是改变科学的"定义"或者改变对科学的传统认识，来使中医成为科学。于是，在中医的科学论证中，出现了诸多新的"科学"形态。例如：

象科学：刘长林教授认为："象科学是寻找现象层面的规律。"[①] 与以自然科学逻辑思维为主的思维方法不同，象科学主要采用意象思维方法。

未科学：黄开斌认为，"中医的确是非现代科学所能融化得了的"，并进一步说中医是"未科学"。中医是属于过去和将来的，唯独不属于现在。中医学的思想方法和表达语言，与现代的物理、化学和生物学等是不能兼容，或不能对接的。[②]

前科学和超前科学：廖礼村、文广认为，从中医学的发展现状来看，中医学仍属于前科学阶段，但中医理论体系又包涵着丰富的高智力、高智商、超越历史发展的超前科学内容。前科学和超前科学的统一，呈现出中医学科的多重性特征。[③]

中医学既涵盖着生存论，又不乏发展论，对中医学的科学形式与科学内涵的深入探讨是有益的，然而，却也不经意间流露出其潜台词或推论：中医学不属于现代科学。

---

①　张宗明：《中医学是象科学的代表》，《南系中医药大学学报（社会科学版）》2012年第1期，第1—9页。

②　黄开斌：《中医不是伪科学而是未科学》，《今日中国论坛》2012年第7期，第38—39页。

③　廖礼村、文广：《前科学和超前科学的统一——中医学》，《江西中医学院学报》1992年第1期，第25—27页。

二、中西医学的相互"理解"

中医科学问题有一个大的背景，这个背景就是西医。如果离开了西医这个背景，就不存在所谓的中医科学问题。也就是说，中医科学问题从某种程度上讲就是中西医关系的问题。

回顾历史与现实，中西医的关系也许并不像我们想象的那样糟。13 年前，一场现代瘟疫席卷中华大地，包括中西医学界在内的大众处于一种五十年未遇的恐慌之中。这场瘟疫来势之猛、影响之大、损失之巨，实属中华人民共和国成立以来罕见，对西医界和中医界均构成了巨大的挑战。疫病流行之初，中西医界似乎对合作抵抗疫病并无多大动力，但随着事态越来越严峻，中西医都渐渐减弱了当初的"雄心"，最终形成了中西医合作共同抗击 SARS 的局面，可以说这个时期是中西医关系最为密切的时期之一。这个事实也说明，"无论传统医药还是现代医药都远远不是完备的理论，其本身都不能穷尽真理，所以二者都存在一个不断'现代化'的问题"。当然传统医药现代化的任务似乎更重些。疫病流行之初，本人也曾发声："希望这次疾疫为传统医学与现代医学的结合提供机遇而不是进一步扩大其业已存在的鸿沟。"①然而，13 年过去了，当初那段"激情燃烧"的岁月逐渐从人们的记忆中淡去，SARS 的本质仍旧是个谜，中西医关系的"春天"并没有到来。

事实上，中西医关系构成了中医科学问题的一个基础，离开了中西医的关系而谈中医命题，是无显著意义的，而对中西医关系的正确认识，则构成了中医科学问题讨论的一个基础，而不仅仅是一个视角。在中西医学的互补中，我们可以进行这样的考察：不仅中医与西医在不同的哲学思想指导下形成了"互斥"的医学传统，而且中医和西医在各自内部漫长的发展过程中也形成了不同的流派，同一个医学系统之内不同学派间的距离，有时并不小于不同医学系统之间的差别。就中、西医各自作为一个整体来讲，至少应当存在以下四种医学互补的形态：

一是纯粹的西医，目前的西医基本是沿着这种思路发展的，最新的科学技术是其发展的手段和动力。二是纯粹的中医，这也是中医界呼声最高的

① 李振良：《SARS 视界中的传统医药现代化》，《医学与哲学》2003 年第 5 期，第 15—16 页。

继承学派的主张。至少从目前看，保留中医传统不仅是中国文化的需要，更是医疗市场的需要、民众健康的需要。三是"西化"的中医，即借助西医的实验诊断方法、实验研究方法以及其他治疗技术的中医。四是中化的西医，从实践上看，这种医学互补的形态尚为互补的医学的薄弱环节，但它也在实践中潜移默化地进行着。

就中西医关系谈中医科学性，需要注意这些前提：首先，尚无十足的证据否认西医的科学形态。虽然随着科学的发展，科学呈现出新的形态，如非线性科学、复杂性科学、系统科学等等，但这些新形态的科学在技术与实际应用方面还远不成熟，有些甚至只是观念层次的。其次，西医的领先是全方位的，现代知识产权保护制度、标准化生产、越来越人性化的产品与设施等，都为西医的进一步发展提供了巨大的动力和保障。因此，我们需要承认的是，西医的生命力越来越强，而不是相反，这个公共背景是不能忽略的。

三、公众理解医学——更为宽阔的视角

中医不仅是一门学问，更是一种实践，它不仅是深居庙堂的"阳春白雪"，同时也是处江湖之远的"下里巴人"。中医是大众的，中医科学是大众的科学，中医文化也是大众的文化。无论是中医的生存还是中医的发展，都离不开大众的认可。可以说，从长远来看，中医的生存与发展并不取决于学者们的谈玄论道，而最终要取决于公众用脚投票。

需要特别指出的是，激烈地挑起中西医争端的并不是西医阵营，反而是纯理论工作者，或者是所谓"公知"，这个问题需要引起我们注意。中医的成功取决于其实践的成功，而其实践的成功很大程度上又取决于公众对中医的理解和积极参与。但现实是，我们的中医从理论上讲是"脱离了群众"的，我们的中医学体系是建立在中国传统哲学思维基础之上的，一方面我们祖先的哲学思想深奥而且晦涩，没有极高的悟性难以得到其真谛；另一方面，我们的基础教育不可能拿出太多的精力来完成这样一个"传统文化"的教育，我们更没有可能去推行一种全民的正统中医教育。这样，"公众理解医学"的中医形式——"公众理解中医"就显得十分必要了。

从历史发展来看，我国现代的医学，无论是中医还是西医，都或多或少地继续和发展了中国古代的"儒医"精神内核。但与古代儒医"官医"的性质不同，现代"儒医"所处的医疗环境已不可同日而语。首先是现代西方医学给带来了巨大的冲击，使中医学一家独大的局面不复存在（甚至已威胁到其生存）；其次是公众的受教育水平陡然提升，这使得原来的医疗模式受到了挑战：患者不再满足于被动地接受医生的治疗行为，而是强烈地希望参与到医疗决策活动中；再次是公众对医疗失败行为的容忍度急剧降低，对医生的医疗水平与应变能力提出了严峻的考验；第四是社会出现了一个打着"祖传秘方""宫廷密制"等中医旗号的群体，他们不断冲击和扰乱着中医的秩序，对这种现象的应对，要比论证中医是不是科学更为紧迫。

对于公众理解医学，我们既有教训又有经验。愈演愈烈的医暴现象、张悟本现象、假冒保健品充斥市场，危害健康，骗取财富、邪教血的教训等均为我们不断敲响着警钟。与此同时，许多成功的经验也为我们提供了坚实的基础和理想的坐标：预防为主、中西医并重、依靠科学技术成功的工作方针、中华人民共和国成立初期大规模的群众卫生运动和乡村医疗运动、2013年非典期间建立起的和谐的医疗环境、让一代人认识了辐射与白血病的《血疑》等。医学（包括中医）如果能够得到公众的理解，即便有些失误与过失，也是可以接受的；相反，处理得当的医疗行为，如果患者不能理解，就会产生不利的后果，10年前我们"战胜"非典的实践和近年来愈演愈烈的"医暴"现象，从正、反两方面充分说明了这一点。

"公众理解医学"既包括公众对医学本身的理解，也包括对医患关系的理解。"病许治""信医不信巫"等，就是传统医学对患者的基本的伦理要求。"公众理解医学"应当包括：敬畏生命与死亡、认识疾病与健康、理解医学与医生、正确看待医疗行为、合理处置医患关系、认识到医疗不是商品、理解健康经济与政策，以及追求健康的生活方式等。[①] 这些都为中医科学以及中医科学的发展，提供了新的视角和机遇。

总之，对中医科学的论证，我们应从五千余年的中国医学发展史中发掘资料，这是很重要的，以医学的发展为背景，展望中医科学的发展方向与未来，同样也是可行的。中医是科学的还是文化的，这个问题本身不是孤立的，我们应当把它放在一个适当的背景中讨论，单单从中医科学本身进行论

---

① 李振良：《医患之间——从医疗纠纷到公众理解医学》，北京：中国经济出版社，2016年版。

证，往往会陷入一个恶循环，而从中西医关系进行探讨，虽会流于浅表，但可能会减轻一些负担。如果将中医科学与文化的问题放入公众这个大视野中，则可能会提供一个更宽泛的思路。无疑，公众理解医学（中医）是一个不可忽视的重要背景。

中国博医会与近代东亚西医学的一体化发展
（1886—1932）

——基于《博医会报》相关报道的分析[*]

崔军锋[**]

　　在学科互涉的趋势下，目前的历史学研究开始愈来愈多地与其他社会、自然学科交叉渗透，以进行跨学科的综合性研究。近年来兴起的医疗卫生史研究即为其中一例，学界试图以新文化史、日常生活史、生态环境史等多元的史学理论与方法来解构和诠释近代中外医疗卫生史。历史学与医学的结合，有利于摆脱医学内史研究枯燥、视野狭窄和缺乏历史感的问题，有助于拓宽历史学研究的面向。笔者在此试图转换视角，以近代来华的西方基督教医学传教士所组成的中国博医会（简称"博医会"）为关照对象，从东亚整体史的视角出发，对博医会参与及报道的东亚医务活动进行分析，借以探讨

---

　　* 本文为教育部人文社会科学研究青年项目"来华医学传教士与近代中国的妇产科学"（2014年度，项目编号：14YJCZH016）、河北省社会科学基金项目"来华传教士与近代中国妇产科问题的历史书写"（2014年度，项目批准号：HB14LS021）、河北省高等学校科学研究计划青年项目"近代来华医学传教士的妇产科学著述研究"（2014年度，课题编号：SQ141125）的阶段性研究成果。本文在撰写及修改过程中，北京大学医学部张大庆教授、南开大学余新忠教授、香港大学梁其姿教授及一些期刊的匿名审稿专家均提出了宝贵的意见；学生张建新在资料搜集与初步整理方面也付出了很多劳动，在此特此致谢！

　　** 崔军锋，河北大学副教授，主要研究方向为医学史。

近代东亚地区医疗卫生互动交流的情况，以丰富目前的医疗卫生史研究。①

之所以从东亚整体史的视角展开论述，一是因为博医会虽然以中国为主要活动舞台，主要由来华的医学传教士组成，但它也吸纳了东亚其他国家的医学传教士参与其中，其本身就具有一定的国际性；其参与的活动、会报刊发的文章，也都具有一定的东亚一体性。二是因为，我们研究以近代东亚医学传教士所组成的博医会在东亚西医学一体化发展中的作用，可以加深对文化在近代帝国主义扩张过程中的角色和作用的认识，也有助于理解近代中西两大文化相遇时的边际磨合、冲突与融汇。正如当代世界著名学者爱德华·W. 萨义德（Edward W. Said）所说："由于现代帝国主义所促动的全球化过程，这些人、这样的声音早已成为事实。忽视或低估西方人和东方人历史的重叠之处，忽视或低估殖民者和被殖民者通过附和或对立的地理、叙述或历史，在文化领域中并存或争斗的相互依赖性，就等于忽视了过去一个世纪世界的核心问题。"②三是因为，近年来学界开始越来越多地以宏观的眼光来审视自明末以来的中西方文化交流活动，将西人来华放在西方在整个东亚地区扩张活动的宏观背景中进行考察，从东亚整体史的视角审视了近代西学在东亚各国之间的环流与互动。有学者将整个东亚地区称为"亚洲地中海"，

---

① "中国博医会"，英文名为 The Medical Missionary Association of China 或 The China Medical Missionary Association. 中文名初亦称"中国行医传教会"，它最初主要由来华的基督教医学传教士组成，也有部分东亚其他国家的医学传教士加入。到 1925 年，受中国民族主义运动和中国不断成长的本土西医的影响，博医会英文名改为 The China Medical Association. 博医会打破正式会员必须是医学传教士的限制，所有毕业于被博医会认可的西方及远东地区医学院校且具有良好职业道德的医生，均可成为学会正式会员。博医会于 1932 年与 1915 年成立的中华医学会实现合并，完成了博医会在华的本土化历程。目前国内学界关于中国博医会的研究，主要集中于它的医学研究工作和其参与的医学、科学名词统一工作，及其与中华医学会的关系等，代表性的论文有：张大庆：《早期医学名词统一工作：博医会的努力和影响》（《中华医史杂志》1994 年第 1 期），李传斌：《中华博医会初期的教会医疗事业》（《南都学坛》2003 年第 1 期），史如松、张大庆：《从医疗到研究：传教士医生的再转向——以博医会研究委员会为中心》（《自然科学史研究》2010 年第 4 期），崔军锋：《中国博医会与中国地方疾病研究（1886—1911）——以〈中国疾病〉一书为中心的考察》（《自然辩证法通讯》2010 年第 5 期），刘远明：《中国近代医学社团——博医会》（《中华医史杂志》2011 年第 4 期），及其《中华医学会与博医会的合作与合并》（《自然辩证法研究》2012 年第 2 期），陶飞亚、王皓：《近代医学共同体的嬗变：从博医会到中华医学会》（《历史研究》2014 年第 5 期）。以博医会为研究对象的博士学位论文，有两篇，分别是：史如松：《博医会研究：中国近代西医界职业活动模式的形成》，北京大学 2010 年未刊博士学位论文；崔军锋：《大变局下的西医在华事业：中国博医会与中国现代医学的发展（1886—1932）》，中山大学未刊博士学位论文，2013 年。

② 〔美〕爱德华·W. 萨义德著，李琨译：《文化与帝国主义》前言，北京：生活·读书·新知三联书店，2016 年版，第 14—15 页。

具有代表性的有台湾学者凌纯生、黄一农。①也有学者用"东亚海域史"来指称东亚整体史的研究。②在西方，美国学者罗兹·墨菲（Rhoads Murphey）的《亚洲史》一书首次有意识地将亚洲作为一个整体来进行考察，并提出"季风亚洲"的概念，将伊朗以东、俄罗斯以南的"季风亚洲"地区，即东亚、东南亚、南亚地区，作为一个整体进行论述。他随后出版的《东亚史》又将包括中国、日本、朝鲜半岛在内的东亚地区和越南、老挝、柬埔寨、泰国、缅甸在内的东南亚地区，作为一个整体来看待。笔者这里所述的东亚，包括我们习惯上所指称的东北亚、东亚、东南亚地区，是大范围意义上的东亚地区。

　　博医会作为近代中国第一个全国性的医疗学术兼医务协调机构，早在20世纪之交就以医学和公共卫生工作推动了东亚各国的互动与交流，其参与及报道东亚国际间的医事活动，促进了近代东亚医学及卫生防疫事业的发展，也为人们打开了一扇认识近代中国西医和公共卫生工作的窗口，对近代中国的西医学，尤其是热带医学的发展，起到了很好的推动作用。故笔者在此试图以东亚整体史为论述视角，对博医会参与及报道东亚国际间的医事活动进行分析，以反映医学传教士在华创办博医会在东亚地区拓展医学交流工作的实况与影响，来回应现今的东亚整体史研究。笔者所利用的主要资料，是博医会的会刊《博医会报》，英文原名为 *China Medical Missionary Journal*（以

① 据笔者所知，最早提出这一观点的应是台湾的凌纯生先生，他提出："亚洲地中海的东南西三岸为弧形的岛屿所环绕，自北向南而西，有阿留申弧、千岛弧、日本弧、琉球弧、菲律宾弧、摩鹿加弧，自帝汶而爪哇至苏门答腊的马来弧，再北上有安达曼弧。在这一串的弧形岛屿中之海，可称之为广义的亚洲地中海……亚洲的地中海为南北向，可以台湾分开为南北两地中海，有时我们称为北洋和南洋。"（《中国边疆民族与环太平洋文化》上册，台北：联经出版事业股份有限公司，1979年版，第335页。）黄一农发展了这一观点，指出："当西、葡两国的势力分别经由太平洋和印度洋到达亚洲大陆和其周边的岛屿时，一个属于'亚洲地中海'的时代开始成形，地理上这是由中国、朝鲜、日本、琉球、中国台湾、菲律宾、印尼、马来半岛和中南半岛所圈出的广袤'内海'，也有学者将之纳入广义的印度洋。其中与中国大陆接壤或相邻的地区，主要受到中华文化的熏陶；至于南半部的岛屿带，则是由深受印度教、佛教和伊斯兰教（源自附近的印度和阿拉伯世界）影响的南岛语族（Austronesian）所主导。"（黄一农：《两头蛇：明末清初的第一代天主教徒》，上海，上海古籍出版社，2006年版，第4页。）这或许是受到西方社会把东亚和东南亚等地区称为"远东"这一称呼的影响，但也反映了东方学者试图摆脱西方学者影响，立足本地区建立一个"东亚区域世界史"叙述框架的努力。

② 如复旦大学文史研究院的董少新教授。复旦大学还以此主题召开了系列学术会议，会议论文结集成《世界历史中的东亚海域》（北京：中华书局，2011年版）、《全球史、区域史与国别史：复旦、东大、普林斯顿三校合议论文集》（北京：中华书局，2016年版）等书。以这一叙述框架展开研究的，还有陈国栋，他的《东亚海域一千年》一书，汇聚了作者围绕这一叙述框架所做的多年研究成果。而日本学者滨下武志则是这一叙述框架最主要的研究者，他的多部著作，如《中国近代经济史研究：清末海关财政与通商口岸市场圈》《近代中国的国际契机》《朝贡体系与近代亚洲》《中国、东亚与全球经济：区域和历史的视角》等，都反映了作者试图把中国及东亚周边国家作为世界史的中心位置来进行研究的意图，在东亚区域秩序的背景中，继而在欧洲—美洲—亚洲贸易和金融秩序这个更大的秩序内，重新诠释中国、东亚地区的位置。

下简称 *CMMJ*），1887 年 3 月创刊于上海，1907 年更名为 *China Medical Journal*（以下简称 *CMJ*），1932 年与《中华医学杂志》英文版（*The National Medical Journal*）合并发行，改称 *The Chinese Medical Journal*，单独发行 45 年之久。这份报刊是研究近代中国医疗卫生史、西医东渐史、基督教在华传教史，以及东亚西医学发展史的非常重要的资料库。博医会成立于 1886 年，1932 年与中华医学会合并，结束了长达 46 年的独立发展时期，故本文论述的时间范围也遵从于此，是从 1886 年到 1932 年。

一、人员与组织上的一体化

1. 博医会会员的构成与相互流动

中国博医会是近代部分来华医学传教士以参加 1887 年在美国首都华盛顿召开的世界医学大会为契机，于 1886 年 10 月在上海成立的一个医学传教士医疗学术兼医务协调机构。学会由广州博济医院院长嘉约翰（John Glasgow Kerr）担任首任会长，上海同仁医院院长文恒理（Henry Williams Boone）等为副会长，并于 1887 年 3 月创办了机关报《博医会报》。博医会是近代中国第一个医疗学术兼医务协调机构，其创立的宗旨有三个：

①在华传播西医学，加强各医学传教士之间在医治病患方面的互助与经验交流；

②总体上推进传教和医学、科学事业的发展；

③加强会员之间的团结，维护学会权益，保证西医事业在华顺利发展。[①]

博医会规定：凡入会会员须毕业于得到认可的正规医学院，加入传教差会并得到其资助与派遣后来到中国或周边地区；入会会员需要有老会员的书面举荐，并在博医会正式大会上获得 3/4 会员的投票支持。显然，对中国之外的东亚朝鲜、日本、越南、暹罗等地的医学传教士的加入，学会是表示欢迎的。[②] 从早期会员构成也能看出博医会的这种国际性。如 1887 年 6 月在汉城（今韩国首尔）的美国长老会医学传教士 Driesback Smith 加入博医会。[③]截至 1901 年，已有在朝鲜的 Driesback Smith、William Benton Scranton、Miss Ellers、安连（H. N. Allen）、J.W. Herron、Hugh M.Brown，在暹罗的 B.Toy

---

① *CMMJ*，1887 年第 1 期，第 56—58 页。

② *Ibid*，1887(1)：56-58.

③ *Ibid*，1887(2)：165.

Watler、A.M.Carey、J. H. Hays、J.Thompson 等医学传教士加入其中。①人数虽不多，但足以显示博医会的国际性。与密切报道在华医学传教士行踪情况一样，对于在东亚各国医学传教士的来往行踪，《博医会报》亦努力进行跟踪报道。②

而从博医会成立初衷及其章程规定可见，其成立本身就具有鲜明的外向性。博医会的成立，一方面表明在华医学传教士不甘于在学术上落后，积极向西方主流医学界交流学习的意愿。博医会成立后，积极加强与西方同行间的学习交流，多次选派代表参加世界医学会议，并在会上发表演讲或主题报告，展示在华行医或科研情况。③即便是不能与会，博医会也会在会报上刊登世界医学会议的相关消息。另外，医学传教士在华工作一段时间后，往往会获准回国休假，很多医学传教士利用这一机会回到母国，到本国医学院进行访问或进修，零距离补充学习西方医学界的最新研究成果。

另一方面，博医会的成立也显示出博医会在与西方医学界保持联系与交流的同时，与东亚地区各国医学界同样保持着密切的学术互动。除了章程中明确提及的，在 1887 年创刊号的征稿启事中，《博医会报》亦明确指出稿件征集不囿于特定国家，欢迎来自中国、朝鲜、日本、暹罗（今泰国）或其他国家的来稿。④此后，博医会多次重申这一征稿启事，鲜明地展示出博医会在医务交流方面的开放性和多元性，并对东亚各国的医学进展非常关注。刊登在《博医会报》上的关于东亚各国疾病与医学发展情况的文章，大多是由在东亚各国活动的医学传教士所写就。他们在《博医会报》上分享所在国的疾病与医学研究成果，交流疫病防治经验与心得，其行为本身就促进了东亚西医学的一体化发展。

近代来到东亚的基督教传教差会，他们的事业基本不囿于一个国家或地区。同一差会，往往在东亚不同国家或地区都有传教及辅助的医疗、教育、文字出版等事工。对于大多数传教差会而言，东亚是他们一个整体性的传教

---

① 据各期《博医会报》所公布的入会名单及 *CMMJ*，1890(3)：213；1897(2)：201-204；1901(2)：167-172. 综合而成。

② 如《博医会报》1893 年第 2 期报道美国长老会的 Rev. H. G. Underwood 夫妇和孩子经由欧洲到达朝鲜汉城。参见 *CMMJ*，1893(2)：160. 1894 年第 1 期报道 1893 年 11 月 10 日在韩国首尔的 Dr. W. T. Hall 夫人生了一个男孩。参见 *CMMJ*，1894(1)：293. 1896 年第 4 期报道了朝鲜传教站的福音传道和医务工作情况。参见 *CMMJ*，1896(4)：263-265. 等等。

③ 如 1887 年的华盛顿世界医学大会，博医会选派莱爱力(Alexander Lyall)、马卡提（Mccartee）与文恒理（Mccartee Henry William）三人，代表博医会参会。参见 *CMMJ*，1887(1)：128. 以及 1890 年在柏林举行的第十届世界医学大会，博医会共派遣了包括梅腾更（David Duncan Main）、司督阁（Dugald Christie）、洪士提反（S.A.Hunter）、莱弗斯莱德（Reifsnyder E.）等在内的在华 6 个差会的 8 名会员参会。参见 *CMMJ*，1889(4)：178.

④ "Notices"，*CMMJ*，1887 (1)，卷首。

区域。以医疗活动为例，基督新教各差会除在华建立诊所、医院和疗养场所外，这些场所建立区域还涵盖了朝鲜、日本、菲律宾、越南、暹罗（今泰国）等东亚国家。同一差会的内部成员，有时也会在不同地区间流动，而内部人员的流动，也促进了东亚不同地区间医疗卫生事业的互动与交流。事实上，同一差会内部，不同地区人员间的相互流动是很平常的。以苏格兰长老会医学传教士高似兰（Philip Brunelleschi Cousland）为例，他于 1883 年受派来华后，先是在广东潮州一带的福音医院中进行医务传道，同时开展西医学教育工作，招收学生教授西医学知识。在此过程中，他深刻意识到编译西医学书籍和统一医学名词的重要性，后来他长期主持博医会医书翻译和医学名词统一的工作，并将主要精力投入到这一事业中去。出于工作需要，高似兰在中国工作之余，后期事实上是常驻日本横滨的。另外他也多次利用休假、返乡之机到世界各地参加医学会议。[①]不难看出，这种不同地区同一差会内部医学传教士的流动，对其更新医学理论、临床实践经验来说是很重要的，同时也为东亚地区国际医学的互动与交流创造了机会。

2. 东亚地区博医会支会的建立

博医会的成立，源于各地医学传教士加强联络和交流、推进医学发展的目的。最初博医会总部设于上海，参会的代表拟设了五个分会：华北分会，设于北京；武昌和汉口分会，设于武昌；上海和南京分会，设于上海；福建和台湾分会，设于福州；华南分会，设于广州。随着时间的推移，博医会逐步在空间上扩大其会员分布区域，一定程度上以支会的形式将东亚医学事务纳入到一个体系中来。

以朝鲜为例，博医会朝鲜支会于 1907 年 9 月 9 日在汉城（今首尔）成立，这为在朝医学传教士与东亚同行间的学术交流开辟了新的渠道。支会名称为"朝鲜博医会"（The Korea Medical Missionary Association），支会明确规定，朝鲜博医会为中国博医会的地方支会（The Korea branch of the Medical Missionary Association of China）。朝鲜博医会参照中国博医会章程通过了修订后的支会目标：①通过治愈朝鲜人民，彰显上帝的福音；②通过教育，以及将西医学书籍翻译成朝鲜文，为朝鲜民众输入与西方同样的西医学知识；③提

---

① 参见张大庆：《高似兰：医学名词翻译标准化的推动者》（《中国科技史料》2001 年第 4 期，第 324-330 页）一文。近代中国以整个东亚地区医务和卫生防疫工作为报道对象的，除了《博医会报》外，还有西方人把持的中国海关总税务司署所编辑出版的《海关医学报告》（*Medical Reports of China Imperial Maritime Customs*）。《海关医学报告》和《博医会报》一样，报道地域虽以中国为主，但都对中国周边国家，如朝鲜、日本、越南等国的医务和卫生防疫工作非常关注，经常会有报道。而且，受清廷与周边国家传统宗藩关系的影响，在华外籍海关人员也有到朝鲜等国海关部门工作的。

升朝鲜医界人士的互助精神。①在成立大会上，朝鲜博医会还公布了支会各项章程，宣读了一些学术论文，并在一些重要城市成立了比朝鲜博医会低一级的支会组织。《博医会报》经常刊载朝鲜支会的医务报告，如 1908 年 1 月 14 日在朝鲜汉城（今首尔）举行的博医会朝鲜支会会议上，讨论了 Dr. Hirst 提交的关于病人在医院挂号的重要性的文章，认为实行挂号有如下好处：

①获取并提供有关病人的信息，使我们能够最有效地治愈他们。

②确保必要的统计数据，以掌握和报告我们的工作情况。

③获取必要的信息，掌握病人信仰的变化，以便指导他们在当地的福音工作。

④确保科学研究和调查报告数据的获取。②

该文对医院挂号重要性的认识非常具有科学性，对医院的实际运作也有较强的指导意义。囿于博医会的会员构成，虽然"福音传道"仍是医学传教士们的重要目标，然而，这种自由的会议讨论和多元的医务报道对医学学术交流与发展无疑是有益的。各支会以各自所在区域为单位，定期写出医务报告，医务报告从整理到刊登这一过程，本身就是一个对医疗事业进行总结的过程，而它刊登出来后所起到的交流与传播作用，更是对医学进步起到了推动作用。博医会以开放的心态对各支会的医务活动及医学研究成果加以报道，将各地医务传道事业的发展状况呈现出来。得益于这种互动与交流，在地理环境上相互接近的东亚各国的医学事业进一步趋于一体化。

当然，东亚其他地区并没有正式的博医会支会成立，但不可否认的是，这些地区依然受到博医会组织的影响，它们大多以传教站的方式开展活动。这一点我们可以从《博医会报》刊登的报道中看出，该报对东亚各地的医务报道散见于各处。如《博医会报》1897 年第 1 期报道称，学会正在努力扩大在日本、朝鲜、英属海峡殖民地医学传教士中的影响，博医会对这些国家的同行加入学会持乐观态度，认为这样可以加强医学传教士在整个东亚的团队合作精神。③而从 1908 年第 6 期至 1910 年第 1 期，《博医会报》每期都有马尼拉医学会（Manila Medical Society）会议召开情况的

---

① "Report of Local Branches：Korea Medical Missionary Association"，*CMJ*，1907(6)：352-354.在此之前，《博医会报》曾报道 1894 年在汉城（今首尔）有汉城医学会（The Medical Association of Seoul）成立的信息。就笔者目前所掌握的资料来看，虽没有直接证据证明汉城医学会与中国博医会的关系，但从其会员均是在朝鲜的西方传教士这一点来看，汉城医学会也应是早期在朝鲜医学传教士比较聚集的汉城（今首尔）所成立的一个博医会小型支会。可参见 *CMMJ*，1894(2)：164-165.

② Mary M.Cutler，"Report of Local Branches"，*CMJ*，1908(2)：131. 同样，《博医会报》1911 年第 6 期也报道了博医会朝鲜支会的活动情况。参见 "Korean Branch Annual Meeting"，*CMJ*，1911(6)：411-412.

③ "Editorial"，*CMMJ*. 1897(1)：67.

报道。^①

二、医学研究与疫病防治的一体化

1. 医学研究的一体化

博医会作为有志于促进东亚西医学一体化发展的医学团体，其会刊《博医会报》除了刊载有关中国问题的医学文章外，还经常刊登东亚其他国家和地区疾病与医学发展相关问题的文章②；《博医会报》有时也刊发对东亚地区疾病与医学进行整体或对比研究的文章（见下表），尤其是进入 20 世纪博医会加强医学学术研究以后。博医会加强医学学术研究，这是博医会促进东亚西医学一体化发展最直接的证据。值得注意的是，在清末，《博医会报》刊发有关朝鲜医事方面的文章较多；进入民国后，除了继续刊登有关朝鲜及东亚其他国家的医事文章外，《博医会报》还加强了对日本医学研究情况的介绍。《博医会报》设立 "日本医学文化"（Japanese Medical Literature）专栏，认为中日同文同种同习俗，因而对日本疾病与医学的研究必定会引起中国人的兴趣，而且由于英语国家对日本医疗文化了解较少，《博医会报》试图将此栏目打造成为该刊的一大特色。该栏目从 1916 年第 4 期设立，到 1921 年第 3 期结束，期间基本上每一期都有此专栏，而且所占篇幅很大，平均每期十多页，有时甚至能占到整期杂志近 2/5，显见博医会对此栏目的重视。即便是该栏目取消后，在新设的 "当代医学文化"（Current Medical Literature）栏目中，仍常有关于日本医学界的研究成果简报（表 1）。

---

① "Manila Medical Society"，*CMJ*，1908(6)：388-389；1909(1)：53；1909(2)：123；1909(3)：204-205；1909(4)：277-278；1909(5)：369-370；1909(6)：431-433；1910(1)：71-75.

② 如《博医会报》1893 年第 1 期刊登了日本 Doshisha 医院和护士培训学校第六次年度报告，主要报道该医院和护士培训学校 1892 年 10 月 28 日在日本地震中的救护情况。参见 "Doshisha Hospital and Training School for Nurses"，*CMMJ*. 1893(1)：44-45. 1911 年第 5 期刊登的一篇关于朝鲜北部疾病地理学的文章，涉及在朝鲜多发的各种疾病，并从地理、气候环境方面加以分析，对这些疾病及典型病例做了详细的病理介绍，以供医学界相关医务人员进行阅读与参考。可参见 Ralph G. Mills, M. D.，"A Contribution to the Nosogeography of Northern Korea"，*CMJ*，1911(5)：277-293. 1919 年第 6 期又连发两篇文章对暹罗（今泰国）所见的热带疾病及膀胱结石进行报道。参见 Ralph W.Mendelson，"Tropical Diseases Observed in Siam"，*CMJ*，1919(6)：533-544；Charles H.Crooks，"Vesical Calculus in Siam"，*CMJ*，1919(6)：545-550.

表1 《博医会报》刊登的对东亚疾病与医学进行整体或对比研究的文章举要

年期及页码	作者	文章名	备注
1898（4）P.223	Robert C. Beebe	To the Medical Missionaries Of China And The East 致在中国和东亚其他国家的医学传教士	
1920（3）P.243-251	Louis H.Braaflant	Asiatic Cholera: A Study of One Hundred Cases 亚洲霍乱：基于100例病例的分析	作者时在济南府
1920（1）P.96-99		Anthropological Notes on Peoples of Far East 东亚地区民众的人类学考察	对东亚地区民众的体质人类学考察，从东亚人类起源、菲律宾女性的骨盆测量、男人的种群类型、牛奶在人种发展中的作用等因素来说明
1924（4）P.303-304	E.P.Snijders	The Cancer Problem in the Tropics 热带地区的癌症问题	节选自在苏门答腊的E.P.Snijders在远东热带医学会议上的同名报告
1924（10）P.834-836		Relation of Oriental Diet to Disease 东方人的饮食与疾病的关系	属社论栏目
1924（12）P.1014-1016		Public Health in the Orient 东方的公共卫生	属社论栏目
1925（10）P.914-916	Ernest Carroll Faust and Masao Nishigori	A Preliminary Report on the Life Cycles of Two New Heterophyid Flukes Occurring in the Sino-Japanese Areas 两种在中日两国新发现的异形吸虫生命周期初步调研报告	
1926（2）P.142-143	Dr.E.C.Faust	A Preliminary Check List of the Mosquitoes of the Sino-Japanese Areas 中日两国按蚊的初步检测	
1927（9）P.794-797	U.Miura	The Problem of Acclimatization of the Japanese in Manchuria 日本人在"满洲"的适应问题	作者来自满洲医科大学
1929（3）P.226-234	H.W.Miller	Hyperthyroidism in China，Japan， and the Philippines 中国、日本和菲律宾的甲状腺功能亢进症	
1929（3）P.303-305	C.V.Thornton	Treatment of Non-Specific Diarrhoea in the Tropics 热带地区非典型性痢疾的治疗	
1929（3）P.305-306	J.L.Pawan	A Note on the Use of the Romanowsky Stains in the Tropics	

注：根据《博医会报》各期内容整理所得。

对东亚各国的传统医学，《博医会报》亦有所关注和报道。例如1897年第3、4合期上刊登了《暹罗的医学理论与实践》一文，该文对泰国的传统医学进行了分析和总结。[①]同样，《博医会报》1904 年第 1 期刊登了小马雅各的（James Laidlaw Maxwell）《来自日本的药物》一文，该文也对日本的传统药物进行了介绍。[②]这些文章都有相当的深度，一定程度上推动了东亚地区医学的相互交流和借鉴。

2. 疫病防治的一体化

19 世纪末 20 世纪初，博医会加强与东亚各国的医务交流，一个非常重要的原因是这一时期东亚地区作为一个整体，有着大致相同的疾病谱系。东亚的国家和地区往往同命相连，共同面临着近代西方殖民语境中的各种热带疾病和其他地区性疾病的侵袭。这些疾病种类繁多，既有普通的病种，也有如鼠疫、霍乱、天花、结核、疟疾等来势凶猛的烈性传染性疾病。这些疾病往往具有一定的普遍性和流行性，许多医务人员都有类似的临床经验。博医会通过对这些疾病的报道，引发更加广泛的讨论，试图达到群策群力，消除这些疾病在本地区传播的目的。由于学界对这一时期东亚地区共同防治大的流行性疫病的研究已有很多[③]，笔者在此以该地区较重要的日本血吸虫病和雅

---

① E.A.Sturge, "Siamese Theory and Practice of Medicine", *CMMJ*, 1897（3/4）: 269-270. 作者指出，暹罗（今泰国）传统医学自然观认为自然界由风、火、水、土四种元素组成，而人体由可见的和不可见的两种成分构成，可见的如骨骼、肉、血液等，不可见的如风、火、水、土。人体由 6 种风、4 种火、12 种水和 20 种土组成。暹罗（今泰国）人把人体分成 32 部分。由于四种元素的不和谐性，人体或罹患 96 种疾病。外部因素刺激内部因素会导致人体生病或康复，而情绪也会对身体产生巨大的影响力，导致疯癫或者各种各样的人体疾病。几乎所有的东西，在当地人眼里都可以入药。很多动物的骨头和皮，构成了当地药材中相当的一部分，尤其是蛇、老虎和蜥蜴的胆囊，是最珍贵的药材，它们的药方都是由很多材料混合而成。

② James L. Maxwell, "Drugs from Japan", *CMMJ*, 1904(1): 131-133.

③ 目前关于海关史、沿海城市防疫史的研究，多多少少都包含有东亚共同防疫史或者称为东亚整体防疫史的研究。其中，代表性的有：胡成的《中日对抗与公共卫生事业领导权的较量——对"南满洲"铁路、港口中心城市的观察(1901—1911)》（《近代史研究》2011 年第 1 期）、《东北地区肺鼠疫蔓延期间的主权之争(1910. 11—1911.4)》（《中国社会历史评论》2008 年第 9 卷，第 214—232 页）等文主要考察近代防疫过程中的政治因素，视角独特，研究别开生面。台湾学者李尚仁的《帝国的医师：万巴德与英国热带医学的创建》（台北：允晨文化，2012 年版）、《帝国与现代医学》（北京：中华书局，2012 年版）、《中国史新论·医疗史分册》（台北：联经出版事业股份有限公司，2015 年版）等论著或编著，都暗含了对东亚共同防疫史的研究。此外，还有从特定流行性疫病（如鼠疫、霍乱、天花等烈性传染性疾病）出发，以东亚整体史视角出发对疫病防治展开的研究。这些疫病本身就具有很强的传染性，往往会在短时间内广泛传播，故对其的防治也需要各地区群策群力，联防协办。这一方面的研究成果较多，具有代表性的有：程恺礼（Kerrie L. Macpherson）的《霍乱在中国（1820—1930）：传染病国际化的一面》（收入刘翠溶、尹懋可主编《积渐所至：中国环境史论文集》下册（中国台北："中央研究院"经济研究所，1995 年版，第 165—212 页）；杜丽红的论文《海港检疫全球化对华影响之研究——以 1894 年香港鼠疫为例》（《全球史评论》2015 年第 1 期），等等。而日本学者饭岛涉对近代东亚霍乱、鼠疫、疟疾、血吸虫病的系列研究，均是以东亚整体史为研究视阈。他的研究成果大多已收入《疟疾与帝国：殖民地医学、帝国医疗与东亚的广域秩序》（东京大学出版会，2005 年版）、《传染病的中国史：公众卫生与东亚》（日本中央公论新社，2009 年版）、《疾病、开发、帝国医疗》（东京大学出版会，2001 年版）等专著和编著中。

司病为例，来谈一下这一地区医学传教士的医学互动交流情况。

日本血吸虫病（Schistosomum Japonicum），是一种由血吸虫寄生于人体所引起的地方性寄生虫病。寄生于人体的血吸虫主要有三种：流行于非洲北部的埃及血吸虫、流行于拉丁美洲及非洲中部的曼氏血吸虫，以及流行于亚洲的日本血吸虫。此外，还有间插裂体血吸虫、湄公河血吸虫可以寄生人体。[①]

1905 年，日本学者桂田富士郎首次描述了日本山梨地区来自病人和猫的血吸虫卵和成虫，并将它们命名为日本血吸虫。桂田氏的这一发现，迅速引起了东亚各国医学者的重视，包括在华的西方医学传教士。在湖南常德行医传教的罗感恩（O.T. Logan）在《博医会报》上公布了当地一例由日本血吸虫引起的痢疾病例，考虑到此种疾病未来可能会在各地多发，作者在文中对该病例进行了详细描述和病例分析。病例如下：患者程某，男，中国湖南人，18 岁，在湖南常德从事饲养工作。程某 12 岁为渔夫助理时，第一次有便血，随着病情的逐年发展，到 15 岁时，他已基本丧失劳动能力。病人只有四英尺[②]六英寸高，作为一个重病者，他并不瘦弱，当然也不像常见的内科病人那么臃肿。病人脾脏略有放大，一天内有多次腹痛，尿液带血，其临床表现符合血吸虫病的发病症状。[③]这一病例的公布，引发博医会内部对日本血吸虫病的学术探讨与研究。针对 Dr.Lincoln 的疑问，罗感恩又于 1905 年 8 月在《博医会报》上发表公开信，介绍了日本血吸虫病虫卵以及血液标本，并介绍了其他国家的相关研究进展。[④]Dr. F. Katsurada 亦在会报上刊文表达了对罗感恩从事日本血吸虫病研究的感谢，同时为后者病例报告中对虫卵的描述并不十分准确清晰感到遗憾。[⑤]之后几年仍陆续有相关研究报道，如 1912 年第 6 期的《博医会报》刊登了由欧内斯特·C. 皮克（Ernest C. Peake）撰写的一篇关于日本血吸虫病的文章，文章修正了他本人以往关于此病研究的错误，进而根据热带医学的相关研究以及临床表现对此病进行了再分析。[⑥]

可以看出，在华医学传教士对日本血吸虫病的研究，基本上与国际医学

---

① 参见肯尼思·F. 基普尔主编，张大庆主译：《剑桥世界人类疾病史》，上海，上海科技教育出版社，2007 年版，第 888—893 页。

② 1 英尺=3.048×10^{-1}米。

③ O. T. Logan, M. D., "A Case Of Dysentery In Hunan Province, Caused By The Trematode, Schistosomum Japonium", *CMMJ*, 1905(6)：243-245.

④ O. T. Logan, "Schistosomum Japonicum", *CMMJ*, 1905(6)：268-269.

⑤ F. Katsurada, "A letter to Dr.Logan, 10th July, 1905", *CMMJ*, 1905(6)：269.

⑥ Ernest C. Peake, M.B., Ch.B., "Additional Notes On the Egg Of Schistosomum Japonicum", *CMJ*, 1912(6)：350-352.除了正文提到的诸文，发表在《博医会报》上的关于日本血吸虫病的文章，尚有 Ernest C.Peake, "Three Cases of Infection by Schistosomum Japonicum", *CMJ*, 1909(2)：78-92; Allen C.Hutcheson. "Schistosomum Japonicum", *CMJ*, 1914(2)：91-100; R. T. Leiper, D. Sc., etc., "Observations On The Spread Of Asiatic Schistosomiasis", *CMJ*, 1915(3)：143-149.

界的相关研究是同步的。1913 至 1914 年，宫入庆之助、铃木稔和 Leiper 等医学家先后解决了日本血吸虫和埃及血吸虫成虫的生活周期的问题，特别是在该病被认为可通过酒石酸锑剂药物治疗，并可利用硫酸铜化学制剂杀灭钉螺来预防后，国际医学界对血吸虫病的关注稍有平息。[①]与此同步，《博医会报》对日本血吸虫病的报道与研究，一度减少。不过，进入 20 世纪 20 年代以后，由于人们发现血吸虫病治疗新法——鞑靼人催吐法（Tartar Emetic）和 220 可溶性水银红药水滴入法（Mercurochrome 220 Soluble）以及对日本血吸虫病的中间宿主等问题又有新发现，引起对该病新一波的研究热潮，《博医会报》上接连刊登了十多篇关于此病治疗与研究的文章。[②]

雅司病（yaws），又称印度痘、热带莓疮（frambesia tropica），是一种由极细密螺旋体所致的接触性、高传染性皮肤病，多发生于儿童和青少年身上。其临床特性是皮肤损害表面似杨梅，皮疹无浸润而柔软，临床经过似梅毒而较缓和，晚期可致皮肤及骨骼破坏而毁容。雅司病广泛流行于中非、南美、南亚、东南亚、太平洋各岛国等热带地区和卫生条件有限的人群中，偶见于温带地区。[③]

由于地理位置上山水相依，中国与东南亚各国自古以来便有人员贸易往来。17 世纪以来，西方殖民者陆续东来，先后在东南亚地区开辟商埠，从事各种农工商业殖产兴业活动。受此影响，出于自愿或受胁迫，大批华工纷纷"下南洋"：华工在这些地区开挖矿产，或受雇于当地的橡胶园，形成一个个华

---

① 参见肯尼思·F. 基普尔主编，张大庆主译：《剑桥世界人类疾病史》，上海：上海科技教育出版社，2007 年版，第 888—893 页。

② 文章如下：W.E.Libby, "Tartar Emetic in Schistosomiasis Japonica", *CMJ*, 1923(2): 158-166; Henry Edmund Meleney and Ernest Carroll Caus, "The Intermediate Host of Schistosoma Japonicum in China", *CMJ*, 1923(7): 541-554; Ernest Carroll Faust and Henry Edmund Meleney, "The Life History of Schistosoma Japonicum Katsurada", *CMJ*, 1923(9): 726-734; Ernest Carroll Faust, "Treatment of Schistosomiasis Japonica", *CMJ*, 1923(10): 847-849; George T.Tootell, "A Preliminary Survey of Schistosomiasis Infection in the Region of Changteh", *CMJ*, 1924(4): 270-274; Henry Edmund Meleney, "Schistosoma Japonicum Infection in an American Child", *CMJ*, 1924(4): 274-276; George T.Tootell, "Tartar Emetic in Schistosomiasis Japonica", *CMJ*, 1924(4): 276-278; Henry Edmund Meleney, "The Blood Serum Globulin in Schistosomiasis Japonica", *CMJ*, 1924(5): 357-361; W.E.Lieby, "A Further Study in Schistosomiasis Japonica", *CMJ*, 1924(5): 376-388; Henry Edmund Meleney, "The Intermediate Host of Schistosoma Japonicum in China", *CMJ*, 1924(6): 481-485; A.I.Ludlow, "Inguinal Hernia: Ova of Schistosoma Japonicum in Hernial Sac", *CMJ*, 1924(10): 829-832; Ernest Carroll Faust, "The Reactions of the Miracidia of Schistosoma Japonicum and S.Haematobium in the Presence of Their Intermediate Host", *CMJ*, 1924(11): 906-913; C.U.Lee, "The Treatment of Schistosomiasis Japonica", *CMJ*, 1925(4): 321-331; G.T.Tootell, "The Comparative Treatment with Mercurochrome 220 Soluble and Tartar Emetic in Schistosomiasis Japonica," *CMJ*, 1926(5): 440-448.

③ 参见肯尼思·F. 基普尔主编，张大庆主译：《剑桥世界人类疾病史》，上海，上海科技教育出版社，2007 年版，第 983—986 页。

人社区。随着"下南洋"浪潮的不断涌现，中国南部地区与东南亚国家之间人、物交流往来日益频繁，这在促进贸易、经济发展的同时，也蕴藏着巨大的疫病传播危险。在卫生防疫体系尚不完备的近代中国，人口的大量流动迁徙使得疫病的产生、传播变得更为容易，鼠疫、霍乱、天花等烈性传染病绝不少见，雅司病是其中一种虽不常见但颇值得关注的疾病病种。

1900 年 10 月，在汕头福音医院工作的廖医生（Daiziel）在《博医会报》上刊登了一例当地的雅司病病例：Keng Lim，49 岁，1900 年 2 月 17 日住进医院。患者的临床表现颇为惊人：他的额头、头皮以及未有衣服遮盖的颈部和胸部，都长有陈年的结节，进一步检查发现这种结节几乎遍布患者的全身。病人来自距离汕头市区一天行程的一个村庄，受雇于一名商人，未曾出过国，健康状况一向不错，只有在 25 岁时得过梅毒。这并不是 Daiziel 第一次接触雅司病，在文中他还提及先前接诊的另外两个儿童雅司病病例：一个 3 岁，一个 9 岁，相继受到感染，身体出现大面积红霉样的结节。在苏州的美以美会医学传教士 Margaret H.Polk 也曾接诊过一例疑似雅司病的病例。①关于这些病例的具体临床表现，从发病之初的发热、发疹，分布于手、足、躯干的结节，到随着病情的逐步发展而不断变化为隆起的杨梅样乳头状瘤和雅司瘤，廖医生在文中进行了详细描述，对病症的治疗也提出了具体可行的方法和个人见解，最后就汕头这一雅司病病例产生的原因提出了自己的推测。廖医生认为雅司病病例在中国虽不常见，但也不可忽视。这种病多发于荷属印度尼西亚或加里曼丹岛，在马来亚半岛也有发现（但他不确定此地的雅司病病例来源于此，还是由在此做工的华人苦力带来）。但在中国发病的人们，多是从马来群岛或英属海峡殖民地返乡的华工，而那些并未出过国的患者，极有可能是受到这些返乡的亲戚、邻居的传染。②此后，马士敦（John Preston Maxwell）进一步在《博医会报》上发表《雅司病例》一文，提出雅司病与梅毒虽由相似的寄生虫引起，均因密切接触而引起感染，但二者是截然不同的两种疾病。③而 C. M. Hasselmann 发表于《博医会报》1931 年第 12 期上的《雅司病与梅毒》一文，更是详细对比了二者的发病原因、临床表现及治疗等方面的不同。④

这种以《博医会报》为交流平台而进行的医学学术探讨，将东亚地区各国以特定的病例、病原连接起来。联合的医疗团队在学术信息、临床实践等

---

① Margaret H.Polk，"Was it a Case of Yaws？"*CMMJ*，1900(2)：87-88.

② J. M. Dalziel，"A Case Of Framboesia In Swatow"，*CMMJ*，1900(4)：225-230.

③ J. Preston Maxwel，"A Case of Yaws"，*CMJ*，1908(1)：39-40.

④ C.M.Hasselmann，"Yaws and Syphilis，Problems，Clinical Studies and Experimental Evidence Concerning Their Relationship"，*CMJ*，1931(12)：1131-1155.

方面及时有效的沟通交流，显然比传统的各据一方、各自为政的医疗救治有更大的优势。这对于一些疾病的救治与预防，尤其是大的烈性、流行性疫病的救治和预防，具有重要意义。

3. 参与东亚区域会议组织

东亚地区各国和处于西方殖民语境中的"热带地区"，共同面临着各种热带疾病的侵袭。这样，东亚各国医学界就很有必要加强彼此间的信息交流，共同应对，在疾病布控、防范方面加强合作。于是，博医会与该地区各医学组织之间的学术交流与互动也就日益增多起来。比如1910年3月5日至14日，远东热带医学会（The Far Eastern Association of Tropical Medicine）两年一度的会议在菲律宾马尼拉第一次召开。召开会议是出于其时远东地区个人与环境卫生的实际问题，目的是为了汇聚该地区热带医学研究者交流思想，培育对热带医学研究的科学精神。博医会也派员参加了会议。会议规定年会每两年召开一次。这次会议共涉及原生动物学、寄生虫学；霍乱、鼠疫、麻风病；外科和妇产科；儿科；热带地区的发热性疾病；痢疾、脚气病、结核病；个人卫生和环境卫生等多个主题，分多个分会场举行。会议涵盖面颇广，尤以东亚常见疾病为重。面对同样的医学问题，这些医疗人员由于来自不同国家，其医学理论、临床经验，甚至医学传统均有差异，故能达到较好的交流效果。另外会议期间，菲律宾科学局（the Bureau of Science）和菲律宾医学院（Philippine Medical School）的博物馆每天开放，向与会人员提供标本展示。在商业展览中，由不同公司展出成套的治疗药剂、器械设备，尤其是适合在"热带地区"使用的医疗器械。这些活动，是对室内会议内容的补充，有别于医学理论的抽象阐释，以一种更为鲜明生动的方式向与会人员展示了近代西医学的前沿发展动态，以及辅助医学发展的先进技术条件。[①]两年后，远东热带医学会第二次年会于1912年1月20日至27日在香港召开，博医会同样派代表参加了会议。[②]而1908年1月23日英国医学会香港支会和中国支会重新召开会议，声称所有在华的该会会员都属于这个支会，这自然也包括了很多隶属博医会的英籍医学传教士。

除了直接参与东亚国际的医学会议外，博医会也会在会报上及时报道会议举办情况，将会议成果择要刊发在《博医会报》上。博医会以整体医学观把握东亚疾病流行状况，对东亚疾病与医学进行深度综合研究或对比研究，从而谋求东亚医学与疾病防治的共同进步。正如高晞在《〈博医会报〉与中

① Paui. C. Freer, "First Biennial Meeting of the Far Eastern Association of Tropical Medicine", *CMJ*, 1910(1): 75-76.

② Francis Clark, "The Far Eastern Association Of Tropical Medicine", *CMJ*, 1911(6): 403-406.

国医学的现代化进程》中所述："19 世纪产生的疾病地理学和疾病生态学研究方式，拓宽研究者的视阈空间和历史眼界，使医学科学研究在全球多民族多文化的视野下展开，形成医学家疾病探索与研究的全球合作格局，医学成为造福人类的全世界科学家的共同事业，科学研究不再是个人行为或是地区化活动。"[①]

三、对东亚西医教育情况的报道

博医会的成立，为散居各地的医学传教士们提供了一个交流的平台，从而使医学传教士在行医传教的同时，能够突破东亚地区传统医学的限制，将西医学持续引入这一地区，传播西医学知识，改善公众医疗卫生，推动西医学教育的开展，从而促进了这一地区西医学的整体发展。

在《博医会报》早期对东亚其他国家西医学发展情况的报道中，对朝鲜情况的报道较多，内容涉及多个方面，这与东来的西方势力多以中国为基地对朝鲜进行管理和渗透有关。博医会对朝鲜开设西医学的院校情况的报道，为考察近代东亚西医学教育的发展情况提供了一个样本。

《博医会报》1912 年第 1 期报道了近代朝鲜较早设立的一所西医学校的情况，这所西医学校从属于朝鲜 Tai-Han 医院，成立时间不详，数据显示1907 年 7 月有 13 名学生毕业于此，1908 年有 7 名。由于在校期间受到严格的从业训练，这些学生一毕业就被授予行医资格。从建校之初到 1908 年，该校共培养医学生 54 名，其中 22 人独立行医，6 人在 Tai-Han 医院做实习医生，2 人在医学院教学，6 人任职于私立医院，5 人成为军事外科医生，2人在日本继续学习，其他人信息不详。[②]这所西医学校的成立，推动了朝鲜近代西医医疗队伍的更新与扩充，对朝鲜西医学的发展影响深远。当然，该西医学校设有严格的入门门槛，需通过入学考试才可入学，不过 1908 年前并无此规定，可能是因为当时生源所限。至 1909 年，该校第一次入学考试于当年 3 月份举行，符合条件申请入学考试者共 450 名，最终只有 50 名通过考试得以入学[③]，可见该校选拔人才之严格。在校期间，学生需完成严

---

① 高晞：《〈博医会报〉与中国医学的现代化进程》，载中国博医会编：《博医会报（*The China Medical Journal*，1887—1931）》，北京：国家图书馆出版社，2013 年版，序言，第 38 页。

② H. I. J. M，"From The Second Annual Report On Reforms And Progress In Korea"，*CMJ*，1912(1)：61-63.

③ *Ibid*，P.61-63.

格、系统的课程学习，考试合格，方能获得学位，得以毕业。而这保证了日后注入医疗队伍的新鲜血液，拥有过硬的知识与技术水平，能够造福民众。此外，西医学校的出现，也使得朝鲜当地官方认可的医疗服务随之更新。一位署名为 H. I. J. M 的作者在《博医会报》刊文称，朝鲜本地的传统医务人员，名为医生，实则只是一些掌握部分中医理论，只会以人参等草本中药材为人治病的庸医。朝鲜传统医学深受中、印两国医学的影响，这使得其传统医学主要以草药药物治疗为主。西医入朝早期，由于朝鲜政府的兼容政策，两种分属不同系统、泾渭分明的医学体系得以并存，各自独立发展。至 1900 年，朝鲜政府出台法律，对传统医务人员的医疗行为开始加以约束，规定不合格的医生不得行医。[①]这促进了朝鲜西医学的发展，也将朝鲜带入了近代国际医学发展的潮流。

当然，《博医会报》除报道朝鲜西医学教育发展情况外，对东亚其他地区西医学教育的发展，亦有所关注。比如《博医会报》1898 年第 3 期上的一篇文章，即对荷兰殖民政府在爪哇岛的西医学教育情况进行了报道。文章认为，由于爪哇岛特殊的官本位习俗（戴头巾制度，Headress，Subprefect），获得医学学位的本地医学生在毕业后都走上了从政的道路，当地的医学状况并无太大改善。[②]

博医会总部设在中国，中国自然而然成为博医会医务活动的重心。传统医学在华发展历经千年，具有深厚根基，1887 年以前，中国西医院校很少，西医学在华传播与发展很不均衡，只有不成组织的医学传教士对西医进行小范围地传播。随着博医会的成立，这些医学传教士渐成规模，开始有计划有组织地开展医务活动，创办医学刊物，翻译西医学书籍，参与国际医学会议，推动创建了近代西医院校，培养西医医务人员。尤其是清末新政和进入民国后，中国的西医教育得到了迅速发展。到 20 世纪 20 年代，北京协和医学院、圣约翰大学医学院、齐鲁大学医学院、湘雅医学院、华西协和医学院等西医学院校纷纷建立，它们均为医教结合，由教会资助。同时护士学校也渐次设立，较重要的有广州端拿护士学校、南京协和护士学校、北京协和护士学校等，这些护士学校主要训练女护士，也对男护士进行培训。在来华医学传教士的努力下，1909 年中华护士协会在江西庐山成立。经过医学传教士们的多年经营，西医在华发展渐成规模，成为中国医疗体系中极具影响力的医疗模式。

---

① H. I. J. M, "From The Second Annual Report On Reforms And Progress In Korea", *CMJ*, 1912(1): 61-63.

② "Miscellany: Physicians in Java", *CMMJ*, 1898(3): 175.

四、余　论

中国博医会作为近代中国第一个全国性的医疗学术兼医务协调机构，虽然以中国为主要活动舞台，主要由来华医学传教士组成，但也吸纳了东亚其他国家的医学传教士参与其中，并在一些国家或地区建有支会或传教站，其本身就具有一定的国际性。20 世纪之交，它以医学和公共卫生工作推动了近代东亚地区的互动与交流：参加在"远东"召开的热带医学会议，交流流行性疫病防治经验；探究东亚各国普遍关注的疾病病种；报道东亚各地西医学教育发展情况；研究东亚本土医学；与各地医学传教人员之间也有相互流动。这些都促进了近代东亚医疗卫生事业的一体化发展，对近代中国的医学发展，尤其是热带医学的发展，也起到了很好的推动作用。博医会参与及报道东亚国际的医事活动，是考察近代东亚西医学整体发展状况的极佳视角。

如何评价博医会在东亚各国的疫病防治与医学研究工作？20 世纪之交，尤其是 19 世纪末，渐次加入博医会的东亚各国基督教医学传教士，大部分都是当地的西医（日本除外），他们人数虽少，但所从事的西医医务工作，很大程度上代表了当地的西医发展水平，且具有很大的开拓性。组成博医会的成员，在 19 世纪末主要是各地教会医院或传教站诊所的医学传教士，20 世纪初以后逐渐转变为在教会医院和教会医学院校内从事医学实践和研究的工作者，其工作的学术性明显增强。虽然博医会努力扩大在东亚各国的影响，但很明显，它的效果有限，影响也有限。受限于其客居和民间团体的身份，博医会所起到的作用，最多是搭建一个东亚西医学一体化发展的交流平台，在《博医会报》上尽量报道东亚各国医务发展的情况，努力扩大在东亚各地的影响。随着东亚各国本土西医人才的崛起和各国政府卫生行政部门意识的觉醒，海关在疫病防治过程中的作用日益明显，以及远东热带医学会、国联卫生组织等官方、半官方医学团体的兴起，推动了西医在整个东亚协同发展的角色，主要转为了这些机构。

从某种意义上讲，近代西方对包括中国在内的东亚国家和地区疾病与医学的研究，是加强西方帝国主义自身在远东控制和影响力的一种方式。这其中最具典型意义的是热带医学的兴起，它本身就是英国来华医生万巴德（Patrick Manson）通过其在中国厦门、台北的医疗经验而创立的一门学科，同时，它也是近代西方帝国扩张"文明教化任务"（Civilizing Mission）思维的重要表现。爱德华·W. 萨义德在《东方学》一书中探讨"东方学"一词的含义时，认为东方学除了是一门研究东方的学问外，还是一种思维方式、一种话语体系，是西方帝国主义在东方的文化事业，是西方殖民国家"通过做出与东方相关的陈述，对有关东方的观点进行权威裁断，对东方进行描述、教授、殖民、统治等方式来处理东方的一种机制；简言之，将东方学视为西方用以控制、重建和君临东方的一种方式"①。但是在此，笔者认为应谨慎地使用"文化霸权"（Cultural Hegemony）这一概念。这是因为，一方面，率性地使用这一概念，会导致我们带有偏见地看待西方医学传教士在近代东亚西医学一体化发展中的贡献，只看其负面意义，而无视其积极作用。另一方面，即使西方医学传教士在实际工作中推行了西方在东方的"文化霸权"，但由于他们客居和民间的身份，实际发挥的作用有限。正如前所述，博医会所起到的作用，最多是搭建了一个东亚西医学一体化发展的交流平台，在《博医会报》上尽量报道东亚其他国家和地区的医务发展情况，努力扩大其在东亚其他国家和地区的影响。作为一个主要由东来西方医学传教士组成的民间团体，在近代东亚本土西医力量兴起之前，其在东亚现代医学发展过程中所起的作用，或许正如马克思所说："他们无法表达自己；他们必须被别人表述。"②

本文曾发表于《华中师范大学学报（人文社会科学版）》2017 年第 3 期，收入本书时进行了修订补充。

---

① （美）爱德华·W. 萨义德（Edward W.Said）著，王宇根译：《东方学》，北京：生活·读书·新知三联书店，1999 年版，第 4 页。

② （德）卡尔·马克思：《路易·波拿巴的雾月十八日》，见《马克思恩格斯选集》第 1 卷，北京：人民出版社，1995 年版，第 678 页。原文译为："他们不能代表自己，一定要别人来代表他们。"

对中国传统科学史研究话语的建构与突破

——2016年古代自然科学史研究综述

吕变庭　马晴晴*

摘　要　古代自然科学史在近些年的发展中专门设立了一定规模的科研机构和科研队伍，无论是研究成果的质量还是数量都取得了突破。据笔者对2016年自然科学史研究成果的不完全统计，共出版专著30余部，发表论文300余篇。本文分别从天文学、地理、数学、农学、医学几个方面选择有代表性的论文，择要介绍。限于篇幅与学识的不足，难免有所遗漏，望方家指正。

关键词　中国传统　科学史　研究综述

一、天　文　学

中国是世界上最早产生天文学的国家之一，也是最早有历法的国家之一，而历法与天文学的发展又是紧密相连的。古代天文学的成就大体可归纳为三个方面，即天象观察、仪器制作和编订历法。天文学研究更多着重于古代历法推算，相关专著有再版的陈遵妫的《中国天文学史》（上海人民出版社，2016年）。这部初版于1989年问世的四卷本巨著，是陈先生晚年在一眼失明的情况下写成的，书中所建立的研究范式至今都有重要的学术指导价值。王玉民的《候气术：古人观念中天地人之纽带》（中州古籍出版社，2016年）是华夏文库科技史书系中很有特色的一部专著，如众所知，候气术既晦涩难明，又微妙精深，是中国古代天文史上久悬未决的重大疑案之一，

* 吕变庭，河北大学宋史研究中心教授、博士生导师，主要研究方向为科技史；马晴晴，河北大学宋史研究中心在读研究生，主要研究方向为少数民族科技。

该著首次探究并揭示了古代候气术的真容，读后令人耳目一新，甚至在一定程度上能颠覆对候气术原有的认识。历法研究方面主要有蒋南华、黎斌的《中华古历与推算举要》（上海大学出版社，2016 年）。该著作分上、下两篇，论者从通观的视角对《诗经》《楚辞》中的十二时问题做了"独树一帜"的推算和论证。李忠林的《秦至汉初历法研究》（中华书局，2016 年）依据出土简历资料对秦王政元年（公元前 246 年）至汉武帝太初改历前的历法做了系统的探究。李亮在《古历兴衰：授时历与大统历》（中州古籍出版社，2016 年）一书中介绍了中国传统历法有着悠久的历史、丰富的科学内涵，中国传统历法是古代天文学的精髓所在，也是古代科技的重要组成部分。

关于天文学研究的代表性论文有：汪小虎《中国古代历书之纪年表初探》（《自然科学史研究》，2016 年第 2 期）中，论者尝试运用历日实物与历史文献相互印证的方法，对中国古代颁历授时传统的性质进行重新诠释。甄尽忠《汉代星官体系及其政治功能探析》（《青海社会科学》，2016 年第 1 期）探析了汉代星占家以星官体系比附人间社会的官僚体制，构建了以"太一"为核心的完整的星官体系，进而总结了星官体系具有鲜明的等级色彩。"天狗"在东亚占星话语中占有重要位置，它常被冠名为不同的星象，并常常为古今学者所混淆，天狗星占的占辞从最初消极的"破军杀将"，到后来出现"戒守御"的免灾途径，再到在纬书中将战争的矛头指向反叛者，其文化语义的变迁映射出政治话语介入的痕迹。在《天狗：中国古代的星占言说——关于占星话语建构过程的个案研究》（《安徽大学学报（哲学社会科学版）》，2016 年第 5 期）一文中，作者刘泰廷对此案的研究或可提示一种可能的阅读星占文本的方式，可以使我们明了一种方术是如何保有生命力并介入政治生活，且在使用它们时避免失去应有的分寸感的，作者见解独到，令人耳目一新。陈悦的《〈新仪象法要〉的图说表达》（《自然科学史研究》，2016 年第 3 期）对《新仪象法要》中"图""说"的内容和表达方法条分缕析，具体探讨其较为完整的绘制系统，以及绘制者的阐释逻辑。吴燕的《"废历"：革命与进步情境中的旧历形象建构》（《自然科学史研究》，2016 年第 3 期）论述了民国时期政府参照或依据西方科学在中国社会完成了一次对时间秩序的重构。在当时以"革命""进步"为线索的社会情境之下，"废历"被附载了不属于它的内容和意义，使之与"废历"成为一体，从而实现对旧历的污名化。2002 年山西襄汾陶寺城址出土一件残长 171.8 厘米，且有 43 个色段端点的漆木杆，疑似标注中天日影的圭尺。为此，李勇在其文章《晷影测年：以陶寺疑似圭尺为例》（《自然科学史研究》，2016 年第 4 期）中构建了普适的、仅由晷影数据（或刻度)求解圭表观测年代的模型，该模型功能较强，能将未知的表高、圭表间距及太阳位置、观测误差等参数同时解出，可广泛用于圭表测年问题。吕传益等《汉唐之际的"太白昼见"记录》（《自然科学史研究》，2016 年第 4 期）通过对"太白昼见"具体情况进行考证，并校正相关文献，分析相关占辞和事应，揭示了古人在占星术中采用的一些"比附"甚至"作伪"的手法。余格格在文章《〈莹原总录〉与"磁偏角"略考》（《自然科学史研究》，2016 年第 4 期）中通过对《莹原总录》的著录情况、篇章内容的介绍以及与北宋《地理新书》的比较，认为此书乃后人托名所作，其成书时间当在宋末元初，而非旧传是北宋庆历元年（公元1041 年）的杨惟德所作。文章中关于磁偏角的记载亦较晚出现，实际上糅合了胡舜申《地理新法》中记载磁偏角的内容而成。唐泉的《中国唐宋时期五星盈缩差算法的演变轨迹——从爻象历到盈缩历》（《科学技术哲学研究》，2016 年第 2 期）在前人研究的基础上，通过详细解读《大衍历》术文，指出《大衍历》中五星爻象历相当于行星中心差表，进退变率相当于宋代历法中的五星盈缩差，二者之间的转化系数由一组常数，即"乘数"和"除数"决定。此外，文章还利用《大衍历》火星爻象历构造了火星盈缩历，并讨论了《大衍历》以后各历中火星盈缩历的精度。肖尧、孙小淳《郭守敬圭表测影推算冬至时刻的模拟测量研究 》（《中国科技史杂志》，2016 年第 4期）对郭守敬测定的冬至时刻与模拟测量推算的冬至时刻进行比较分析，探讨郭守敬所推得的冬至时刻精准的原因以及"授时历议"中所载测影数据的取舍问题。

二、地　　理

中国古代传统地理学的发展有其独到的思想方式，主要以翔实的史料为主，且形成了以自然地理、人文地理、经济地理、政治地理、历史地理等内容为骨架的学科体系。而纵观学界关于古代地理学的研究成果，我们发现更多地偏重于人文地理和历史地理方面，专著有田志馥的《宋代福建庙学的历史地理学分析》（经济管理出版社，2016 年），论者选取宋代教育较为发达的福建省作为研究对象，以历史地理学研究视角和研究方法展开研究，探讨了宋代福建庙学的发展背景、变迁、地理分布、景观的空间格局以及运作实态等问题。陈隆文的《中原历史地理与考古研究》（中国社会科学出版社，2016 年）围绕中原地区历史地理与考古学的研究，利用文献与考古资料，对中原地区的诸多历史地理学与考古学问题进行了深入探讨，努力推动历史地理与考古两大学科的结合，深化了中原文化的研究。张保见《乐史〈太平寰宇记》的文献学价值与地位研究：以引书考索为中心》（四川大学出版社，2016 年）从文献学的角度对《太平寰宇记》进行了全面系统的研究，对其在中国地理文献方面的地位做了较全面的分析。朱晓阳《地势与政治：社会文化人类学的视角》（社会科学文献出版社，2016 年）提出的政治地势学理论，以及理论背后包含的"人类学本体论"转向，已经成为国际人类学界乃至整个社会科学领域的重要潮流。鲍俊林的《15—20 世纪江苏海岸盐作地理与人地关系变迁》（复旦大学出版社，2016 年）围绕明清时期江苏海岸盐作活动时空分布变化，探索海岸自然过程、社会经济过程与政治过程的互动关系，总结历史时期海岸人地关系变迁。于革的《太湖历史演化记录与模拟研究》（科学出版社，2016 年）以历史时期为视角，通过对太湖过去百年来湖泊沉积、磁学和花粉沉积特征、考古证据、历史文献等的研究，进行流域水文长时间序列和年份水文数值的模拟。马强的《嘉陵江流域历史地理研究》（科学出版社，2016 年）通过运用历史地理学的理论与方法，从历史自然地理与历史人文地理两个层面系统、全面探讨了长江重要支流嘉陵江流域历史时期自然环境和人文地理诸要素的演变及规律。

关于古代地理学的研究成果，代表性论文有：万智巍、蒋梅鑫的《"李约瑟难题"的地理学解释》（《农业考古》，2016 年第 1 期），该文以科技史中著名的"李约瑟难题"为切入点，综合地理学观点对其进行解释，以此来说明中国在文明起源初期落后、中期辉煌领先、近代又落后这背后的地理环境原因。吴俊范的《宋元以来太湖东部平原聚落形态的分化及驱动机制》（《中国历史地理论丛》，2016 年第 2 期）以宋元以来太湖东部平原的水环境变化为基础，具体分析作为人居生活场所的聚落在形态、分布方面的适应性变化，并揭示其背后的自然与人文驱动力。李娟娟的《秦统一六国中的地理因素再论》（《保定学院学报》，2016 年第 5 期）论述了秦国独特的地理条件为秦东进提供了经济保障，也为秦阻止他国入侵提供了天然屏障，从而加速了秦统一的步伐。李美娇、何凡能等的《北宋中期路域耕地面积的再估算》（《地理研究》，2016 年第 12 期）基于历史文献研究的方法，利用北宋中期垦田数据及宋代人口粮食需求量、粮食亩产量等史料，考察了北宋中期南北方的垦田隐匿特点、北宋户均垦田数的合理范围及西南五路户均基本垦田需求，并据此对北宋中期路域耕地面积进行了再估算，合理订正了北宋中期路域耕地面积，对重建中国过去千年以来的 LUCC 数据集具有重要意义。相关文章还有何凡能、李美娇等的《北宋路域耕地面积重建及时空特征分析》（《地理学报》，2016 年第 11 期）。

三、数　　学

中国古代数学最早可以追溯到人类农业生产活动，并且中国古代数学主要以了解数字间的关系、测量土地及预测天文事件为主。而对其研究亦呈现升温状态，学界关注的视角大部分集中在对《九章算术》的解读上。著作有再版的李俨的《中国算术史》（河南人民出版社，2016年），本书以丰富的史料勾勒了中国算学发展的脉络，对中国算学史上重要的代表人物及其成就详加叙述，并对天元术、珠算术、印度历算之输入、西洋历算之输入等列出专章予以阐述，内容通俗易懂，是了解中国算学历史的必读之册。郭书春的《算经之首：〈九章筭术〉》（海天出版社，2016年）作为《自然国学丛书》的分册之一，通过对中国经典的数学著作——《九章算术》的探讨，系统而全面地介绍了中国古代传统数学的特点，并和西方数学作平行比较，以展示其优劣所在。黄建国的《从中国传统数学算法谈起》（北京大学出版社，2016年）一书旨在传授中国传统文化中的数学算法，感悟先人为人类文明做出的独特贡献，进而提高自己独辟蹊径、开拓创新的能力；本书不同于一般的数学史教材与著作，它既强调算法的历史，更强调对算法思想的展示，并对重要算法都提供了MATLAB程序用于实算，将算法的历史性、思想性、可操作性三个维度融为一体，通过数学文化的视角娓娓道来。关于中国古代数学的研究，代表性论文有：韩琦《康熙帝之治术与"西学中源"说新论——〈御制三角形推算法论〉的成书及其背景》（《自然科学史研究》，2016年第1期）依据中西文献，对《御制三角形推算法论》形成的年代提出了新说。魏雪刚等《〈九章算术〉方程章"麻麦"问刘徽注中"算"字新释及方程"旧术"新校》（《自然科学史研究》，2016年第1期）一文在假设"七十七算"和"一百二十四算"无误的前提下，首先解释"新术"中"一百二十四算"之"算"的含义。胡化凯等《中国古算书中运动学问题的数学解法与近代物理解法的比较》（《自然科学史研究》，2016年第2期）将传统数学解法与近现代物理解法进行了系统的分析比较，结果发现：对于匀速运动问题，数学解法与物理解法基本上是一致的；对于一些比较复杂的匀变速运动和变加速运动问题，数学解法与物理解法则有本质的不同，由此反映了古人独特的物理认知方式和解决问题的方法。郭书春的《吴敬〈九章比类〉与贾宪〈九章细草〉比较刍议》（《自然科学史研究》，2016年第2期）通过将《九章比类》与《九章细草》进行比较，得出吴敬《九章算法比类大全》的某些内容与贾宪《黄帝九章算经细草》基本一致的结论，因此他认为可以根据前者恢复后者的某些内容，但是所恢复的内容在贾宪《九章细草》中所占比重很小，因而不可能根据《九章比类》完全恢复《九章细草》。李亮的《从〈细草〉和"算式"看明清历算的程式化》(《中国科技史杂志》，2016 年第 4 期)通过明代《通轨》和清代《细草》等材料，阐释明清官方如何借助"程式"和"算式"来操作天文算表，以实现历法推算的"程式化"。此外，文章还分析说明了《通轨》和《细草》在带来推算便利的同时，也导致了历法原理被忽视，影响了明清历算的进一步发展。

四、农　业

学界对农业在传统社会中的研究不仅研究领域不断拓宽，研究内容更加丰富，同时研究涉及了诸多方面，成果颇多。著作有董煜宇的《两宋水旱灾害技术应对措施研究》(上海交通大学出版社，2016 年)，该著作通过对两宋水旱史实的统计分析和对相关法律制度、机构设置、职官选任等史料的分析梳理，探讨了应对两宋灾害的组织结构和体系特征，以及危机管理的应对机制。

1. 一般性农业生产研究种植

李昕升、王思明《清代番薯在江西的引种和推广》(《中国农史》，2016 年第 2 期)一文认为由于劝种因素，番薯于 19 世纪中期在江西省完成推广，奠定了番薯作为江西省第二大粮食作物的地位。杨虎的《明清江南蚕桑生产及其行销路径与社会效应分析》(《中国农史》，2016 年第 2 期)深入分析了海内外市场对江南丝织品需求的刺激，在这种刺激下，出现了以蚕桑生产为主要行业的专业市镇，强化了江南社会中市镇与农村的关系，也加快了江南蚕桑生产的商品化过程，为江南农村近代化奠定了前提基础。韩茂莉的《历史时期油料作物的传播与嬗替》(《中国农史》，2016 年第 2 期)论述了中国油料作物经历了传播与嬗替三个阶段。陈雪香的《中国青铜时代小麦种植规模的考古学观察》(《中国农史》，2016 年第 3 期)以考古学分析表明，小麦在夏商时期种植规模的局部扩大，是一个自上而下的过程。李昂、王元林《素馨花的传入与种植地区的扩展》(《中国农史》，2016 年第 3 期)认为素馨花市场需求的增加、种植技术的提高等因素促进了明清时期素馨花种植范围的大规模扩展。

2. 农业思想研究

朱泽坤的《清代贵州农林经济思想略论》(《农业考古》，2016 年第 1

期）论述了贵州人民在长期的农林经济生活中，形成了科学而丰富的农林经济思想。王政军的《〈齐民要术〉中防灾、抗灾思想概述》（《农业考古》，2016 年第 1 期）阐述了《齐民要术》中灾害预防的思想，包括对自然灾害预测的重视、种植抗灾作物、作物多样种植和积蓄谷物以待灾年等预防措施；此外文章还阐述了"尽人力"抵抗天灾的思想，包括通过田间管理和耕作技术保持耕土墒情以抗旱、防虫、除草；利用压胜禳解行为压灾等；利用救荒作物代粮充饥以活民保命，并列举了桑、芋、稗、榆、藕、莲、芡、菱等代粮作物的种植和保存方法。许晨的《今文〈尚书〉中所见农业思想述论》（《农业考古》，2016 年第 4 期）以今文《尚书》为研究对象，借鉴已有的文字训诂工作成果，立足于《尚书》原典，重点探究今文《尚书》中的农业思想，这对于中国古代农业思想研究既是一种补充，也是对春秋战国以降的农业思想的一种探源。王星光等的《甲骨文与殷商农时探析》（《中国农史》，2016 年第 2 期）以甲骨文为主分析了殷商时期的农时观念，他认为殷商时期的农时观念已较完善，农时内涵丰富。包艳杰的《汉代因时耕作研究——以〈四民月令〉为中心的考察》（《农业考古》，2016 年第 1 期）深入分析了《四民月令》中汉代华北平原丰富的物候信息，为农民从事土壤耕作、播种、田间管理、收获等农事活动提供了具体指导；《四民月令》所倡导的因时耕作思想和方法，有效地达到了改善土壤结构、防旱保墒、保持土壤肥力、促使作物增产的目的。

3. 农业灾害研究

胡其伟的《先秦农业中的虫灾简析》（《农业考古》，2016 年第 4 期）简述了人们对虫灾的认识，经过了由最初的被动到主动，由蒙昧地迷信鬼神之力到较开化理性地认识虫灾这样一个漫长的过程。官德祥的《隋文帝与开皇十四年旱灾》（《中国农史》，2016 年第 1 期）透过分析隋文帝的民本性格、救灾政策、政治环境以及当时的灾情实况，发现隋文帝并非如唐太宗所言。此外，这次旱灾还带来了民间义仓的历史性改革，本文便分析了其中的来龙去脉。

4. 畜牧业研究

郭炳洁、贺笑笑《近代畜牧技术探研（1840—1912）》（《科学史研究论丛》，2016 年第 2 辑）从家畜饲养技术、畜种改良技术、相畜术等方面论述了近代我国的畜牧技术有了较大的发展。陈瑞的《明代合肥地区的畜牧业述论》（《中国农史》，2016 年第 4 期）叙述了合肥地区的养马政策和制度不断调整和变更的过程，总的来看，养马户的负担有日渐加重甚至养马户有破产的趋势。张显运、李贝《秦汉时期中原地区的畜牧技术》（《科学史研究论丛》，2016 年第 2 辑）则从牲畜的饲养、畜种改良、相畜术及兽医技术等方面论述了秦汉时期中原地区畜牧技术的进步，畜牧技术的进步不仅是当时多民族经济文化加强交流的结果，也与当时政府的支持密不可分，畜牧技术的进步极大地促进了畜牧业的发展。相关文章还有王世红等的《论简牍中所见秦汉时期马的饲料与饲养考察》（《中国农史》，2016 年第 4 期）等。

5. 农具研究

马伟、衣保中《近代东北传统农具刍议——以犁杖、糠耙为考察中心》（《自然科学史研究》，2016 年第 1 期）着重探讨耕犁和糠耙的特点、营农机理及与其垄种耕作的关系。李聪《商周时期青铜斧、锛、凿研究综述》（《农业考古》，2016 年第 4 期）纵观整个青铜工具研究的大背景，对学界关于青铜斧、锛、凿的定名、形制、用途、组合等问题的研究进行归纳总结，以便为其深入的研究提供思路。

6. 农田水利研究

李志刚的《唐后期藩镇主持下的农田水利建设》（《农业考古》，2016 年第 3 期）认为安史之乱后，因长期战乱的破坏，北方面临着急迫的经济恢复任务。至此，在藩镇的主持之下，藩镇往往集中郡县的力量，大力进行相关农田水利等公共事业的建设，恢复和新修了一定数量的水利工程；而不少南方藩镇，则出现了水利建设的高潮。藩镇主持下的水利建设的重心，逐渐转移到东南藩镇，这对唐后期经济的恢复和发展带来了较大影响。尹玲玲、王卫《明清时期夏盖湖的垦废变迁及其原因分析》（《中国农史》，2016 年第 1 期）分析了夏盖湖在宋元时期与明清时期演变特点的迥异。耿金《明中后期浙东河谷平原的湖田水患与水利维持——以诸暨为中心》（《中国农史》，2016 年第 2 期）以诸暨为中心，简述了明代中叶以后，由于浦阳江下游彻底改道向北入钱塘江，致使中游诸暨地区的水环境发生了根本改变，而期间湖田开发也在持续推进，下游河道变化引起的排水困难与湖田围垦的矛盾更为剧烈，裁"汇"涉及中游与下游地方利益，而河流改道也使这种矛盾对立的利益纠葛发生松动。

7. 农政和农经史研究

林文勋等《庄园生产关系与唐宋社会变革》（《中国农史》，2016 年第 1 期）认为唐宋时期生产关系变革，主要体现在人身依附关系减弱和租佃制完善、商品经济发展等方面。随着世族庄园向富民庄园转型，庄园通过宗族组织代行国家部分基层行政组织的功能，在乡村社会行使赋税、治安、户籍等方面的管理权力。庄园组织改变了以往作为"一种割据力量"的形态，转而

"为国守财，为国养民"，成为一种推动社会进步的稳定力量。赵永明的《徽州土地契约文书词汇的特点及价值——以明清土地契约文书为例》（《中国农史》，2016 年第 1 期）通过对文书词汇特点的描摹，旨在揭示其在汉语词汇史中的价值。陈强强、陈印政等的《试论西汉政府的农业政策取向及技术推广》（《农业考古》，2016 年第 4 期）论述了西汉政府将重农思想的重心放在安抚农民之上，以及开展以农业技术推广为主要内容的农业实践。

8. 肥料研究

郝二旭《唐代肥料浅探》（《农业考古》，2016 年第 4 期）在前人研究的基础上，利用传世文献，结合敦煌吐鲁番文书中的相关内容，对唐代施肥理论与实践、肥料种类、积肥方法以及施肥技术的发展等方面进行了必要的探讨。杜新豪的《气论与医道：宋代以降士人对施肥理论的阐述》（《中国农史》，2016 年第 4 期）认为中国古代士人依据自身所掌握的知识，对施肥理论进行了本土化的构建，对土地缘何缺失肥力、何种物质可以用作补充地力、施肥应该遵循什么原则，以及肥料如何在土壤与植物体中发挥效果等诸多问题都有所阐述，从中我们可以了解中国古代施肥本土理论的生成、演化模式，亦可窥见中国古代医学对农学影响之一斑。

五、医　　学

中国古代医学有其独特的理论体系和临床经验，更有许多发明和创造列入世界医林之首。古代医学是近年来研究的热点，成果璀然，而学界关注的视角主要集中于中医思想研究、中医文献研究等方面，对《黄帝内经》及《伤寒杂病论》的不断解读则是本年度的重点。著作有顾健的《中国藏药》（民族出版社，2016 年），此书是国家科学技术部科技专项重大资助项目之一，是科技部启动的"藏药古籍文献的抢救性整理研究"的子课题，是一部传统与现代药学结合的藏药工具书。《中国藏药（汉藏对照）》参照古今中外有关文献，收载的藏药由植物类药、动物类药、矿物及其他类药三部分构成，在药理作用方面，它结合了现代药理研究方式，记录了大部分药物的动物病理实验、活性成分分析、毒性等内容，对了解藏药提供了参考依据；同时，也对藏药传承与发扬、弘扬民族特色文化起到了重要作用。此外还有宋岘的《回回药方考释》（湖北科学技术出版社，2016 年）。《回回药方》是中国穆斯林留下的医学瑰宝，原书 36 卷，现仅存残本 4 卷。多年来，宋岘先生刻苦钻研《回回药方》，与伊斯兰世界和伊朗医学古籍进行对比，寻找出处，对书中的药方、药名、人名、医学术语进行认真考证，为《回回药方》这本中国穆斯林、伊斯兰世界和伊朗的共同遗产得以保存做出了巨大贡献。随着"一带一路"战略的实施，《回回药方考释》再版，这对介绍中国医学史，促进中国与世界各国特别是与伊斯兰世界和伊朗的文化文明交流具有重要意义。

1. 中医思想研究

陈博武、孙晓燕等的《浅析〈圣济总录〉对消渴的认识》（《中医文献杂志》，2017 年第 1 期）以"消"和"渴"分别检索《圣济总录》全文，并摘录其中与消渴病相关的条目，以此为载体浅析《圣济总录》对消渴病的病因病机、禁忌、特色疗法等方面的认识。马英华、袁纲《中医阴阳学说的文化释义》（《中医药学报》，2016 年第 1 期）深入分析了阴阳学说，并指出阴阳学说作为中医基础理论的核心内容，用于阐释分析人体各种生理和病理现象，成为理解中医其他概念的切入点，其表述和分析普遍包含着两分法、矛盾法、过程法、联系法、实践法等辩证思维的基本方法，是典型的辩证思维，具有深刻的文化内涵。尽管在不同文化语境中对中医阴阳学说的解读会有所不同，但中医辩证思维的内核没有变，因而其整体观、运动观、普遍联系观点都是科学的，经得起时代变迁考验。阴阳学说在现代文化语境中的解读，要突破以现代科技手段来分析阴阳的思维困境，回归中医的哲学本质，以现代哲学中的辩证法思想赋予其新的生命力。赵珊、严季澜《〈肘后方〉治疗水肿特色浅析》（《中医文献杂志》，2016 年第 2 期）从三方面浅析《肘后方》治水肿特色，病证方面，其翔实平易，又能紧抓主症；病机方面，因是方书，涉及较少，但明确指出大腹水病为因虚致病；治疗方面，方法多样，内治外治均有，治则为以治标为先，攻邪有度，病中病后又注意饮食调养。张红梅等《郑梅涧〈箧余医语〉及其对脉诊的新见解》（《中华医史杂志》，2016 年第 2 期）记载了郑梅涧《箧余医语》对医理的所思所悟，特别对寸口脉诊多有新见，这些观点对脉诊的理论研究和临床应用有重要参考价值。王乐、杜松等《张锡纯"调冲"论治不孕症思想探微》（《中国中医基础医学杂志》，2016 年第 1 期）通过梳理、研究《医学衷中参西录》"调冲种子"思想，探析张锡纯"调冲"论治不孕症的理论与临床意义，以期为临床诊疗不孕症提供参考与借鉴。潘迪《从〈诊家枢要〉论定五脏法》（《中国中医基础医学杂志》，2016 年第 4 期）以《诊家枢要》一书为出发点，着重讨论呼吸沉浮定五脏法、指下轻重定五脏法、寸关尺分候五脏法三种诊法之间的关系及在脉诊中的作用，三种诊法在描述及理论基础上虽略有差异，但其实际内容与临床意义基本相同。卞立群、唐旭东等的《吴鞠通〈温病条辨〉格物思想探讨》（《中国中医基础医学杂志》，2016 年第 4 期）以《温病条辨》为依据，对吴鞠通格物思想的理论基础、格物的基本方法及具体应用等进行了探讨和总结，以启迪临床应用。谭春雨、梁慧凤等的《〈千金方〉学术思想的历史文化根源》（《中国中医基础医学杂志》，2016 年第 7 期）通过系统阐述并论证《千金方》学术思想形成的社会历史背景及文化根源，认为两汉以来数百年医学探索积累为《千金方》的成书打下了继承扬弃的历史基础。侯江红、武明云《〈幼科释谜〉小儿"养护"思想探讨》（《中医药通报》，2016 年第 1 期）通过"胎养为先，注重产护""辨证护体质，治疗重中和""制幼方，倡调养"三个方面来阐述《幼科释谜》中的小儿养护思想。杨云松等《〈儒门事亲〉医学思想探析》（《山东中医药大学学报》，2016 年第 2 期）通过文献研究，对《儒门事亲》中的医学思想进行了系统梳理，它认为，体发病皆由邪气侵袭所致，邪气入侵机体，必然会出现气血的虚实变化。李智慧、王小平《〈内经〉"阴阳和，故能有子"探析》（《山东中医药大学学报》，2016 年第 3 期）比较分析古今中外医家对《素问·上古天真论》中"阴阳和，故能有子"的注释，探析其深层含义。认为"阴阳和"是指男女气血的调和，而不仅仅指男女之间的"阴阳和合"；男女夫妻双方的气血调和，是达到正常生育年龄时能够怀孕生子的必要条件，而男女夫妻的气血失和，是发生不孕不育症的基本病机；以"阴阳和，故能有子"为临床指导思想，采用气血辨治方法治疗不孕不育症具有较好疗效；逍遥散作为调和气血的经典方剂，恰合这一病机，可广泛用于治疗不孕不育症。刘小菊、王海娟等《刘完素学术思想探讨》（《山东中医药大学学报》，2016 年第 5 期）简述了刘完素学术思想的形成、发展、传承及其对当时乃至后世的杰出贡献和深远影响，以期对中医学理论的传承和发展有所裨益。平静等《〈花韵楼医案〉学术思想探析》（《山东中医药大学学报》，2016 年第 6 期）分析了清代医家顾德华所著《花韵楼医案》，考据作者生平，对其学术思想简要探讨，选取具有代表性的验案，探索其临证思路，分析其理、法、方、药的运用特点。葛帅《〈环溪草堂医案〉黄疸篇辨治分析》（《山东中医药大学学报》，2016 年第 4 期）分析王旭高《环溪草堂医案》黄疸篇部分医案，总结王旭高治疗黄疸病的经验，认为黄疸主要病因为外感表邪、饮食不节、饮酒太过、房劳等；病机主要是湿邪为患；治法以"利小便"为主。余天泰的《朱熹养生思想探讨》（《中医药通报》，2016 年第 5 期）将朱熹养生思想整理归纳为存理控欲，崇德修身；格物致知，穷理健身；顺道明志，尽心笃行；推崇静坐，益智养心；躬行孝道，彰显天理；劳逸结合，食饮有节等五个方面。姜雪婷的《西汉"六禽戏"的源起及其创编的中医文化机理》（《兰台世界》，2016 年第 2 期）通过对马王堆 3 号墓出土的帛画《导引图》以及张家山西汉早期墓出土的汉简《引书》等文物进行认真的梳理，找到西汉刘安创编的

"六禽戏"的源起，以及"六禽戏"创编的导引文化机理和中医文化机理。张再康、冯瑞雪等的《对王清任"补阳助阳"与"回阳"学术思想的认识》（《北京中医药大学学报》，2016 年第 2 期）通过内涵、应用指征、方剂、药物四个方面对王清任的补阳助阳与回阳学术思想提出了新的认识。李红波等的《〈千金要方〉"肝劳"治法方药特色浅析》（《中医药学报》，2016 年第 5 期）主要讨论《千金要方·肝脏门·肝劳》治法方证特色；辨析"虚""劳"病名的区别与联系，结合《内经》《伤寒论》《诸病源候论》中关于"关格"的论述，对肝劳方主治中"关格"的概念进行了解析，并进一步分析了肝劳的病机以阴阳两虚、阴虚为主；治为"虚则补其子""虚则补其母"相结合；用药特色为辛散温通药配甘润滋阴药。吴楠、印帅等的《古代巴蜀地区针灸学术特点研究》（《中国中医基础医学杂志》，2016 年第 12 期）通过对巴蜀地区相关出土文物及部分医家的针灸学术特点进行分析和梳理，表明四川针灸置身于针灸医学的发展中，并占有先机，川籍医家通过总结中医经典及历代针灸学家学术思想，不断实践创新形成学术特点。

2. 中医文献研究

孙庆炜的《浅析胡澍〈素问校义〉的校注方法》（《中医文献杂志》，2016 年第 3 期）分析了胡澍《素问校义》的校注方法——"循流溯源，反复推敲""广征博采，精审详辨""辨讹释疑，深研不辍""引进小学，方法革新""文理与医理，既不缺一，也不执一"，以期对今后中医古籍的整理及研究具有启示性作用。李国祥、刘洋《〈灵枢·禁服〉"人迎""寸口"位置初探》（《中国中医基础医学杂志》，2016 年第 3 期）通过对古籍中脉诊处称谓的整理，结合中医脉诊发展的演变进行研究分析，认为《灵枢经·禁服》中人迎气口脉的人迎脉位于颈动脉处，而寸口脉位于跌阳脉口处。贺晓慧、贾孟辉等《略论〈回回药方〉残卷中的"经"、"经脉"和"经络"》（《宁夏医科大学学报》，2016 年第 11 期）探讨《回回药方》残卷中与中医类似的回医药学名词概念的内涵。于越等《秦简病症名述略》（《中华医史杂志》，2016 年第 3 期）通过秦简病症名与甲骨文病症名和汉代医简《治百病方》病症名的比较可知，随着时间的推移和医学的积累，单纯以病位命名的现象逐渐减少，以病因命名及专病专名的现象逐渐增多，一定程度上反映了古代对疾病认识渐趋深化的历史过程。汤晓龙等《西夏医方"合香杂制剂"破译考释初探》（《中医文献杂志》，2017 年第 1 期）认为西夏医方中药名大多仿汉文中谐音字，或多字仿一字，或一字多义用；西夏医方多与传世医学文献相关，"合香杂制剂"虽非沿用中原医方，但其所制深受中原医方药物影响。孙基然的《"（瘀）"与"厥阴"雏形续考》（《中华医史杂志》，2016 年第 2 期）考证了《内经》中的"（瘹）"相当于腹股沟疝，而非"班氏丝虫病"。《武威汉代医简》的"橐下养（痒）湿"或相当于班氏丝虫病。"（癪）（懋）、（癵）、（凝））、（魇）"，乃"厥阴"之前身，至马王堆、张家山出土医书，则分别演为"穑、（禾贵）、隤"和"穑"，抵《内经》则又以"（瘹）、（癵）、颓"为名，以上皆属通假所致。刘征等的《癫痫源流考》（《山东中医药大学学报》，2016 年第 4 期）从病名、病因病机、辨证论治几方面对癫痫的源流进行考证。王明强的《"元气"与"原气"考辨》（《中国中医基础医学杂志》，2016 年第 1 期）指出元气"原气"为中医基础理论的重要术语，二者名虽有异，但无论考之文字学还是中医典籍，其内涵均无别。刘禹辛等的《宋金元时期辨治失眠病证的文献研究》（《广州中医药大学学报》，2016 年第 1 期）通过查阅宋金元时期的中医古籍，对其中记载的关于失眠病证的病名、病因病机、治则用药内容进行整理研究，认为失眠病证的病名最早见于先秦两汉时期的中医古籍，并主要以"不得卧"、"不得眠"的称谓为主；发展于宋金元时期，这段时期的中医古籍对失眠病名的描述，增加了"不寐"一词的使用频率，并首次提出"失眠"一词。秦晓慧、张宁怡等《古代中医"脑"范畴自宋代以来的流变研究》（《中医文献杂志》，2016 年第 4 期）从宋、元、明、清等历史角度，探讨了宋以来不同社会思潮对中医脑范畴研究的影响，以及宋以来古代中医脑范畴的流变过程。刘哲等的《试论元气与真气》（《中医学报》，2016 年第 1 期）结合传统文化对元气的认识以及《道德经》中道生万物的演化机理，探讨了元气的内涵；结合《黄帝内经》对真气的论述，分析真气含义存在的争议，厘清道、天、地、人之间整体运化的相应关系以及元气和真气的属性特征。它认为真气源生于元气，二者同为先天之气，受自然规律作用。元气的特征是兼容渗透整个宇宙空间的非运动态，真气具有流动运行的特性。

3. 中医临床研究

邱志诚《〈区希范五脏图〉：有明确记载的中国第一次医学解剖成果》（《科技史研究论丛》，2016 年第 2 辑）阐述了宋代的《区希范五脏图》是有明确记载的中国第一次医学解剖成果，其图虽佚，然为纠其误而产生的《存真图》却历代沿用，对传统医学产生了重大影响。于冰等《〈内经〉药熨法及历代发挥》（《上海中医药大学学报》，2016 年第 4 期）通过查阅相关文献，对《内经》中药熨法的原文记载和历代医家发挥做出了探讨，以期了解药熨法的发展源流与治疗特点，从而更好地为现代临床服务。李明等《浅析从六经辨证论治偏头痛》（《江西中医药大学学报》，2016 年第 3 期）分析偏头痛的病因病机，以及六经辨治特点，并举验案说明。欧阳八四的《〈足臂十一脉灸经）与〈阴阳十一脉灸经〉经脉循行比较研究》（《中医药信息》，2016 年第 5 期）对《足臂十一脉灸经》与《阴阳十一脉灸经》这两本著作中经脉循行的原文、表述方式等方面加以比较研究，反映这两本针灸医学著作中经脉循行的概貌以及对后世的影响。段祯等《〈武威医简〉68、86 甲乙及唐以前麻风病用药特点讨论》（《中国中医基础医学杂志》，2016 年第 12 期）结合《周礼》《本草图经》《备急千金要方》等传世文献对唐以前治疗麻风病的用药特点进行探讨，发现自两汉以迄隋唐运用以石药为主的方剂攻治麻风病是医界通例，这为进一步研究《武威汉代医简》和运用古代麻风病进行诊治提供了资料借鉴。张树剑《校以古书——宋代中医学解剖图的立场》（《中国中医基础医学研究》，2016 年第 9 期）探析宋代两次解剖学事件与由此绘制的解剖图《存真图》《欧希范五脏图》，并对宋代解剖图的绘制特点做了分析，认为宋代解剖图重写意、轻形质，在脏腑位置、形态与生理功能的表达上存在以图像求证经典的基本立场。

4. 中药研究

汪伟等《论〈理虚元鉴〉对虚劳证治的贡献》（《山东中医药大学学报》，2016 年第 3 期）就《理虚元鉴》中"虚劳病"学术思想进行初步探讨，从学术源流、虚劳病因病机、施治法则等角度阐述虚劳论治理论。陈红梅的《〈山海经〉涉药内容分类思想与编纂体例探讨》（《中医文献杂志》，2016 年第 3 期）以《山海经》中涉药内容为研究对象，就其涉药内容的分类与编纂，特别是药条编纂体例对后世本草学著作的影响作一探讨，认为《山海经》的涉药部分从内容到形式都具备本草文献的特征，这对深入研究该书本草领域具有抛砖引玉的作用。王玉凤的《孙思邈〈千金方〉妇产科虚损方药特色分析》（《云南中医学院学报》，2016 年第 6 期）对孙思邈《千金方》中 32 首治疗妇产科虚损方药配伍特点及处方规律进行分析，以期对现代中医临床有一定的借鉴作用。程茜《邵杏泉〈邵氏方案〉治咳医案用药特点浅析》（《中医文献杂志》，2016 年第 4 期）通过对邵杏泉治疗咳嗽的 71 例验案进行分析整理，从病因、病机、用药和常用方剂四个方面归纳总结了邵氏的治咳特点。王继军等《清代〈竹林寺女科〉治疗妇科病用药配伍规律的文献研究》（《中国中医药科技》，2016 年第 3 期）根据《中药学》和《中药大字典》分类标准对药物药类药性归经进行统计，利用数据挖掘分析其药物药类药性归经频数频率和药物功效，为临床治疗妇科病总结出更有价值的临床用药配伍规律体系。潘华信、王莉《唐宋医方钩沉》（《中医药文化》2016 年，第 1 期）通过举例唐宋对辛味祛风药，肺痨咳嗽，治疗瘟病的认识及当时影响较大的补益方等论述钩沉，阐述了唐宋医方对于医学理论上的贡献及对现代社会医疗的可取之处，具有较高的医学研究及临床价值。杨荣禄《从〈素圃医案〉浅探郑重光运用参、芪、桂、附、姜的特色》(《江西中医药大学学报》，2016 年第 1 期) 对《素圃医案》认真学习，整理、分析书中相关医案，归纳、阐述郑重光临证运用参芪桂附姜的经验。张波、李良波等《〈少林寺伤科秘方〉中膏药方的用药探析》(《中医文献杂志》，2016 年第 2 期) 文章仅就少林伤科流派中《少林寺伤科秘方》中膏药方的用药进行探析，发现其用药归经及配伍规律，挖掘其现代价值。

5. 社会医学研究

李玉清《金末元初儒士的从医特点》(《中华医史杂志》，2016 年第 4 期) 论述了蒙元灭金朝和南宋后，儒士的生活受到巨大影响，大量的儒士主动或被迫成为医生，他们或是动乱之际，避难入医，以求安身立命；或是借医入仕，以裨益政治，有少数人甚至官居极品；或借医术转换户籍，脱出军籍，改隶医籍，改善社会身份与地位；或是隐遁入医，以金、南宋的遗民身份生活；或是因元初科举不兴而入医。大量儒士进入医学领域，提高了金末元初医生整体学术水平及素养，为医学理论的发展与突破奠定了基础。张建东、王有芳《宋代民间士人"尚医"现象初探》(《兰台世界》，2016 年第 7 期) 简述了民间士人"尚医"是宋代一个重要的社会现象，主要表现在积极推广医学知识、以行医为职业以及自我保健等方面，这种现象的产生有其深厚的社会文化背景。王思璀《从帝王遗诏涉医内容看唐代医人社会地位的变迁》(《中医药文化》，2016 年第 2 期) 梳理了唐代历任帝王遗诏中的涉医内容，以此为出发点推测唐代医人社会地位的变迁，并进一步探讨其变化背后的原因。屈斌《儒医之间：宋人笔记中的医疗世界——以〈泊宅编〉为例》(《科学史研究论丛》，2015 年第 1 辑) 以方勺的《泊宅编》为例，考察宋代医学文本知识的书写、传播及对儒医社群的影响。

6. 中医制度研究

杜菁《宋代军队的医疗卫生制度》(《中华医学杂志》，2016 年第 3 期) 主要论述了宋代军队医疗卫生制度可分为疾病预防和治疗两个方面。疾病预防包括保障饮食安全、避开险恶驻地、享有日常休假；治疗则包括派遣医官巡诊、进驻军医随诊、采用应急方案、建立军中医药院、发放所需药品、安置护理伤病军兵。同时，朝廷对于军中医疗卫生制度采用监督军兵饭食、检束军中医官等方式监督管理，旨在保护军兵健康，保障军队战斗力。

7. 以《黄帝内经》《伤寒杂病论》《金匮要略》为主题的研究

《黄帝内经》：朱鹏举、鞠宝兆《〈黄帝内经〉三阴三阳关阖枢说新论》

（《北京中医药大学学报》，2016 年第 3 期）以关阖枢为题，"开"系"关"之误。刘鹏《〈黄帝内经〉中的身体与早期数术之学》（《中医药文化》，2016 年第 1 期）透过《黄帝内经》中的身体，我们可以发现早期数术之学对宇宙时空的探讨，深刻影响了传统中医学对身体构造与功能的理解，对传统中医学理论的成熟起到了重要的奠基与推动作用。王玉芳《〈黄帝内经〉论瘖寐及其意义》（《中医药信息》，2016 年第 4 期）认为《黄帝内经》的瘖寐理论对于临床失眠嗜睡等症的治疗具有重要的指导意义。朱鹏举《〈黄帝内经〉"寒热"病辨疑》（《中国中医基础医学杂志》，2016 年第 5 期）结合《黄帝内经》（以下简称《内经》）相关原文，参考后世医籍所论，对《内经》所载"寒热"病进行详细考察，发现"寒热"这一病名可以涵盖后世所说的多种具有典型的恶寒究发热表现的疾病。杨丽、王彩霞《〈黄帝内经〉脾藏意主思的研究》（《中国中医基础医学杂志》，2016 年第 9 期）对《内经》中的思伤心与思伤脾进行了探讨，认为思伤心应早于思伤脾之理论且长期并存，思既可以伤脾又可以伤心，脾为谏议之官也是脾藏意主思的反映，其理论基础是脾藏意生血。杨志敏《论〈黄帝内经〉"和态健康观"》（《中国中医基础医学杂志》，2016 年第 10 期）对《黄帝内经》中"血气和""志意和""寒温和"的内涵及其关系进行阐释，构建以血气和、志意和、寒温和一体的和态健康观，提出中医学理论体系的核心应是"和"。刘修超《〈黄帝内经〉对药物运用的指导意义》（《中医研究》，2016 年第 10 期）探讨《内经》对药物运用的指导意义，可以指导中医临床辨证论治，为进一步研究中医药理论提供更多的理论依据。冯文林等《〈黄帝内经〉肠痹和大肠胀浅论》（《中医杂志》，2016 年第 7 期）以《素问·痹论》为主结合其他篇章可以详细地归纳出肠痹的病因病机、病位以及治疗取穴；以《灵枢·胀论》为主结合其他篇章可以详细地归纳出大肠胀的病因病机、病位以及治疗取穴。

　　《伤寒杂病论》：张元贵等的《〈伤寒论〉脾与五脏相关及其辨治》（《中医药通报》，2016 年第 1 期）通过对《伤寒论》疾病治疗及组方的分析，发现脾与五脏密切相关，心、肺、肾、肝病变时可以从脾论治。刘玉芳、阳国彬《〈伤寒论〉桂枝汤类方在产后病中的应用体会》（《中医药通报》，2016 年第 1 期）认为《伤寒论》桂枝汤类方具有调和营卫、温中补虚、调肝理脾、调和阴阳之功效，与产后病阴阳气血失调的基本病机相符合，应用桂枝汤类方治疗产后病具有较好的疗效。石维娟、董旭等《〈伤寒论〉呕吐病位、病性与病势辨析》（《上海中医药大学学报》，2016 年第 3 期）文章梳理了《伤寒论》中有关呕吐的相关条文，据呕吐病证特点，辨析其病位、病性与病势的诊治规律。提出六经之呕吐各具特点；呕吐可用以判定病性之寒热、虚实；呕吐之轻重、有无可作为传变及预后的重要依据，临床呕吐辨证应灵活多变，审机定治。王金梁《〈伤寒论〉中治疗心病的方法探究》（《中国中医基础医学杂志》，2016 年第 3 期）通过对经方的探究，总结出张仲景在《伤寒论》中治疗心病的原则，通过治疗原则的确立使临床治疗更加有效，患者获益更大。郑丰杰《〈伤寒论〉辨治心阳虚三方证治解析》（《北京中医药大学学报》，2016 年第 12 期）通过对《伤寒论》疾病治疗及组方的分析，发现脾与五脏密切相关，心、肺、肾、肝病变时可以从脾论治。王峰等的《从经络学说看〈伤寒论〉太阳经病证提纲的历史演变》（《中医学报》，2016 年第 7 期）梳理经络学说和太阳病证提纲理论完善的脉络，使我们看到伤寒六经学说形成与演变的雏形，和经络学说在其中起到的作用，从而做出较为客观的评价。孟庆岩、颜培正等《浅论〈伤寒论〉中附子的用法》（《中医药信息》，2016 年第 6 期）通过研究《伤寒论》中附子的用法，阐明其用药规律和本质内涵，对临床辨证论治具有指导意义。王萌、张毅等《论〈伤寒论〉三阴病之由阴转阳》（《中医研究》，2016 年第 2 期）通过研究《伤寒论》中附子的用法，阐明其用药规律和本质内涵，对临床辨证论治具有指导意义。郭振环、曲夷《〈伤寒论〉芍药破阴结功用探析》（《山东中医药大学学报》，2016 年第 1 期）更多还原从《神农本草经》中所载芍药功效入手，通过经方中芍药通营解表、通脾络止腹痛、通血络以除痹功效的论述，发现《伤寒论》载芍药的功效为降泄以破阴结，从而扩展芍药应用思路，使其在以气滞血瘀为病机的疾病中发挥作用。金国娥、刘统治《浅谈〈伤寒论〉142 条、171 条之刺穴疗法》（《江西中医药大学学报》，2016 年第 4 期）通过对《伤寒论》142 条、171 条条文解析、腧穴运用、变证救逆等的深入学习发现，在太阳与少阳并病且禁汗、禁下、不宜汤药的情况下，张仲景采用精良的穴位配伍，以辨证施针、随证选穴的思路，使太少两阳病得解，变逆之证受制。

《金匮要略》：陈国权等《〈金匮要略·痰饮病〉"脉偏弦"研究》（《中国中医基础医学杂志》，2016 年第 9 期）对《金匮要略·痰饮病》"脉偏弦"与《金匮要略·水气病》"脉沉"进行比较研究，发现"脉偏弦"重在表述饮邪之偏积，而不像水气病之水气那样泛滥全身。如狭义痰饮之积在胃或积在肠或胃肠俱积、悬饮之积在胁下、溢饮之积在四肢、支饮之积在胸膈等概谓之"偏"。故饮邪为害多偏积于身体某一局部，"偏弦"重在"偏"而不在"弦"。结合临床看，痰饮病虽可见"偏弦"之脉，但多见濡、滑、细、小、沉及双弦等脉，不能囿于"偏弦"，主脉不主可见于《金匮要略》多种病证。王章林《探析八法在〈金匮要略〉黄疸病中的运用》（《中国中医基础医学杂志》，2016 年第 9 期）从汗、吐、下、和、温、清、消、补八法角度切入，结合黄疸病具体病因病机探析《金匮要略》黄疸病篇的治法及方药，对深入学习体会中医经典及指导临床实践具有重要意义。付新伟《〈金匮要

略〉辨治心悸方证探析》(《中医研究》, 2016 年第 5 期)探析《金匮要略》
辨治心悸方证,把握仲景用药规律,了解仲景用药习惯,有利于指导临床实
践。熊俊等《〈金匮要略〉杂疗方"须得流去"辨析》(《中医药文化》, 2016
年第 2 期)通过查阅文献资料,并结合医理可推断出吴迁抄本"不得流去"
可取。史欣德〈金匮要略〉"虚劳"三方再识》(《上海中医药杂志》, 2016
年第 6 期)从药物组成、用药剂量、治疗病证、配伍与方证等方面论述《金匮
要略》所载虚劳方。提出仲景治虚劳,谨守《内经》原则,重在调阴阳的观
点。认为炙甘草汤、小建中汤、八味肾气丸分别为上中下焦的阴阳同调方,
建议《方剂学》将三方列入"阴阳并补剂"。

六、结　论

综上可知, 2016 年古代自然科学史的研究取得了丰硕的成果,尤其近年
来,随着国内相关科研机构及队伍的成立,专业研究人才的增多,多学科交
叉领域方法的运用,对古代科学史的发展以及对应的现实意义进行了系统以
及多方面的研究,取得了一定的成绩,尤其医学、农业方面的研究成为学界
关注的热点,成果相对集中。对于古代医学的研究,扩大其辩证内涵,应用
现代医学的指标、名词术语介绍解释一些中医及中医药的内容,可以切实指
导临床实践,甚至是丰富现代医学的内容。

农业在传统社会中的研究领域不断拓宽,内容更加丰富,其中涉及了诸
多方面,在现代农业日益朝向绿色、无害发展的历史趋势下,传统农业必将
越来越受到国内外学界的高度关注。但研究也有缺乏和不均衡的地方,例
如,天文学更加注重了历法编订方面,天文现象对于古代人文社会的影响
关注不多,地理学则偏重于人文地理、历史地理方面研究,缺乏对自然地
理的关注,以及对地理学方面史料的拓展和挖掘。农业的研究可以更多地
联系当时社会的生产实践,而不是过多地偏重理论。数学方面,特别是对
《九章算术》的研究成果较多,但也略显单一,笔者认为可以将数学与古代
经济,以及农业耕地面积计算等其他学科结合,进行多学科,多方面的融
合式研究。

医学与人类的生存繁衍息息相关,因此,医学一直是学界研究的热点,
长期以来,医学的研究的视角大多地聚焦于《黄帝内经》《伤寒杂病论》《金
匮要略》等一些古典医学典籍内容的不断深入分析,偏重于断层性的研究,
缺乏广度与深度的考察,对于社会医学和中医制度的研究关注不足,有的也
只局限于某些朝代,缺乏研究的贯通性。此外,研究方向的局限性、专业科

学史研究的人员不够、对一些史料的运用和误读，都是需要学界注意的方面。总体而言，古代科学史的研究仍有可突破的空间。马克思曾提出"科学技术是生产力"的重要论断，科技引领未来的潮流势不可挡，追溯过去，古代科学技术的成就是我们宝贵的财富，而对它的发展演变及其对它的研究仍有很大的前景和意义。

中国传统社会刀镊工概略

郭继南　王茂华[*]

提　要　中国古代刀镊工主要从事修鬓、修须、修眉、梳理头发、剃面等服务。至迟到宋朝时，刀镊工业已职业化。刀镊工有流动服务、固定摊位或门店、上门服务等多种经营形式。直至近代，刀镊工出现自治性质行会，即罗祖会。个别从业者技艺精湛，略通医理和诗文，同时兼干他职；大多从业者则处于社会下层，其中不乏坑蒙拐骗之徒。

关键词　刀镊　梳剃　修面　职业化

中国古代崇尚"身体发肤，受之父母，不敢毁伤，孝之始也"①，故汉人长期保留蓄发的习惯，而其他民族则有着本民族的流行发型，但必要的面部修整，汉民族和其他民族均是相当重视的，由此催生出一种以此为生的职业人员——刀镊工。关于刀镊工的论述较少，仅有晚清待余生《燕市积弊》和徐凤文《剃头挑子出宝坻》对中国传统社会晚期剃头匠及剃头行业有专门论述，其余多是报刊、文章略有涉及。② 在此基础上，本文将对中国传统社会刀镊工的名称、主要技艺、兼职情况、群体素养（整体社会地位较低，个别从业者略通医理和诗文）、行业神等做一概述。

一

在古代，头面修整的需求是不分男女的，头面修整主要包括修须、修

---

　　*　郭继南，河北大学宋史研究中心在读研究生，主要研究方向为宋代科技；王茂华，河北大学宋史研究中心副研究员，主要从事城市史与军事史研究。

①　（清）阮元校刻，李学勤主编：《十三经注疏》下册，《孝经注疏》开宗明义章，北京：中华书局，1982年，第2545页。

②　待馀生著，张荣起校注：《燕市积弊》，北京：北京古籍出版社，1995年版，第105—107页；徐凤文：《剃头挑子出宝坻》，《新金融观察报》副刊《天津往事》专栏，2017年5月6日，第52版。

鬓、修眉、磨面（又称剔面或绞面）等多项服务内容。旧时男子相当注重面部整洁，如大云山刘非汉墓出土大量漆盒，这些漆盒即为墓主人的"化妆用品"。其中，有一件尤为独特，是一个鱼形玉石，经鉴定，它便是用来磨面的玉石。魏晋南北朝时期，熏衣剃面，傅粉施朱，是当时上流社会的普遍现象。"贵游子弟"，"无不熏衣剃面，傅粉施朱，驾长檐车，跟高齿屐"。[①]唐朝，人们业已掌握用龙窠石磨面可去脸部瘢痕的生活常识。"山中僧表坚，面多瘢痕。偶溪中得石，如鸡子。夜觉凉冷，信手磨面，瘢痕尽灭。后读《博异志》曰：龙窠石，磨疮瘢大效。"[②]女子结婚时才会邀请一位德高望重的女性给新娘开脸，这也意味着女孩子长大成人。"次日吉期，众宫娥都绝早起来，替他开脸梳裹，搽脂抹粉，更比往日加倍殷勤。"[③]很明显这是在举行婚礼之前开脸，同样也有新妇选择婚礼之后来进行开脸的，"拜毕，妇乃入房。侍女为新妇妆，曰：开脸。妆成，乃谒见翁姑"[④]。在民国，这一习俗也是结婚时不可或缺的一部分，"入门拜祖、先尊长，谓之拜堂。向夕，闹房。翌日，新妇开脸"[⑤]。婚后，女子定期的面部修整便是常规需要。如今，某些地区还保留着婚前开脸这一古老的传统，例如亳州地区，女子婚前都要请那些父母子女双全的女性用新镊子、五色丝或者钱币来开脸，表示自己即将嫁做人妇。又如广西壮族一直在民间流传着这一修面美容技术，仅用几根棉线就可使面部皮肤光滑如新。

　　说到头面修整，不得不提到髡发。髡发，在汉族政权内是一种严厉处罚。汉朝已有"髡钳"这一刑罚。至唐代，髡发虽有所变化，主要内容还是一脉相承，"若破骨及汤火伤人者，徒一年；折二齿、二指以上及髡发者，徒一年半"[⑥]。《宋刑统》全面继承了唐律关于髡发的刑罚，且更为详细。如斗殴时，按头发受损的程度来定罪，头发剃光和仍可扎成髻，其惩罚便各有轻重，"及髡截人发者，各徒一年半。其髡发不尽，仍堪为髻者，止当拔发方寸以上，杖八十。若因斗髡发，遂将入己者，依贼盗律"[⑦]。除为汉族刑罚外，髡发则是其他多个民族的惯常行为。乌桓、鲜卑等均有髡发习俗，乌桓"以髡发为轻便。妇人至嫁时乃养发，分为髻"，鲜卑"唯婚姻先髡头"。[⑧]二者共同点都是"以髡发为轻便"，区别是乌桓妇女婚前髡发婚后蓄发，鲜卑妇女

①　（北齐）颜之推撰，王利器集解：《颜氏家训解》，上海：上海古籍出版社，1993年版，第145页。

②　（唐）冯贽撰：《云仙杂记》卷4，《四部丛刊续编》景明本。

③　（清）李汝珍：《镜花缘》，北京：人民文学出版社，1986年版，第242页。

④　乾隆《束鹿县志》卷5，乾隆二十七年刻本。

⑤　民国《续修盐城县志稿》卷3，民国二十五年铅印本。

⑥　（唐）长孙无忌：《唐律疏议》卷21，北京：中华书局，1983年版，第384页。

⑦　（宋）窦仪：《宋刑统》卷21，北京：中华书局，1984年版，第325页。

⑧　《后汉书》卷90《乌桓鲜卑列传》，上海：中华书局，1973年版，第2979、2985页。

婚前蓄发婚后髡发。契丹男子则是"髡发而巾制不袤，切附于顶闻"①。辽代墓葬壁画及传世绘画均清晰地展示出契丹男子各种不同的发式。女真族"髡发仅留一小辫于后"，蒙古族则是"髡发留三搭在前者，长则剪"。②在这些民族建立政权后，统治者便强迫其他民族的民众接受本民族的发型。各髡发民族的生活必然和刀镊工分不开，且与刀镊工的联系较汉人更为密切。

二

"刀镊"又称"刀籲"，即刀和镊子，是古代剔除毛发、修整头面的主要工具，而从事这种职业者被称为刀镊工、刀镊徒、刀镊妇、镊工、剃头者、剃头匠。清朝剃头匠有官称："待招""待诏"，又称"三旗兵役"。③自《名公书判清明集》之《卖卦人打刀镊妇》的判词可知，宋朝刀镊工有男女之分，理应分别服务同性对象。而《夷坚志》之《成都镊工》记载："政和初，成都有镊工出行厘间，妻独居。一垂髻道人来，求摘髭（胡须）毛，先与钱二百。妻谢曰：'工夫不多，只十金足矣。'曰：'但取之，为我耐烦可也。'遂就坐，先剃其左，次及右，既毕，回面，则左方毛已苗然，又去之，右边复尔，如是至再三。"④由这段记载可知，这对夫妇都从事刀镊活动，妻子能独自为异性道人剃须。可见实际情况中，并无严格的性别分工和限制。至元朝，乡下大户人家"皆用刀镊者入内院，虽妇人女子咸令其梳剃"⑤。明朝《郑氏家范》明确规定："诸妇不得用刀镊工剃面。"⑥清朝侯官云程林氏家族《家范》也有女子不得用刀镊工剔面的要求。这反映出男性从业者越来越占有就业优势，甚至突破男女大防，可以进入内院为女性服务，这虽受到礼教的规范与约束，但屡禁不止。也有女子兼干开脸的，晚清《濮院琐志》记载："喜娘，一名喜嫔。凡遇婚嫁，辄与掌礼共襄其事。平时与妇人修容。又名'绞面亲娘'。"⑦由此能看出来，这位叫喜嫔的喜娘，遇到婚嫁之事会主持婚礼，平时也兼干修容之事。

刀镊工工作地点或为摊位，或上门服务，或有固定的店铺，后两者被称为净发社、剃头棚儿、理发所、理发铺、理发馆、剃头铺、整容行等。至迟

① （宋）徐兢撰：《宣和奉使高丽图经》卷13，清知不足斋丛书本。
② （明）魏禧撰：《兵迹》卷10，民国豫章丛书本。
③ （清）顾炎武著，黄汝成集解：《日录录集解》，上海：上海古籍出版社，1985年版，第1817页。
④ （宋）洪迈撰，何卓点校：《夷坚志》乙志卷12，北京：中华书局，2006年版，第286—287页。
⑤ （元）孔齐撰：《静斋至正直记》卷3，清毛氏钞本。
⑥ （明）郑涛撰：《浦江郑氏家范》，清初毛氏汲古阁钞本。
⑦ （清）杨树本纂：《濮院琐志》卷7，传钞本。

在宋朝，刀镊工已经完全成为一个独立的职业。《清明上河图》坊门左侧几根木杆搭成的简易棚舍下，有年迈的男性刀镊工右手持刀为顾客剃面，顾客坐于凳上，闭眼，很是享受；在他们身侧还有一位头戴尖帽的男性，大概是等待刀镊工为其剃面，可见刀镊工技艺不错，且此棚舍似应为刀镊工的固定摊位。黄庭坚等多个知名文士均歌颂过在陈留市上摆摊的刀镊工。重大节庆活动均有专事"梳、剃"的"净发社"，元朝有服务一条街，温州有"状元坊剃头巷"①，这是刀镊工职业化、群体化、服务规模化和场所固定化的重要体现。清朝专门的店铺很多，如江西省剃头业"铺户林立"②，天津、汉口、醴县县城理发业均盛极一时，但仍有走街串巷的挑担，或临时摊位的存在。"向来没有铺子，不过凑几副挑儿，搭个布帐子，故名'剃头棚儿'"，宝坻县剃头匠，"到了京里，大家凑在一块儿往锅伙儿，每日在街上甚么人儿都剃"。③关于店铺租赁价格，文献也有记载。乾隆年间，曲沃县县城"剃头铺赁一间，租银七两"④，同治年间，临川县"县西一店赁剃头铺每年租钱三千文"⑤，而高要县（今高要市）租剃头铺一间"每年租银三两一钱二分"⑥。不同等级的消费者、不同档次的店铺，服务价格有高下之分。南宋，宋，秦桧"呼一刀镊工栉发，以五千当二钱犒之"⑦。清初因一度曾是官差，"所以没有准价钱，不定剃的多疼"，"这才逼出'酒钱'来（头钱就是'酒钱'），而今头钱之外又给'山儿钱'"。⑧民国时期，天津一般理发铺全套服务"不过大洋二角"，而仙宫、老鸿云等高档店铺"每次非大洋一元不办"，"修一面次，为贫家八口之食"。⑨

从有无固定的工作场所和时间来看，刀镊工有做散活的和做月活的两种，类似今天的散工和固定工。另外还有学徒，来传承技艺。做月活者，也即在店铺从业者，一般待遇稍好，每日铺面一开，耍手艺者须在铺内应酬。工作一日，柜上管饭二顿，用餐时间无定，遇暇方能用饭。理发费全数交柜管理，小费、酒资则归伙计分润分成。"每日十时闭门后，计算一日小费，全体均分，工价每月不过二三元，有时小费竟超过工资"，店内"学徒期限

---

① 万历《温州府志》卷4祠祀志，明万历刻本。

② 《剃头匠因案罢市》，《申报》1910年第13450期，第12版。

③ 待徐生：《燕市积弊》，北京：北京古籍出版社，1995年版，第105—107页。

④ 乾隆《续修曲沃县志》学校志，清乾隆刻本。

⑤ 同治《临川县志》卷29，清同治九年刻本。

⑥ 同治《续修高要县志稿》卷1，清同治二年刻本。

⑦ （明）陈耀文撰：《天中记》卷28，《景印文渊阁四库全书》本。

⑧ 待徐生：《燕市积弊》，北京：北京古籍出版社，1995年版，第105页。

⑨ 民国《天津志略》例言，民国二十年铅印本。

为三年零一节，期满，须帮师一年半"。^①做散活的理发匠，或挑担游街过巷，或携包往往做活，"此种匠人手艺较逊，概无定价，听人自由赏给"^②。还有一种乡村理发匠，专门上门为各家各户服务，到年终结算工钱，这种收入一般比较固定。

近代刀镊业出现行业自治组织，会员每年缴纳数额极少的会费，它除定期组织祭神活动外，还负责协调多项内外事务，如组织缴纳国民捐，办"罗祖会"，立养病院，向行业内人员施舍棺材，协调纠纷和诉讼等。"北京整容行原是个苦手艺，由打庚子以后很是开通，如上国民捐，办'罗祖会'，立养病院，舍本行的棺材，调和词讼等事，都含有一种自治的性质。虽说每五天所捐无几，也格不往集腋成裘，城里关外，直到现在并不松懈"，"很有点儿自治的规矩，别瞧每人五天一个铜子儿，敢情实心任事就能办好多事情，大工商家能不愧死"。^③近代刀镊业甚至出现了有组织的团体维权行为。1910年，江西省地方自治研究所管理员雇用了一名剃头匠，且报酬丰厚，周边剃头铺表示强烈反对，提出不能由个别人垄断这项服务来独吞好处。纠纷最终演变为聚众抗议。江西省地方自治研究所所长文法和将带头聚众闹事者拘押，引来更大一波抵制和反抗，以至于剃头行业传单知会全省剃头铺及剃头挑担，引发剃头业全体罢市。^④

众所周知，各行业有各自的行业神，如书吏奉萧曹，号案牍神。木工奉鲁班，缝人奉轩辕，酒家奉杜康。商贾奉赵公，即财神。伞匠奉鲁元，冶工奉炉头老君，爆竹奉李畋。刀镊工则供奉罗祖，供奉罗祖的记载最早见于乾隆年间的方志。在不同等级城市、不同地域，供奉罗祖是较为普遍的现象。供奉罗祖或专祠，或附祀，多为"剃发业公建"^⑤。如清朝武陵县罗祖庙在北城内，秀山县罗祖庙在城内西大街，而遵义府城东双荐山山顶，"寺宇层构迭架，为杰楼以乘其颠，上祀玉皇，下祀罗祖"^⑥。每年七月十三（也有的地方是十一月初一），祭神一次，"诞辰，醵饮，谓之罗祖会"^⑦。届时，刀镊工停工一天，甚至四五天。据传，罗祖指的是山东即墨人罗楚鸿（1442—1527），他从小出家，后融合儒、释、道思想，编撰五部经文，创立罗教，被尊称为"罗祖"。罗祖技艺精湛，因曾为某个挑剔的皇帝（一说唐玄宗，

---

① 民国《义县志》中卷，民国十九年铅印本。

② 民国《义县志》中卷，民国十九年铅印本。

③ 待徙生：《燕市积弊》，北京：北京古籍出版社，1995年版，第106页。

④ 《剃头匠因案罢市》，《申报》1910年第13450期，第12版。

⑤ 民国《乌青镇志》卷9，民国二十五年刻本。

⑥ 民国《续遵义府志》卷5上，民国二十五年刊本。

⑦ 同治《增修酉阳直隶州总志》卷9，清同治三年刻本；光绪《续修叙永宁厅县合志》卷19，清光绪三十四年刻本。

一说明献宗）服务，避免其他刀镊工被杀再次重演，后被刀镊工所供奉。

三

就刀镊工技艺和服务内容，元代王喆《蓦山溪·赠刘哥会剃头面》称："公能刀镊，将彼姿颜接，刮削与提寻，甚停当、心洽意惬。如描似画，眉秀鬓须齐，添嫩貌，减裹容，又更增言捷。内灵和协，无质无腮颊，妙手有何述，敢把此、分明拈捻。若还会得，慧剑便磨砻，呈白刃，显青钢，剃出圆成晔。"[①]上阕写在刀镊工的修饬下，整个面部如描似画，眉毛、鬓角相当齐整，可见，刀镊工刘哥主要服务内容有修眉、修须和修鬓角。下阕既赞赏刀镊工刘哥技艺精湛、心手合一，又表明他的剃发工具相当锋利，认为他能像佛家斩断一切烦恼一样斩断发丝。

清朝以后，剃头匠要掌握十六种技艺，包括八种顶上技艺，即剃（头）、刮（脸）、梳（头）、编（辫）、掏（耳）、剪（鼻须）、剔（眼）、染（发），八种针对全身的技艺，即捏、拿、捶、按、接、活、舒、补。也有十一种之说，即捏、掐、捶、攥、揉、搓、剁、弹、捺、敲、刺。后来，这丰富的技艺减少，仅有剃头、刮脸、剪鼻须、掏耳朵四种。二十世纪八十年代，天津理发业刮脸标准规定："胡须要闷透，做到走刀轻，运刀快，长短刀结合，脸、眉、额、眼窝、耳垂等部位刮到、刮净、不痛、不破、不翻茬。"[②]

此外，剃头匠还有一套行话，主要有：光盘子／修面；排八字／修眉；沙赖／修胡子；通丝头／梳理头发；开花／修额角；抽条子／扎辫子；洒点子／捶背；扯断藕／提膀子；板井／挖耳垢；平子／剃头挑子；起快／磨刀石；起锋／鐾刀布；清子／剃刀；通动／梳子；小青家伙／挖耳勺；过相／镜子；茄线／扎辫绳。[③]从中我们能看出具体服务，如理发、修面、修眉、修胡子、梳理头发、扎辫子、挖耳垢，这几种是顶上技艺，捶背、提膀子则针对全身。剃头挑子、鐾刀布、剃刀、篦子、梳子、挖耳勺、镜子是剃头匠最主要的家伙什儿。

顾客和剃头匠都有各自需遵守的规则，顾客有"目之注意"、"耳之注意"和"鼻之注意"，剃头匠则是"手术上之注意"和"用具上之注意"，每

①　（宋）王喆：《重阳全真集》卷5，明正统道藏本。
②　徐凤文：《剃头挑子出宝坻》，《新金融观察报》副刊《天津往事》专栏，2017年5月6号，第52版。
③　孔国林：《中国老行当系列之剃头匠》，《大众文艺：上半月（快活林）》2011年第3期，第54—55页。

一项都有详细叙述。①剃头行业也有其特殊的招揽生意的形式——"打镊"（也称"唤头"）。它所用镊子的形状和现在的镊子类似，但打镊或弹镊技术是需要专门学习的。②

四

除世俗成年男女外，刀镊工还会给特定人群剃发，如僧人和儿童。古代有专言净发和佛家剃发规则的文献，《永乐大典》有《净发须知》二卷的记载，清朝临川吴铎有《净发须知》一卷，"专言释家剃度规则"③。宋代僧人释惟一《刀镊黄陈二生》一诗中说："手持刀镊谒桑门，叉手擎拳笑语温。且说工夫精妙处，断然毫发不容存。"④此诗勾勒出一幅黄、陈两位刀镊工前往寺院为僧人剃头的画卷，其结果必然是"毫发不容存"。为此，寺院每年还会专门拨出一定的粮食，作为刀镊工为僧人净发的酬劳，"以四月为始，拨二十石充一寺僧众终年净发，又拨五石归选僧聊寮，五石归报德寮，具为梳发用，冬收就庄支给，以酬刀镊者之劳"⑤。明代，嘉兴刀镊工除给满月小孩儿剃胎发，还增加洗脸、唱祝词等项，"子生三日，家众会，食汤饼。弥一月，令刀镊工剃胎发，靧面致祝词"⑥。明朝腊八为男女幼童剃头、黔耳，也是一项重要活动，雄乘与同州均"季冬之月厥八日，以诸米赤豆杂果肉，加辣粥食之，曰'腊八粥'，男女剃头黔耳"⑦。

刀镊工大多艰难度日，只靠本职工作还不能维持基本生活，这就需要兼职其他，获得更多酬劳。宋朝刀镊徒专门在集市或者澡堂子揽客：侍奉郎家子弟、打杂、说合交易，身兼数职。"此等刀镊专攻街市、皂院，取奉郎君、子弟，干当杂事，说合交易等。"⑧《梦粱录》比《都城纪胜》多了一项"插花挂画"，又表明这类刀镊工还可以"出入宅院"，登门服务。⑨有些刀镊工略懂医理，他掌握某些疾病的独家秘方，非但不会私藏，往往还传之他人，解他人之难。宋朝官吏、医家朱端章任淮西幕府时，"齿痛大作，忽于

---

① 《剪发应注意之点》，《申报》1925 年第 18743 期，第 12 版。
② 孙志文：《元代理发匠的工具——镊》，《中国典籍与文化》2005 年第 2 期，第 70 页。
③ （清）文廷式：《纯常子枝语》卷 33，《续修四库全书》本。
④ （宋）释惟一撰，觉此编：《环溪惟一禅师语录》卷 2《偈颂》，《续藏经》第一辑第二编第 27 套。
⑤ 同治《湖州府志》卷 51，同治十三年刻本。
⑥ 崇祯《嘉兴县志》卷 15，明崇祯刻本。
⑦ 嘉靖《雄乘》上卷，明嘉靖刻本。
⑧ （宋）耐得翁：《都城纪胜》，北京：中国商业出版社，1982 年版，第 15 页。
⑨ （宋）吴自牧：《梦粱录》卷 19，北京：中国商业出版社，1982 年版，第 301 页。

刀镊人处得草药一捻，许以汤炮少时，冷暖随意，以手指蘸药水泡痛处即定，明日若人归去。余因传得其方，后以治人多效"①。又如服用熟草麻子仁治疗瘰疬的药方，也为刀镊工所掌握。"方陈氏云：先兄幼年害病，时先公为杭州税官，刀镊工献此方，初未信之，偶出北关，遇客，二舟相差而过，来者问其人所苦病子如何？往者云：食草麻子而愈。归即制而服之，两月而瘥。"②宋朝湖州"有一小兵事刀镊，人但闻其善取瘄，诚不知其能治酒瘄也。一旦，自言于僧，请医此疾，即以药传之，凡半月余，每日取恶物如脓血，自皮肤出者甚多，其赘后悉成痂落去，鼻面莹然，遂以十千为谢"③。其中"十千为谢"，正是这位事刀镊小兵用自家药方换得的报酬。刀镊工掌握的这些药方，主要是医治常见疾病，如头疼脑热、牙痛瘰疬。这不仅可以免去自身看病之忧，也可以此为一傍身之计。

这一群体不乏隐士和具有通达朝廷本事的人物，也有略通文墨，能将平淡生活过得相当随意随兴的人。"释宝志者，不知何许人，有于宋太始中见之出入钟山，往来都邑，年已五六十矣。齐宋之交，稍显灵迹，被发徒跣，语嘿不伦，或被锦袍，饮啖同于凡俗，恒以镜、铜剪、刀镊属挂杖，负之而趋，或征索酒肴，或累日不食。"④宋朝陈留市上有刀镊工，"年四十余，无室室家子姓，惟一女年十岁矣，日以刀镊所得钱与女子醉饱，醉则簪花吹长笛，肩女而归。无一朝之忧而有终身之乐，疑以为有道者也"⑤。陈师道曾有诗云："陈留人物后，疑有隐屠耕。斯人岂其徒，满腹一杯羹。婷婷小家子，与翁同醉醒。薄暮行且歌，问之讳姓名。子岂达者与，槁竹聊一鸣。老生何所因，稍稍声过情。闭门十日雨，吟作饥鸢声。诗书工发冢，刀籥得养生。飞走不同穴，孔突不暇黔。"⑥刀镊工虽为"操贱业者"，在工作之余，却有朱玉之怀，与女儿簪花吹笛，好不惬意。元季，"渊白（顾渊）自出一对，句云'天下秀才爷'，有刀镊人对之曰'村中和尚种'"⑦。尽管刀镊人对得很俗，但相当工整。但刀镊工整体社会地位较低，生活多贫困，不乏坑蒙拐骗、吃喝嫖赌之徒。《碑传集补》记载章大、章二兄弟俩同为刀镊工，章大本分厚道，而章二吸鸦片且偷藏私房钱，人品很是不堪。⑧

① （明）朱橚等编：《普济方》，卷69，北京：人民卫生出版社，1982年版，第2册，第525页。

② （明）朱橚等编：《普济方》，卷291，北京：人民卫生出版社，1982年版，第7册，第547页。

③ （明）朱橚等编：《普济方》，卷57，北京：人民卫生出版社，1982年版，第2册，第308页。

④ 至正《金陵新志》卷13，《北京大学图书馆藏稀见方志丛刊》，北京：国家图书馆出版社，第97册，2013年。

⑤ （宋）蔡正孙撰：《诗林广记》（后集）卷6，《景印文渊阁四库全书》本。

⑥ （宋）陈师道撰：《后山居士文集》上卷4，上海：上海古籍出版社，1984年版，第270页。

⑦ （元）陶宗仪撰：《南村辍耕录》卷27，北京：中华书局，1997年版，第34页。

⑧ （民国）闵尔昌纂录：《碑传集补》卷54，民国十二年刻本。

在传统社会，刀镊工只是一群在社会下层艰难度日的小手工艺人。他们从事各种面部修整，且身兼数职，通过多种经营形式完成自身的职业化。至今，昔日走街串巷的刀镊徒发展为拥有整洁店面的理发师和美容师，女子婚前的开脸仪式也逐渐为化妆美容所代替，还能被称为剃头匠的，或许只剩下那些隐藏在巷子深处的理发店中的老人了。他们大多年少学艺，兢兢业业几十年，正印证了现代社会所推崇的"匠人精神"：从容独立，踏实务实，摒弃浮躁，执着专一，精致精细。这种精神正是现代手工业者应该具备和坚守的。如今遍地的发廊、美容院，店面整洁，工具精良，从业者众多，让这门手艺也逐渐发生变化，焕发出现代气息。

研究生论坛

北宋宗妇才艺素质研究

——以墓志铭为中心

吕变庭　郑心蕾[*]

提　要　宗妇作为宗室的正妻，是北宋社会上层女性群体的重要组成部分。研究北宋宗妇的才艺素质，可以使我们更加全面地了解北宋上层女性的才艺水平。本文通过对北宋宗妇后天文化素质的培养、女功技艺的培养及艺术审美素质的培养三方面的研究，来论述北宋宗妇的才艺素质。

关键词　北宋　宗妇　才艺

有关宋代妇女研究的成果比较丰富，要者如：方建新、徐吉军编著的《中国妇女通史·宋代卷》[①]一书，对宋代社会各阶层妇女的婚姻生育、教育及服饰装扮做了综合考察；杨果、廖寅的《宋代"才女"现象初探》[②]一文，解析了宋代"才女"产生的原因、途径；铁爱花的《宋代女性阅读活动初探》[③]一文，论述了女性阅读的内容、特点、社会背景和影响；赵悦凤的《宋代女子教育的内容和成就初探》[④]一文，论述了宋代各阶层女子教育的内容以及宋代教育家的女子教育主张，可惜该文只举了李清照和朱淑真两个案例，而这并不能代表北宋各个阶层女子的普遍教育成就；谢江姗的《宋代的女性形象及其生活——以图像史料为核心》[⑤]一文，提及宋代书画所反映的

---

* 吕变庭，河北大学宋史研究中心教授、博士生导师，主要研究方向为宋代科技；郑心蕾，河北大学2015级硕士研究生，主要研究方向为宋代科技史。

① 方建新、徐吉军：《中国妇女通史·宋代卷》，杭州：杭州出版社，2011年版。

② 杨果、廖寅：《宋代"才女"现象初探》，漆侠主编：《宋史研究论文集》，石家庄：河北大学出版社，2002年版。

③ 铁爱花：《宋代女性阅读活动初探》，《史学月刊》2005年第10期。

④ 赵悦凤：《宋代女子教育的内容和成就初探》，河南大学硕士学位论文，2007年。

⑤ 谢江姗：《宋代的女性形象及其生活——以图像史料为核心》，上海师范大学硕士学位论文，2014年。

才女文化生活。

与前述研究成果相比，本文侧重以北宋宗妇群体为研究对象，并试图从后天文化素质的培养、女功技艺的培养、艺术审美素质的培养三个方面对北宋宗妇的才艺素质进行定位和分析。

如众所知，宋代重文抑武的发展国策和完善的科举制度，使得士人阶层更加重视对子女的教育。女子虽然不能考科举以荣家门，但是可以通过联姻来维持家族利益。宋代的婚姻不问阀阅，结婚对象除考虑门当户对外，也更加注重才学，尤其是士大夫阶层"榜下捉婿"的通婚现象屡见不鲜，表明宋代时期对女子也开始注重才艺素质，而有才华的女性在择婿方面往往更有优势和资本。

从个体成长教育的过程看，宋代士大夫认为母亲是第一导师，她们的文化素质直接影响到对下一代的教育，因此北宋时期对女性的教育不仅停留在德行方面，更注重女子的才艺教育。

本文所述的宗妇是指皇室宗子的正妻，作为皇室宗族的婚姻对象，宗妇在门第上正如宋真宗所言："吾宗室妇皆将相大臣家……选勋贤之后以配之。"①可见，宗妇大多出于官宦之家，甚至是名门望族，这些官宦之家或名门望族为了与皇室贵族保持通婚以维持家族地位，更加注重对自家女子的教育，除母亲、父兄等家庭教育外，还会专门请教姆来教育女子，如赵元佐故夫人冯氏"礼从傅姆，则性益贤明"②。赵士懔妻孙氏"敬服姆教，容止有闻"③。优越的教育环境和家中浓厚的学习氛围使得宗妇德才兼备、博学多才。下面笔者拟从三个方面来讨论北宋宗妇才艺素质这个问题。

一、后天文化素质的培养

宋代教育的普及使得宋代教育范围扩大，除男子外，女子也比较普遍地接受了文化教育。士大夫认为，女子处居深闺，只有接受文化知识的教育，才能陶冶情操，才能目光长远、深明大义，也才能更好地劝夫勉学和教育子孙后代，以保证一个家族经久不衰。北宋宗室是皇帝的家族，因而皇帝十分重视宗室的教育和文化素养，北宋皇帝在为宗子选择结婚对象时，衡量结婚对象文化知识水平高低成为一项重要的标准。

---

① （宋）郑獬撰：《郧溪集》卷22《霍国夫人康氏墓志铭》，《景印文渊阁四库全书》本，台北：商务印书馆，1986年版，第1097册，第314页。

② 刘连清、张仲友纂辑：《民国巩县志》卷18《大宋楚王故夫人冯氏墓志铭（并序）》，1937年版，第336页。

③ （宋）范祖禹撰：《范太史集》卷48《右监门卫大将军妻孙氏墓志铭》，《景印文渊阁四库全书》本，台北：商务印书馆，1986年版，第1100册，第514页。

（一）读书晓意

宗妇一般出自官宦之家，家中藏书多、书的内容广，这就为宗妇读书提供了便利条件，当然宗妇除了读教育妇德相关的必读书目外，还可以根据自身喜好读书。宋代是儒学复兴的时期，士大夫认为，通过学习儒家经典，女子以儒家伦理道德来约束自己，更有助于妇德的培养。赵宗旦妻贾氏"喜读书，通《论语》、《孝经》大义"①。赵士䣄妻崇安县君石氏"幼奇警，能读班大家《女戒》"②。《论语》《孝经》《女戒》都是司马光认为女子必须诵读的书，正如司马光在《居家杂仪》中所写的："七岁，男女不同席，不共食。始诵《孝经》、《论语》，虽女子亦宜诵之。自七岁以下，谓之孺子，早寝宴起食无时。……九岁，男子诵《春秋》及诸史，始之为讲解，使晓义理。女子亦为之讲解《论语》、《孝经》及《列女传》、《女戒》之类，略晓大意。"③司马光认为，女子必须读儒家经典，才可深明大义、知书达理。赵仲爰妻崇德县君郭氏"性淡素，善《书》、《礼》"④。《书》《礼》二书同样是儒家经典。还有的宗妇喜欢诵读史传，引以自鉴。如赵頵妻魏国夫人"日览图史，取古之贤妇烈女，可以为鉴者，资之以自治"⑤。赵士洞妻刘氏"容质婉淑，性识聪悟，巧于女工，通文史，能为诗"⑥。赵子闵妻范氏"喜习笔札，尤嗜书史"⑦。此外，宋代是佛教兴盛时期，并且儒释道三教相互融合，因此佛道之书传播也较为广泛，诵读此类书籍的宗妇很多，但佛道之书往往晦涩难懂，很多宗妇对此却颇有造诣，足见其学识之高。如赵世谟夫人山阳县君王氏"尝终日趺坐，读释氏书，颇达心境之观"⑧。赵世将妻寿安县君李氏"雅好儒释之学，颇通其义"⑨。赵頵妻魏国夫人"阅佛经道书殆

---

① （宋）王珪撰：《华阳集》卷53《赵宗旦妻贾氏墓志铭》，《景印文渊阁四库全书》本，台北：商务印书馆，1986年版，第1093册，第392页。

② （宋）范祖禹撰：《范太史集》卷48《右监门卫大将军妻崇安县君石氏墓志铭》，《景印文渊阁四库全书》本，台北：商务印书馆，1986年版，第1100册，第513页。

③ （宋）司马光：《司马氏书仪》卷4，北京：中华书局，1985年版，第45页。

④ （宋）范祖禹撰：《范太史集》卷48《右千牛卫将军妻崇德县君郭氏墓志铭》，《景印文渊阁四库全书》本，台北：商务印书馆，1986年版，第1100册，第514页。

⑤ 周到：《宋魏王赵頵夫妻合葬墓》，《考古》1964年第7期，第353页。

⑥ （宋）范祖禹撰：《范太史集》卷48《右侍禁妻刘氏墓志铭》，《景印文渊阁四库全书》本，台北：商务印书馆，1986年版，第1100册，第516页。

⑦ （宋）范祖禹撰：《范太史集》卷50《左侍禁妻范氏墓志铭》，《景印文渊阁四库全书》本，台北：商务印书馆，1986年版，第1100册，第533页。

⑧ 河南省文物考古研究所编：《北宋皇陵》附录三《宋宗室右骁卫大将军寰州刺史夫人山阳县君王氏墓志铭》，郑州：中州古籍出版社，1997年版，第527页。

⑨ 河南省文物考古研究所编：《北宋皇陵》附录三《宋宗室赠华州观察使华阴候世将妻寿安县君李氏墓志铭》，郑州：中州古籍出版社，1997年版，第536页。

遍，……岂平日笃好佛老之书，而通其大旨，至于死生之际能了然耶？"①
魏国夫人佛经道书都有所涉猎，而从尤爱读佛老之书，以达生死了然看，这
应该跟她们当时的特殊文化背景有关，也说明有些宗妇的生活情况似乎并不
乐观，由此可见，宋代宗妇的生活境况还要结合实际一分为二地看。

（二）善诗书画

宗妇出自官宦之家，又嫁给皇室宗族，因此她们对作诗作画和练习书法
等高雅的文艺活动可谓耳濡目染，事实上这种文艺活动不仅能够丰富个人爱
好，提高自身修养，而且还可以与丈夫有更好的精神交流。如赵頵妻魏国夫人
王氏就是如此，墓志记载王氏"善篆隶，能作小诗、墨竹，间用以自娱"②。
《宣和画谱》中记载得更为详细："作篆隶，得汉晋以来用笔意。为小诗，有
林下泉间风气。以淡墨写竹，整整斜斜，曲尽其态，见者疑其影落缣素之间
也。非胸次不凡，何以臻此？今御府藏写生墨竹图二。"③而其丈夫赵頵也同
样"作篆籀、飞白之书，而大小字笔力雄俊。戏作小笔花竹蔬果，与夫难状
之景，粲然目前。以墨写竹，其茂梢劲节、吟风泄露、拂云筛月之态，无不
曲尽其妙"④。夫妻二人书法相得益彰，画作都善以墨写竹，可见二人在生
活中必会琴瑟和谐，二人可谓是真正的才子配佳人。此外还有赵仲輗妻和国
夫人王氏"善字画，能诗章，兼长翎毛。每赐御扇，即翻新意仿成图轴，
多称上旨，一时宫邸珍贵其迹"⑤。赵世覃夫人武昌县君郭氏"聪明孝谨，
能读书史，善书画，喜浮图之说"⑥。赵仲醹妻永和县（今江夏区）君张氏
"性乐诗书，尤喜属文"⑦。赵仲眘妻仁和县君曹氏"好读儒者书，作五七
言诗百有余篇，人多诵之。其笔札亦精妙。父尝曰：'此女所配，宜得贤君
子。'"⑧曹氏能作五言诗和七言诗，并且能够做上百篇诗作，这在才女中也
可谓是佼佼者。

---

① 周到：《宋魏王赵頵夫妻合葬墓》，《考古》1964 年第 7 期，第 353 页。

② 周到：《宋魏王赵頵夫妻合葬墓》，《考古》1964 年第 7 期，第 353 页。

③ 《宣和画谱》卷 20，《景印文渊阁四库全书》本，台北：商务印书馆，1986 年版，第 813 册，第 201 页。

④ 《宣和画谱》卷 20，《景印文渊阁四库全书》本，台北：商务印书馆，1986 年版，第 813 册，第 200 页。

⑤ 邓椿：《画继》卷 5《世胄（妇女、宦者附）》，北京：人民美术出版社，2004 年，第 68 页。

⑥ （宋）欧阳修撰，（宋）周必大编：《文忠集》卷 37《右监门卫将军夫人武昌县君郭氏墓志铭并序》，
《景印文渊阁四库全书》本，台北：商务印书馆，1986 年版，第 1102 册，第 297 页。

⑦ （宋）范祖禹撰：《范太史集》卷 50《右千牛卫将军妻永和县君张氏墓志铭》，《景印文渊阁四库全
书》本，台北：商务印书馆，1986 年版，第 1100 册，第 529 页。

⑧ （宋）范祖禹撰：《范太史集》卷 51《右监门卫大将军妻仁和县君曹氏墓志铭》，《景印文渊阁四库全
书》本，台北：商务印书馆，1986 年版，第 1100 册，第 541 页。

（三）音律精妙

音律作为一种为娱乐活动服务的才艺，虽然在古代不属于知识教育的体系之内，但是高雅的音律可以陶冶情操，提高思想道德。由于我国古代诗歌一体，词曲不分，因此想要有好的文学才艺，懂得音律必不可少。在北宋的宗妇中，擅长音律之人也有很多，如赵世昌妻钱氏"颇留心毫翰，洞晓音律"①。赵世颐夫人高氏"生而美秀，性且明慧，鏊丝箫管，曲尽工巧，弦簧音律，雅通其妙"②。可见夫人高氏对乐器和音律都十分精通。赵仲埙妻王氏"端丽聪颖，喜读书，善为歌诗，精于笔札，父尝奇之"③。赵子献妻吕氏"精于女工，诵书歌诗，笔札音律，不学而能"④。宗妇的音律虽然比不上歌姬等专业人士，但是用于自娱自乐、与丈夫诗歌交流，还是很有情趣的。

上述宗妇都是颇有才学之人，她们的作品有的成了珍品，有的甚至流传后世。但是，还有一些宗妇却选择隐藏自己的才学，不向外展露，这不是因为他们才学浅薄，而是因为她们深受儒家观念的影响，认为作诗画、通音律不是妇人应当做的事，所以将自己的才艺隐藏起来，专心做一个操持家事、相夫教子的妇人。如赵子翔妻李氏"善书札，通音律，笃志于女功。既嫁，以书札音律非妇事，绝不复为"⑤。此外还有因丈夫去世而隐藏才艺专心为夫守节的宗妇，如赵惟宪夫人和氏"常好文翰，通晓音律，是后不复治习。称未亡人，诵贝叶书，奉金仙之教"。这些行为在北宋是受到赞扬的，因此士大夫为这些宗妇写墓志铭时会多加笔墨，士人更是认为这些宗妇是德才兼备的典范，值得后世学习。但在笔者看来，正是有这种思想的出现才一步步被扭曲，并发展成为明清时期"女子无才便是德"的片面价值观，它严重限制了女性才艺的发展。

---

① （宋）欧阳修撰，（宋）周必大编：《文忠集》卷 37《右监门卫将军夫人武昌县君郭氏墓志铭并序》，《景印文渊阁四库全书》本，台北：商务印书馆，1986 年版，第 1102 册，第 297 页。

② （宋）张方平撰：《乐全集》卷 38《右清道率府率世颐夫人高氏墓志铭并序》，《景印文渊阁四库全书》本，台北：商务印书馆，1986 年版，第 1104 册，第 451 页。

③ （宋）范祖禹撰：《范太史集》卷 46《右监门卫大将军妻王氏墓志铭》，《景印文渊阁四库全书》本，台北：商务印书馆，1986 年版，第 1100 册，第 497 页。

④ （宋）范祖禹撰：《范太史集》卷 46《太子右内率府副率妻吕氏墓志铭》，《景印文渊阁四库全书》本，台北：商务印书馆，1986 年版，第 1100 册，第 498 页。

⑤ （宋）范祖禹撰：《范太史集》卷 51《右班殿直妻李氏墓志铭》，《景印文渊阁四库全书》本，台北：商务印书馆，1986 年版，第 1100 册，第 542 页。

二、女功技艺的培养

女功又称为女工和女红，是指女子所做的纺织、缝纫、刺绣等工作和这些工作的成品。我国自古就形成了"男耕女织"的农作模式，女子学习女功必不可少。女子学习女功不仅是生产生活的需要，更是修身养性的需要，女子从事女功不仅可以培养其勤劳节俭的品行，还可以培养女子专心、沉静入定的心性。因此每个朝代都将女功作为衡量女子贤惠与否的重要标准之一，它促使各阶层的女子都必须认真学习女功。

在汉代，著名的史学家曹大家在《女戒》一书中就已经将女功视为女子应当遵守的四种日常行为规范之一，她说："女有四行，一曰妇德，二曰妇言，三曰妇容，四曰妇功。"而后又对女功进行了解释："专心纺绩，不好戏笑，洁齐酒食，以奉宾客，是谓妇功。"①

到了唐代，教习女子的书籍《女论语》中也提出：

> 学作凡为女子，须学女工。纫麻缉苎，粗细不同。车机纺织，切勿匆匆。看蚕煮茧，晓夜相从。采桑摘拓，看雨占风。浑湿即替，寒冷须烘。取叶饲食，必得其中。取丝经纬，丈足成工。轻纱下轴，细布人筒。绸绢苎葛，织造重重。亦可货卖，亦可自缝。刺鞋作袜，引线绣绒。缝联补缀，百事皆通。能依此语，寒冷从容。衣不愁破，家不愁穷。莫学懒妇，积小痴慵。不贪女务，不计春秋。针线粗率，为人所攻。嫁为人妇，耻辱门庭。衣裳破损，牵西遮东。遭人指点，耻笑乡中。奉劝女子，听取言中。②

凡是女子，无论何等阶层、地位，都必须学习女功。而女功则要求女子从养蚕抽丝，到纺织、缝纫、刺绣、制衣等都须通透，因为只有这样的女子才会得到夫家的认可和尊重，才不会有辱家风。

从上述两个史料我们可以了解到，女功的内容丰富多样，除了养蚕抽丝、纺织、缝纫、刺绣外，还包括了洗濯、烹饪、准备家中膳食和宾客入门备酒食等内容。可见学习女功并不容易，它需要付出很多的时间和辛苦，正如《礼记·内则》所云："女子十年不出，姆教婉娩听从，执麻枲，治丝

---

① 《后汉书》卷84《曹世叔妻》，北京：中华书局，1987年版，第2789页。

② （明）陶宗仪等编：《说郛三种（120卷种）》卷70《女论语》，立身章第一，上海：上海古籍出版社，1988年版，第3291页。

茧，织纴组紃，学女事，以供衣服。"①女子基本十年不出大门而学习女功，由此可见女功技艺培养需要长期的艰苦学习和清苦的实践过程。司马光《居家杂仪》中更是明确地提出了女子学习女功的年龄："六岁，教之数与方名。男子始习书字，女子始习女工之小者。……八岁，……女子不出中门。……十岁，……女子则教以婉娩、听从，及女工之大者。（女工谓蚕桑、织绩、裁缝，及为饮膳。不惟正是妇人之职，兼欲使之知衣食所来之艰难，不敢恣为奢丽。至于纂组华巧之物，亦不必习也）。未冠笄者，质明而起，总角靧面，以见尊长。佐长者供养，祭祀则佐执酒食。若既冠笄，则皆责以成人之礼，不得复言童幼矣。"②仅从此史料中我们就能了解到，北宋要求女子六岁，甚至先于读书识字之前，就开始学习女工，显见北宋对女子女功的重视程度。通常女子在十岁时，女功既已学有所成。

宗妇作为在室女及后来嫁于宗室时，由于家中条件优越，所以她并不需要女功劳作来补贴家用。但是女功既然作为女子贤德的重要标准之一，宗妇在这一方面也不能有所缺失，在一般条件下，宗妇都能做到女功甚备。如赵世昌夫人钱氏"善女工剪制之事"③。赵令□夫人福昌县君刘氏"聪警过人，凡事文绣纂组，不类女工"④。右侍禁（赵士抡）妻翟氏墓志铭写道："君幼端丽，勤于女工组之事。"⑤赵令珣妻旌德县君彭氏更是"精于女功，岁时为奇巧纤丽以献中外尊亲，而自服用甚质"⑥。这是在剪制刺绣方面比较擅长的宗妇。而赵令教妻德安县君郭氏"其衣无故新，澣濯缝纫，而必洁以完"⑦。赵子翔妻李氏"笃志于女功。……篚纩纫缝未尝不亲"⑧。赵士专妻吴氏"躬自浣濯"⑨。这些宗妇可以做到亲自洗衣缝纫。此外，赵宗景夫人

① （汉）郑玄注，（唐）孔颖达疏：《礼记正义》卷28《内则》，《十三经注疏》，北京：中华书局，1980年版，第1471页。

② （宋）司马光：《司马氏书仪》卷4，北京：中华书局，1985年版，第45页。

③ （宋）宋祁撰：《景文集》卷60《皇姪孙右卫率府夫人钱氏墓志铭》，《景印文渊阁四库全书》本，台北：商务印书馆，1986年版，第1088册，第582页。

④ 河南省文物考古研究所编：《北宋皇陵》附录三《宋宗室右千牛卫将军（赵令□）夫人福昌县君刘氏墓志铭》，郑州：中州古籍出版社，1997年版，第526页。

⑤ （宋）范祖禹撰：《范太史集》卷48《右侍禁妻翟氏墓志铭》，《景印文渊阁四库全书》本，台北：商务印书馆，1986年版，第1100册，第510页。

⑥ （宋）范祖禹撰：《范太史集》卷49《左奉议郎妻旌德县君彭氏墓志铭》，《景印文渊阁四库全书》本，台北：商务印书馆，1986年版，第1100册，第523页。

⑦ （宋）范祖禹撰：《范太史集》卷50《安化军节度观察留后高密郡公妻德安县君郭氏墓志铭》，《景印文渊阁四库全书》本，台北：商务印书馆，1986年版，第1100册，第527页。

⑧ （宋）范祖禹撰：《范太史集》卷51《右班殿直妻李氏墓志铭》，《景印文渊阁四库全书》本，台北：商务印书馆，1986年版，第1100册，第542页。

⑨ （宋）范祖禹撰：《范太史集》卷48《左班殿直妻吴氏墓志铭》，《景印文渊阁四库全书》本，台北：商务印书馆，1986年版，第1100册，第513页。

同安郡君李氏"服事舅相李定、王姑崇国夫人以孝闻，缝纫烹饪必以身，而晨昏寒暑，饮食必以时"①。赵仲奚妻金华县（今金华市金东区）君石氏"荣州好学，所友多贤俊，君具膳饮、致馈遗，未尝少倦"②。这两位宗妇则是在烹饪和准备膳食方面十分擅长。

综上所述，我们能够了解到，宗妇在女功技艺方面表现都十分出色。而这些技艺可以衬托出那些宗妇对父母公婆孝顺、对自身节俭、对宾客尊敬等好的品行，这也许是她们学习女功的最大意义。

三、艺术审美素质的培养

从古至今，对于女性而言，其审美关注点多集中于服饰和装扮上面。宋代的商品经济发展迅速，女性的服饰和装扮也变得越来越丰富。对于宗妇而言，除了追求感性美之外，作为宗子的正妻，她们还要注重礼制规格和妇德等方面的理性审美趣味，从而显示皇族的威严，由此便形成了宗妇独特的审美艺术。

（一）宗妇在装扮上要合乎礼制

宋代崇尚礼制，统治者十分重视用服饰和妆容来体现等级秩序，上至皇室贵族，下至平民百姓，都要严格遵守装扮的礼制规格，以实现等级制之下的特殊政治权利和政治权威。按照北宋礼制，宗妇装扮违反礼制规格，就会受到惩罚。如赵元份的妻子李氏受到"止削国封，置之别所"的惩罚，其中一条罪状就是因为"元份生日，李以衣服器用为寿，皆示以龙凤"。③龙凤乃天子所用，赵元份妻子用龙凤饰衣服，是无视礼制的表现，因此受到惩罚。又如赵宗旦的妻子沈氏"服其姑德妃所遗销金衣入禁中，宗旦坐罚金"④。早在宋真宗时期，就已经明确规定："内庭自中宫以下，并不得销金、贴金、间金、戗金、圈金、解金、剔金、陷金、明金、泥金、楞金、背影金、盘金、织金、金线捻丝，装着衣服，并不得以金为饰。其外庭臣庶家，悉皆

---

① （宋）王安礼撰：《王魏公集》卷7《相州观察使宗景夫人同安郡君李氏志铭》，《景印文渊阁四库全书》本，台北：商务印书馆，1986年版，第1100册，第56页。

②、（宋）范祖禹撰：《范太史集》卷47《右监门卫大将军荣州团练使妻金华县君石氏墓志铭》，《景印文渊阁四库全书》本，台北：商务印书馆，1986年版，第1100册，第507页。

③ 《宋史》卷244《宗室二》，北京：中华书局，1977年版，第8699页。

④ （清）徐松辑，刘琳等点校：《宋会要辑稿》"帝系四·宗室杂录一"，上海：上海古籍出版社，2004年版，第107—108页。

禁断。"①宫廷以外都禁止用销金等装饰衣服，而赵宗旦妻子沈氏穿销金衣，是违背礼制的表现，其丈夫因此受到惩罚。

（二）宗妇在装扮上追求端庄质朴

北宋经济发展迅速，奢靡之风也日益显现，因此北宋皇帝从宋太祖开始就大力提倡节俭，对宗室的教育也注重朴素节约。宋仁宗景祐元年四月，皇帝下诏曰："织文之奢，不鬻于国市；纂组之作，实害于女工。朕稽若令猷，务先俭化。深维抑末，缅冀还淳。然犹杼轴之家，相矜于靡丽；衣服之制，弗戒于纷华。浮费居多，逾侈斯甚。宜惩俗尚，用谨邦彝。内自掖庭，外及宗戚，当奉循于明令，无因习于谕风。"②因此宗妇的装扮往往都不似民间妇女的华丽多彩，而是崇尚典雅朴素之风。如赵世谟夫人山阳县君王氏"身不曳华靡之衣"③。又如赵士䅵妻潘氏"衣无组绣"④，赵頵妻魏国夫人"于珠玉文绣之饰无所好……平居服多布素"⑤，以及赵仲全妻新安县君陈氏"衣服不为文绣"⑥，这三位宗妇所穿的服饰甚至没有刺绣纹样。

赵令时妻崇德县君宋氏也因装饰朴素成为大家效仿的典范，"初群居，族人会庙中，有以侈服相尚者，君曰：'新妇家故薄，今奉嬬姑，缝衣裳外，不敢及其他也。'由是尊老皆敬之，教诸女诸妇必以君为言"⑦。由此可见，即使是族人会庙这种较为重要的场合，妇人也不盛装出席，而是崇尚质朴的装扮风格。"建炎初，有事郊报，仗内拂扇当用珠饰。高宗曰：'事天贵质，若尚华丽，非禋祀本意也。'是以子孙世守其训，虽江介一隅，而华质适时，尚足为一代之法。"⑧即使是天子祭祀的重要场合，妇人仍不追求"华丽"，而是追求"华质适时"。此外，赵令珣妻旌德县君彭氏因"雅尚清素"

---

① 《宋史》卷 153《舆服五》，北京：中华书局，1977 年版，第 3574—3575 页。

② （清）徐松辑，刘琳等点校：《宋会要辑稿·舆服四》，上海：上海古籍出版社，2004 年版，第 2230 页。

③ 河南省文物考古研究所编：《北宋皇陵》附录三《宋宗室右骁卫大将军窦州刺史夫人山阳县君王氏墓志铭》，郑州：中州古籍出版社，1997 年版，第 527 页。

④ 河南省文物考古研究所编：《北宋皇陵》附录三《宋宗室监亳州卫真县盐酒税左班殿直（赵士䅵）妻潘氏墓志铭》，郑州：中州古籍出版社，1997 年版，第 548 页。

⑤ 周到：《宋魏王赵頵夫妻合葬墓》，《考古》1964 年第 7 期，第 353 页。

⑥ （宋）范祖禹撰：《范太史集》卷 52《右监门卫大将军天水郡开国侯妻新安县君陈氏墓志铭》，《景印文渊阁四库全书》本，台北：商务印书馆，1986 年版，第 1100 册，第 547 页。

⑦ （宋）范祖禹撰：《范太史集》卷 46《左承议郎妻崇德县君宋氏墓志铭》，《景印文渊阁四库全书》本，台北：商务印书馆，1986 年版，第 1100 册，第 493 页。

⑧ 《宋史》卷 149《舆服一》，北京：中华书局，1977 年版，第 3479 页。

而被士大夫赞赏"有儒者风"。①宋代崇尚儒礼，因而形容一妇人有儒者之风，可谓是对其极高的评价。

　　宗妇作为上层女性的重要组成部分，在装扮上合乎礼制和崇尚典雅朴素，可以给下层女性树立榜样，以供效仿，由此达到"以正妇风"的效果。举国上下的女性如果都能够效仿宗妇做到装扮合礼，那么，这个国家就会变得更有秩序，而崇尚典雅朴素的装扮，客观上还能大大减少制作衣物和饰品的成本，减轻国家的财政负担。

　　综上所述，我们不难看出，宗妇在北宋女性群体中拥有较高才艺素质，她们所表现出来的高雅艺术，不仅提高了北宋女性才艺素质的整体水平，而且她们也运用自身才艺相夫教子，从而形成了宋代宗妇别具一格的文化特色。

---

　　① （宋）范祖禹撰：《范太史集》卷49《左奉议郎妻旌德县君彭氏墓志铭》，《景印文渊阁四库全书》本，台北：商务印书馆，1986年版，第1100册，第523页。

关于《内经》中"醉以入房"术语的新解[*]

韩　毅　于博雅[**]

提　要　"醉以入房"一语，出自《素问·上古天真论》，今人多直解为"酒后行房"之意。通过对后人"醉以入房"而致疾病的病机分析，通过对"醉"字的古意解释和文本学分析等的考证，笔者认为将"醉"字翻译成"沉溺"，更贴合文本原意。

关键词　醉以入房　疾病病因　释义

中医术语"醉以入房"，原出《素问·上古天真论篇第一》。岐伯对曰："上古之人，其知道者，法于阴阳，和于术数，食饮有节，起居有常，不妄作劳，故能形与神俱，而尽终其天年，度百岁乃去。今时之人不然也，以酒为浆，以妄为常，醉以入房，以欲竭其精，以耗散其真，不知持满，不时御神，务快其心，逆于生乐，起居无节，故半百而衰也。"[①]《灵枢经·邪气藏府病形》亦载："若醉入房……则伤脾。"南宋俞琰《席上腐谈》指出："世降俗末，江南士大夫往往溺于声色，娶妻买妾，皆求其稚齿而娇嫩者，故生子皆软弱，多病而夭亡。甚而醉以入房，神思昏乱，虽得子亦不慧。"[②]愚谷老人编《延寿第一绅言》，亦采纳其说。[③]可见，当时对"醉以入房"的通俗解释，即为酒醉后行房之意，现今大多数词典也都将此词条译为："大醉之后行房事。属养生禁忌。"[④]如陈国印编著的《黄帝内经素问新编》把"醉以

---

　　* 本文为中国科学院自然科学史研究所"科技知识的创造与传播"（Y621011005）重大项目的阶段性成果。

　　** 韩毅，中国科学院自然科学史研究所研究员、博士生导师，主要研究方向为医学史；于博雅，中国科学院大学研究生，主要研究方向为医学史。

　　① 田代华整理：《黄帝内经素问》卷1《上古天真论篇第一》，北京：人民卫生出版社，2005年版，第1页。

　　② （宋）俞琰撰：《席上腐谈》卷上，《丛书集成初编》本，上海：商务印书馆，1936年版，第14页。

　　③ （宋）愚谷老人撰：《延寿第一绅言》，《丛书集成初编》本，上海：商务印书馆，1937年版，第4页。

　　④ 姚品荣、姚丽明：《养生长寿辞典》，南京：江苏古籍出版社，1990年版，第85页。

入房"直释为"酒醉后肆行房事",并注解"当今的人却不是这样,把酒当水饮,把欢欲作日子过,醉后行房,必尽狂欲,尽竭其精,耗散其真气"①,这种看法似已成为定论。

王国彦在《"醉以入房"探释》一文中,曾对上述看法提出不同的意见。王国彦引用《本草纲目》中"面曲之酒,少饮则和血行气,……过饮不节,杀人顷刻",来说明以酒为浆,足以短命,无须再加"酒醉后肆行房事"。王国彦又引用明代顾从德《重广补注黄帝内经素问》,释此语为"过于色也",认为"醉以入房"可能还有另外一重含义,可当"沉溺房事"作解,但他没有给予更多的解释。②

笔者通过对古代中医学典籍的重新查阅,认为南宋愚谷老人解释"醉以入房"为"酒后行房"不符合《内经》原意。"醉以入房"的语意,经历了从"沉溺于房事"到"酒后行房"的演化过程。

一、"醉以入房"的病因学分析

从病因学角度考虑,"醉以入房"可能会引起妇人月经不通、无子、弱子或男性阳痿等,古代医学家对此多持反对态度。晋朝医学家皇甫谧在《针灸甲乙经》中指出,"醉以入房"会伤脾、伤肾,该书卷四《病形脉胗第二》:"有所击仆,若醉以入房,汗出当风则伤脾。有所用力举重,若入房过度,汗出浴水则伤肾",卷一一《动作失度内外伤发崩中瘀血呕血唾血第七》:"病名曰血枯,此得之少年时,有所大夺血。若醉以入房,中气竭,肝伤,故使月事衰少不来也。"因此,皇甫谧对"醉以入房"持反对态度。

隋代巢元方《诸病源候论》卷三七《妇人杂病诸候》论述月水不通候时,指出:"醉以入房,则纳气竭绝,伤肝,使月事衰少不来也。所以尔者,肝藏于血,劳伤过度,血气枯竭于内也。"又云:"血得温则宣通,得寒则凝泣,若月水不来,因冷于胃府,或醉入房,则内气耗损,劳伤肝经,或吐衄脱血,使血枯于中也。"③同时,巢元方明确指出饮酒可引起疾病发作,"酒性有毒,而复大热,饮之过多,故毒热气渗溢经络,浸溢腑脏,而生诸病也。或烦毒壮热而似伤寒,或洒淅恶寒有同温疟,或吐利不安,或呕逆烦闷,随脏气虚实而生病焉"④。唐孙思邈《备急千金要方》卷八一《养性》

---

① 陈国印编著:《黄帝内经素问新编》,北京:中医古籍出版社,2006年版,第290页。

② 王国彦:《"醉以入房"探释》,《中医杂志》1991年第2期,第59页。

③ (隋)巢元方著,宋白杨校注:《诸病源候论》,北京:中国医药科技出版社,2011年版,第210页。

④ (隋)巢元方著,宋白杨校注:《诸病源候论》,北京:中国医药科技出版社,2011年版,第1148页。

也采纳此说。

宋金元时期，医学家普遍认为，"醉以入房"不仅会导致酒疸、妇人经闭、血枯等，而且会造成"半百而衰"。关于酒疸，北宋官修方书《圣济总录》论述酒疸病时指出："论曰：胃虚谷少，醉以入房，冒犯风邪，胃中热毒，随虚入里，小便黄赤，热毒内聚，心下懊痛，薰发肌肉，则身目发黄，或发赤斑，足胫浮肿，或下之早，则变为黑疸，令人心如病饥，大便黑瘀，皮肤不仁。"关于妇人经闭、血枯，南宋陈自明《妇人大全良方》论述月水不通方论时指出："醉以入房，则内气竭绝伤于肝，使月水衰少不来。所以尔者，肝藏于血，劳伤过度，血气枯竭于内也。"齐仲甫在《女科百问》中讨论女子经闭症状时也引用了这一观点，指出："妇人月事不来，此因风冷客于胞门，或醉以入房，或因风堕坠惊恐，皆令不通。《病源》云：血得温则宣通，得寒则凝泣。若月水不来，因冷于胃府，或醉入房，则内气耗损，劳伤肝经，或吐衄脱血，使血枯于中也。"另外，王子享也认为："妇人月水不通，病本于胃，胃气虚，不能消化五谷，使津液不生血气故也"，又云："醉以入房，则内气竭绝伤肝，使月水衰少。"[1]金刘完素《宣明方论》指出："醉以入房，气竭伤肝，大脱其血，月事衰少，名曰血枯。"[2]此外，北宋道士张君房《云笈七笺》，南宋王应麟《图书编》，以及元代医学家王好古《医垒元戎》、危亦林《世医得效方》、朱震亨《格致余论》等也持此说。由于"醉以入房"会引发各种疾病，故南宋曾慥在《类说》中明确警告世人："今之人以酒为浆，以妄为常，醉以入房，其为害如此"，又说："醉以入房，欲竭其精，故半百而衰。"[3]

明清时期，医学家也认为"醉以入房"会引起各种疾病。朱权《臞仙活人心方》认为饮酒伤肾，"酒虽可以陶情性，通血脉，然招风败肾，烂肠腐胁，莫过于此。饱食之后，尤宜戒之。饮酒不宜粗及速，恐伤破肺。肺为五脏之华盖，尤不可伤。当酒未醒，大渴之际，不可吃水及啜茶，多被酒引入肾脏，为停毒之水，遂令腰脚重坠，膀胱冷痛，兼水肿、消渴、挛躄之疾"[4]。明徐用诚《玉机微义》认为，"醉以入房"不仅会"损其真阴，肾气热，肾气热则腰脊痛而不能举，久则髓减骨枯，骨枯发为骨痿"[5]，而且也

① （清）萧埙：《女科经纶》卷1《月经门》，北京：中国中医药出版社，2007年版，第15页。

② 张崇泉主编：《中华医书集成》第10册·内科类1，北京：中医古籍出版社，1999年版，第1页。

③ （宋）朱肱等著，任仁仁整理：《北山酒经》，上海：上海书店出版社，2016年版，第60页。

④ 浙江省中医院研究所、湖洲中医院校：《医方类聚（校点本）》第7册，北京：人民卫生出版社，1982年版，第736页。

⑤ （明）徐彦纯：《玉机微义》，北京：中国医药科技出版社，2011年版，第247页。

会引起脚气病的发作。在《赤水玄珠》卷一中，徐用诚认为，"醉以入房"甚至会引起淋病，"又醉以入房，或临房忍精，以致小肠、膀胱热郁不散而为淋浊者"，故严加反对。①明卢之颐在《本草乘雅半偈》中认为，"醉以入房，致中气竭，肝血伤，月事衰少"②，会引起血枯病的发作。明末王肯堂在《证治准绳》中也持此说。清蒋士吉在《医意商》中也指出，"予以酒后之态推之……思淫伤肾，其后则变腰疼脊软"③。

可见，以"醉以入房"为病因的疾病，会导致"内气耗损""内气竭绝""多成劳损"等消耗性症状，所以，"沉溺房事"的解释似乎比"醉酒行房"的解释更符合病因病机之间的推理演绎。

二、"醉以入房"的文本语意解释

从词语本意来看，关于"醉"字的解释和引用，《诗经·小雅·宾之初筵》载："宾既醉止，载号载呶"，孔颖达疏："宾既于醉止，于是则号呼，则罐呶而唱叫也"，引申为"沉迷、昏聩"等常用词义。《正字通·酉部》载："醉，沉酗义理曰醉"，又说："醉，凡昏昧不反曰醉"。④《说文解字》载："醉，酒卒也。名卒其度量，不至于乱也。一曰酒溃也。从酉从卒。"

战国《庄子》一书中，"醉"字共提及三次。在《应帝王》篇"列子见之而心醉，归以告壶子，曰：'始吾以夫子之道为至矣，则又有至焉者矣。'"中，"醉"字可解释为佩服。在《达生》和《列御寇》两篇中，前者"醉"是表示醉酒的状态，后者"醉"则用使动用法，可解释为"使醉于"。三国《诸葛亮集》卷一《又诫子书》中说："可以至醉，无致迷乱。"意思是说，可以适量地饮酒，但不要喝到酩酊大醉、神志不清的程度，在这里，"醉"引申指饮酒过量、神志不清。引申指沉迷、入迷。⑤以上三种说法表明，"醉"字当"沉溺"解释，自古有之，并不是今人增添。《素问·上古天真论篇第一》中提到："醉以入房，以欲竭其精，以耗散其真，不知持

① 曹炳章编：《中国医学大成终集》，上海：上海科学技术出版社，2013 年版，第 29 页。

② （明）卢之颐撰，冷方南、王齐南校点：《本草乘雅半偈》，北京：人民卫生出版社，1986 年版，第 320 页。

③ 周德生、陈新宇总主编：《杂病广要释义》，太原：山西科学技术出版社，2010 年版，第 528 页。

④ 张章编：《说文解字·下》，北京：中国华侨出版社，2012 年版，第 648 页。

⑤ 万献初：《〈说文〉字系与上古社会：〈说文〉生产生活部类字丛考类析》，北京：新世界出版社，2012 年版，第 244 页。

满"①，其中"不知持满"，明汪昂注解为："持满，恐倾之意。不时御神，务快其心，逆于生乐。纵嗜欲之心，逆生养之乐。"②·《中医大辞典》解释"持"字为保持，如持满，指保持精气的充满。

从文本语义考虑，"醉以入房"的重点在于，岐伯告诫时人要懂得保养其身，克制欲望，起居有常。而先秦道家与《黄帝内经》两者在养生方面都提倡精神调摄、恬憺乐观、少私寡欲，即注重饮食起居调摄，饮食忌偏食偏嗜，顺四时而适寒暑，劳逸适度。气从以顺，戒房劳，节欲保精等。所以"醉从入房"解释为切勿沉溺房事，当更符合全文语境。并且通篇语义都在从各个方面告诫人们不可纵欲。明张景岳《类经》卷一《摄生类》对此也有精辟论述："欲不可纵，纵则精竭，精不可竭，竭则真散，盖精能生气，气能生神，营卫一生，莫大如此。故善养生者，必宝其精"③，他明确指出："故纵酒者，既能伤阴，尤能伤阳，害有如此。"尤其在"醉以入房"之下，张景岳注明"酒、色并行也"，所以，"以酒为浆、以妄为常、醉以入房"是说"酒、妄、人房"三者之"过"。三者之中，任犯其一，即可短命。所以单据上文"以酒为浆"之"酒"，来解释下文"醉以人房"之"醉"，便显得有些过于武断。将三种不同的短人天年的原因，归咎于"以酒为浆"之一端。所以，唐朝王冰补注此三条为："溺于饮也、寡于信也、过于色也"④，明昊崐注解为："上古之人不妄作劳，今则以妄为常，言其不慎动也。醉以入房，以欲竭其精，以耗散其真，此下七句，言其起居先节也。多欲曰欲，轻用曰耗。多欲不节则精伤，轻用不止则真散。"⑤另外，明顾从德在《重广补注黄帝内经素问》一书中，也以此作解。

从文本校勘的角度来说，有人曾提出，"醉以入房"可能存在倒文的情况。由于传钞时粗略疏忽而将文字前后颠倒的情况，称为倒文。如《索问·上古天真论》："'今时之人不然也，以酒为浆，以妄为常，醉以入房，以欲竭其精，以耗散其真……'显而易见，'以酒'、'以妄'、'以欲'、'以

　　①　《中医大辞典》编辑委员会编：《中医大辞典·基础理论分册》（试用本），北京：人民卫生出版社，1982年版，第218页。

　　②　项长生主编，汪幼一副主编：《明清名医全书大成：汪昂医学全书》，北京：中国中医药出版，2015年版，第86页。

　　③　（明）张景岳编，郭洪耀、吴少祯校注：《类经》第1卷《摄生类》，北京：中国中医药出版社，1997年版，第1页。

　　④　（唐）王冰撰注，鲁兆麟主校：《黄帝内经素问》，沈阳：辽宁科学技术出版社，1997年版，第3页。

　　⑤　（明）吴崐注，山东中医学院中医文献研究室校点：《内经素问吴注》，济南：山东科学技术出版社，1984年版，第2页。

耗’都是介宾结构，唯独‘醉以’将宾语前置，横直其中，故可疑‘醉以’是‘以醉’的误导。”[①]如果我们反向思考，今日所见抄本大多仍载“醉以入房”为原文，倘若原文中“醉”不当动词“醉酒”讲，而当状语“沉溺”讲的时候，恰好可以解释这种前后格式不一致的现象。

三、"醉以入房"的现代医学解释

现代医学的研究表明，垂体、下丘脑和中枢神经系统一般是乙醇的主要损伤位点。乙醇可经多个途径抑制睾酮的生物合成，包括：3/9…羟基类固醇脱氢酶/异构酶催化的 NAD+ 依赖的孕烯醇酮向黄体酮转化必需的 NAD+ 的缺乏和 17—类固酮还原酶催化的 NADPH 依赖的雄（甾）烷烯二酮向睾酮转化所必需的 NADPH 活性降低。并且在现代生理学研究中，有人认为乙醇可使线粒体和滑面内质网之间的一个或多个转运穿梭系统失活，从而使类固醇生成水平降低。[②]在组织学上证明了乙醇及其代谢产物产生的脂质过氧化作用，损伤了睾丸内各类细胞膜及膜上的酶，而使生殖内分泌激素的分泌、精子的生成受到损害。从今天的生理学机制考虑，当饮酒过量和长期酗酒时，酒精则可抑制中枢神经系统，干扰性冲动刺激神经反射的传递途径，从而影响性功能的正常发挥，甚至可降低健康年轻男性血循环中睾酮和黄体酮激素的水平。[③]所以急性醉酒之后很难进行性行为可以作为对"醉后行房"解释的另一种反例。

综上所述，笔者认为先秦时代至唐五代时期，"醉以入房"应当用"沉迷于房事"来解释。宋代以后，随着蒸馏器的发明和蒸馏技术的改进，蒸馏酒大量出现，酒精度数也明显增高，且伴随着文人士大夫生活水平提高，亦常宴饮赋词，"醉"字的解释便逐渐偏重于"过量饮酒"一解。所以，"醉以入房"一词便通俗表达为"醉后行房"之意。

---

① 孙光荣编著：《中医古籍整理入门》，中医古籍整理河南湖北湖南协作片印，第 63 页。
② 顾祖维主编：《现代毒理学概论》，北京：化学工业出版社，2005 年版，第 256 页。
③ 李玉山、林萍、李敏主编《大学生性与健康教育》，武汉：湖北长江出版集团，2007 年版，第 60—61 页。

稿　约

　　《科学史研究论丛》系已故著名历史学家漆侠先生创办的教育部省属高校人文社会科学重点研究基地——河北大学宋史研究中心主办的一份学术论文集刊。在国内外科学史研究专家学者的支持下，备受相关领域学者关注，为推动科学史研究，促进海内外学术交流，特向学界同仁发出约稿通知。

　　1. 征稿范围：有关科学史研究的学术论文和通论性文章。

　　2. 来稿要求：来稿须是科学史范畴的研究性学术论文，一般以不超过一万五千字为宜，要求文风朴实，论从史出，观点正确，学术观点新颖，论据充足，论证严密，文字通达、引文准确、注释规范。

　　3. 标题要求：中文标题、作者姓名、单位、主要研究方向、内容摘要、关键词、通信地址等。

　　4. 注释要求：一般采用脚注形式，编号采用"每页重新编号"方式，要求引文准确；并按照"[朝代或国籍]作者，译者，注校者：《书名》卷数，《篇名》，版本，页码"的顺序注明出处（其中，卷数，出版年代，页码多以阿拉伯数字表示，如"卷126""1980年版""第100页"）。

　　5. 征文要求：采用五号字体，一倍行距，用A4纸提交电子稿。

　　6. 投稿要求：

　　请将Word文本的电子稿发到科学出版社历史出版分社编辑部电子信箱。由于人力所限，对于来稿不能一一回复。作者自投稿之日起两个月未接到本刊备用通知者，请自行处理。本刊对决定采用的稿件，有权进行修改、删节。署名应为稿件的撰写者，不支持随意挂名。

　　根据著作权法规定：凡向本刊投稿者皆被认定遵守上述约定。

联系方式

通信地址：北京东黄城根北街16号科学出版社

邮政编码：100717

收件人：科学出版社　历史出版分社编辑部

电话：010-64011510

电子信箱：yangjing@mail. sciencep. com